荣获中国石油和化学工业优秀出版物奖·教材奖

化学工业出版社"十四五"规划教材
高等学校制药工程专业规划教材

# 制药工程专业导论

赵肃清　主编
叶　勇　刘艳清　副主编

化学工业出版社
·北京·

## 内容简介

制药工程专业是一个以培养从事药品制造工程技术人才为目标的化学、药学和工程学交叉的工科专业。《制药工程专业导论》主要内容包括：化学药物设计的基本原理与方法、中药与天然药物生产工艺、生物制药的基本制备方法与技术、药物的剂型及基本生产工艺、制药工程设计与 GMP、药品生产质量管理等，共 7 章。每章讲述了基本概念、培养目标、课程体系等。在每一章后面附有参考文献及思考题。部分章内有二维码，读者可扫码观看相关视频。

本书适合高等学校制药工程专业师生使用，亦可供制药企业技术人员、管理人员阅读。

**图书在版编目（CIP）数据**

制药工程专业导论/赵肃清主编．—北京：化学工业出版社，2021.6（2024.10重印）
ISBN 978-7-122-38766-0

Ⅰ.①制⋯ Ⅱ.①赵⋯ Ⅲ.①制药工业-化学工程-高等学校-教材 Ⅳ.①TQ46

中国版本图书馆 CIP 数据核字（2021）第 051781 号

---

责任编辑：马泽林　杜进祥　　　　　　　　　　装帧设计：关　飞
责任校对：李　爽

出版发行：化学工业出版社（北京市东城区青年湖南街 13 号　邮政编码 100011）
印　　装：大厂回族自治县聚鑫印刷有限责任公司
787mm×1092mm　1/16　印张 10¾　字数 268 千字　2024 年 10 月北京第 1 版第 5 次印刷

购书咨询：010-64518888　　　　　　　　　　售后服务：010-64518899
网　　址：http://www.cip.com.cn

凡购买本书，如有缺损质量问题，本社销售中心负责调换。

---

定　　价：35.00 元　　　　　　　　　　　　　　　　　　　　　版权所有　违者必究

# 序 言

进入 21 世纪以来，我国制药工业发展迅速，已成为世界上最大的原料药生产大国。药品在保障人民身体健康和促进社会可持续发展方面发挥着越来越重要的作用，是推进国民经济发展的新兴战略产业之一。

制药工程是综合运用药学（含中药学）、化学工程与技术、生物工程和医学等相关学科的原理及方法，解决药品规范化生产过程中的工程与技术、质量与管理等问题的工学学科。制药工程专业是适应药品生产需求、以培养药品生产的高素质工程技术人才为目标的工科专业。

1998 年，中华人民共和国教育部将原有的化学制药、生物制药、中药制药专业调整为制药工程专业，至今约 300 所不同类型的高校设立了该专业，培养了一大批优秀的制药工程专业人才。2016 年，我国正式加入《华盛顿协议》，2018 年，《化工与制药类专业教学质量国家标准》（制药工程专业）正式颁布，这些变化对我国制药工程的高等教育提出了更高的要求，也促进该专业不断优化与升级。为了建设现代化新工科，满足工程教育专业认证的培养要求，让学生尽快熟悉制药工程学科的相关内容，了解化学制药、生物制药、中药制药、药物制剂、制药工程设计、药品生产质量管理等方面的知识架构、研究进展和行业动态，广东工业大学赵肃清教授结合多年的教学经验和科研经历，联合华南理工大学、湖南中医药大学、肇庆学院等高校的专家和学者，共同编写了《制药工程专业导论》，作为制药工程专业的入门指导教材。

《制药工程专业导论》以制药工程专业的培养目标和课程体系为主线，结合国内外制药行业的现状，着重介绍了化学药物分子的设计原理和方法、中药和天然药物的制造特点、生物药品的生产技术、药物制剂的技术与设备、制药工程设计和药品生产质量管理的内容。通过学习，能使学生对制药工程专业的课程体系有一个概括性的认知。期望广大学生通过本教材的学习，能够激发对制药工程专业基础课、专业课的学习兴趣，努力成为国家制药行业的高素质工程技术人才。

华东理工大学教授

沈永嘉

2021 年 2 月

# 前言

《中华人民共和国药品管理法》规定：药品是指用于预防、治疗诊断人的疾病，有目的地调节人的生理机能并规定有适应症或者功能主治、用法和用量的物质，包括中药、化学药和生物制品等。药品是一种特殊的商品，其质量直接关系到人类的繁衍、民族的兴衰、人民的生命安全和健康长寿，因此，药品的研制、生产和流通的每个过程都非常重要。随着人们生活水平和健康意识的提高，以及复杂的生存环境引发新疾病的出现，人类对防病、治病药物的需求也在不断地增大，推动了医药市场快速增长和发展。

教育部高等学校制药工程专业教学指导分委员会在《高等学校理工科本科专业规范(2019)》中明确提出：制药工程专业是一个以培养从事药品制造工程技术人才为目标的药学、化学和工程学交叉的工科专业。制药工程专业是解决药品研发、生产及使用过程中实际问题的学科。"制药工程专业导论"是制药工程专业学生进入大学后接触的第一门专业基础课，是帮助学生尽快全面了解制药工程专业及培养目标的入门课程。

为满足我国制药领域工程与技术人才培养的需要，笔者结合多年的教学经验及总结最新的行业发展动态，编写了《制药工程专业导论》一书。本书从制药工程专业的培养目标、课程体系、制药行业的现状及发展入手，全面介绍了化学制药、中药制药与天然药物制药、生物制药、药物制剂、制药工程设计、药品质量与生产管理等方面各自的基本概念、基本知识点、未来的行业发展以及需要学习的主要课程等内容。学生通过系统学习，掌握药学、化学和工程学等方面专业知识及实验技能，成为在医药、农药、精细化工和生物化工等部门从事医药产品的生产、科技开发、应用研究和经营管理等方面富有创新精神和实践能力的复合型高级工程技术人才。希望本书能够发挥"培根铸魂，启智增慧"的作用。

本教材按照16~24学时进行编写，各学校可根据实际情况灵活选讲有关内容。全书分为绪论、化学制药、中药制药与天然药物制药、生物制药、药物制剂、制药工程设计、药品质量与生产管理，共七章，由赵肃清主编，叶勇、刘艳清副主编。本书具体编写分工如下：第一章叶勇（华南理工大学），第二章刘艳清（肇庆学院），第三章杨岩涛（湖南中医药大学），第四章赵肃清（广东工业大学），第五章何燕（广东工业大学），第六章丁金龙（广东工业大学），第七章张磊（广东工业大学）。全书由华东理工大学教授，原制药工程专业教学指导分委员会主任沈永嘉教授主审，在此表示感谢。郑杰副教授和博士生何绮怡在本书的资料收集和整理方面做了积极贡献，在此表示感谢。此外，本书在编写中参考引用了部分相关文献，在此一并表示诚挚的感谢。

由于笔者水平有限，时间仓促，同时医药科学技术发展迅猛，书中疏漏之处在所难免，敬请广大读者不吝赐教，批评指正。

编者

# 目录

## 第一章 绪论 ………………………………… 1

### 第一节 制药工程的地位和作用 …………… 1
一、制药工程的地位 ……………………… 1
二、制药工程的作用 ……………………… 2

### 第二节 制药工程学科与其他学科的关系 … 5
一、制药工程与药学的关系 ……………… 5
二、制药工程与化学的关系 ……………… 5
三、制药工程与工程学的关系 …………… 6
四、制药工程与生物学的关系 …………… 6
五、制药工程与信息技术的关系 ………… 6
六、制药工程与管理学的关系 …………… 6

### 第三节 制药工程专业的基本特点 ………… 7

### 第四节 制药工程专业的培养目标 ………… 7
一、知识层面 ……………………………… 8
二、能力层面 ……………………………… 8
三、素质层面 ……………………………… 8

### 第五节 制药工程专业的课程体系 ………… 10
一、知识结构 ……………………………… 10
二、课程体系构建原则 …………………… 10
三、核心课程体系 ………………………… 11
四、理论课程体系 ………………………… 11
五、实践课程体系 ………………………… 12

### 第六节 国内外高校制药工程专业教育 …… 13
一、国内高校制药工程专业教育 ………… 13
二、国外高校制药工程专业教育 ………… 14

### 第七节 制药工程及相关专业研究生教育 … 15

### 第八节 制药工程专业认证 ………………… 16
一、制药工程专业认证的基本要求 ……… 16
二、制药工程专业认证流程 ……………… 17
三、制药工程专业认证的意义 …………… 17

### 第九节 国内外制药及相关行业的
现状与进展 ………………………… 18
一、国外制药行业 ………………………… 18
二、国内制药行业 ………………………… 22

思考题 …………………………………………… 24
参考文献 ………………………………………… 24

## 第二章 化学制药 ……………………… 26

### 第一节 化学药物及其制备与分类 ………… 26
一、化学药物的概念 ……………………… 26
二、化学药物的起源和发展 ……………… 27
三、化学药物与药物化学的关系 ………… 29

### 第二节 化学制药的现状与进展 …………… 29

### 第三节 化学药物设计的基本原理与方法 … 31
一、先导化合物的基本发现途径与方法 … 31
二、药物合成反应与路线设计的
基本原理和方法 ……………………… 38

### 第四节 现代创新药物研发流程及
外包服务 …………………………… 41
一、现代创新药物研发流程 ……………… 41
二、现代创新药物的外包服务 …………… 42

### 第五节 化学制药方向的课程体系 ………… 43
一、药物化学 ……………………………… 44
二、药物设计学 …………………………… 44
三、药物合成反应与设计 ………………… 44
四、化学制药工艺学 ……………………… 44

思考题 …………………………………………… 45
参考文献 ………………………………………… 45

## 第三章 中药制药与天然药物制药 … 46

### 第一节 概述 ………………………………… 46
一、古代中药制药的发展 ………………… 46
二、现代中药与天然药物制药概况 ……… 47
三、中药与天然药物制药的主要成果和
发展思路 ……………………………… 49

### 第二节 中药与天然药物制药的研发内容 … 51
一、中药与天然药物制药的研发方向 …… 51
二、中药与天然药物的研究方法 ………… 53
三、中药与天然药物的生产工艺 ………… 55

第三节 中药制药方向的课程体系 …………… 60
　一、中医药概论 ………………………… 61
　二、中药化学与天然药物化学 ………… 61
　三、中药鉴定学与生药学 ……………… 61
　四、中药炮制学 ………………………… 61
　五、中药制药工程原理 ………………… 61
　六、中药制剂学 ………………………… 62
　七、中药制剂分析 ……………………… 62
　八、中药制药工艺学 …………………… 62
　九、中药分离工程 ……………………… 62
　十、制药设备与工程设计 ……………… 62
思考题 ……………………………………… 63
参考文献 …………………………………… 63

## 第四章 生物制药 …………… 64

第一节 生物制药的现状与发展前景及分类 …………… 64
　一、生物技术的发展现状 ……………… 64
　二、我国生物技术的发展现状 ………… 65
　三、生物制药的发展现状与发展前景 … 65
　四、生物药物的分类 …………………… 66
第二节 基因工程制药 …………………… 67
　一、目的基因的获得 …………………… 67
　二、DNA 重组体的构建 ……………… 68
　三、工程菌的构建 ……………………… 68
　四、分离纯化与质量控制 ……………… 68
第三节 细胞工程制药 …………………… 69
　一、植物细胞工程制药 ………………… 69
　二、动物细胞工程制药 ………………… 70
第四节 发酵工程制药 …………………… 71
　一、发酵制药种类 ……………………… 71
　二、制药微生物的选择和选育 ………… 71
　三、制药微生物发酵的基本特征 ……… 72
　四、发酵过程主要影响因素 …………… 72
　五、发酵终点的确定 …………………… 73
第五节 酶工程制药 ……………………… 73
　一、酶的概述 …………………………… 74
　二、药用酶的生产技术 ………………… 74
　三、药物的酶法生产 …………………… 75
第六节 蛋白质工程制药 ………………… 75
　一、蛋白质的结构 ……………………… 76
　二、蛋白质结构与功能的关系 ………… 76
　三、蛋白质工程药物研究的基本程序 … 76
　四、蛋白质工程在新药研究中的应用 … 78
第七节 生物制药方向的课程体系 ……… 79
　一、生物制药工艺学 …………………… 79
　二、生化分离工程 ……………………… 79
　三、生物化学 …………………………… 80
　四、药理学 ……………………………… 80
　五、生物医药工程伦理 ………………… 80
思考题 ……………………………………… 80
参考文献 …………………………………… 81

## 第五章 药物制剂 …………… 82

第一节 概述 ……………………………… 82
　一、基本概念 …………………………… 82
　二、剂型的分类及重要性 ……………… 82
　三、药物制剂的任务与发展 …………… 83
　四、药物制剂与新药研发 ……………… 85
第二节 药物制剂设计基础与评价 ……… 86
　一、药物制剂设计概述 ………………… 86
　二、处方前研究 ………………………… 87
　三、药物的生物药剂学及药物动力学 … 89
　四、药物的药理和毒理特性 …………… 90
第三节 药物制剂及基本生产工艺 ……… 91
　一、液体制剂 …………………………… 91
　二、无菌制剂 …………………………… 93
　三、固体制剂 …………………………… 94
　四、半固体制剂 ………………………… 97
　五、气雾剂、喷雾剂与吸入粉雾剂 …… 99
第四节 药物制剂新技术和新剂型 ……… 100
　一、固体分散技术、包合技术和
　　　3D 打印药物技术 ………………… 100
　二、微粒制剂 …………………………… 100
　三、调释制剂 …………………………… 101
　四、经皮吸收制剂 ……………………… 101
　五、靶向制剂 …………………………… 102
第五节 药物制剂方向的课程体系 ……… 103
　一、药剂学 ……………………………… 103
　二、工业药剂学 ………………………… 103
　三、生物药剂学与药物动力学 ………… 104
　四、物理药剂学 ………………………… 104
　五、药用高分子材料学 ………………… 104
　六、临床药剂学 ………………………… 104
思考题 ……………………………………… 104
参考文献 …………………………………… 105

## 第六章 制药工程设计 …………… 106

第一节 概述 ……………………………… 106
　一、制药工程设计概念 ………………… 106

二、制药工程设计基本程序及
　　主要内容 …………………………… 107
第二节　制药工程设计 ………………… 108
　一、厂址选择与厂区布局 …………… 108
　二、工艺流程设计 …………………… 110
　三、物料与能量衡算 ………………… 113
　四、设备选型与设计 ………………… 116
　五、车间布置设计 …………………… 118
　六、管道布置设计 …………………… 122
　七、辅助系统设计 …………………… 123
　八、GMP与制药工程设计 …………… 126
　九、安全生产与环境保护设计 ……… 129
　十、工程设计概算 …………………… 131
第三节　制药工程设计能力培养相关的
　　　　理论课程 …………………… 132
　一、制药工程原理与设备 …………… 133
　二、化工原理 ………………………… 133
　三、工程制图 ………………………… 133
　四、制药工艺学 ……………………… 133
　五、工业药剂学 ……………………… 133
　六、药品生产质量管理工程 ………… 134
　七、制药过程安全与环保 …………… 134
第四节　制药工程设计能力培养相关的
　　　　实践课程 …………………… 134
　一、制药设备与车间设计 …………… 134
　二、化工原理课程设计 ……………… 134
　三、毕业实习 ………………………… 134
　四、毕业设计 ………………………… 135

思考题 …………………………………… 135
参考文献 ………………………………… 135

# 第七章　药品质量与生产管理 …… 136

第一节　药品质量概述 ………………… 136
　一、药品的质量特性 ………………… 136
　二、影响药品质量的六大因素 ……… 138
　三、药品质量的性质和任务 ………… 138
　四、药品质量标准 …………………… 139
　五、药物分析新技术 ………………… 142
第二节　药品质量管理 ………………… 144
　一、药品质量管理的相关术语 ……… 144
　二、质量保证体系 …………………… 145
　三、药品认证管理 …………………… 146
　四、药品质量管理现状 ……………… 151
　五、药品质量控制新技术 …………… 152
第三节　药品生产管理 ………………… 153
　一、药品生产与药品生产企业 ……… 153
　二、药品生产质量管理工程 ………… 156
第四节　药品质量管理的相关课程 …… 158
　一、药物分析 ………………………… 158
　二、体内药物分析 …………………… 160
　三、仪器分析与波谱解析 …………… 161
　四、药品生产质量管理工程 ………… 162
　五、药事管理与法规 ………………… 163
思考题 …………………………………… 163
参考文献 ………………………………… 163

# 第一章 绪 论

【本章学习目标】
1. 了解制药工程在国民经济和制药产业中的地位、作用及与其他学科间的相互关系。
2. 掌握制药工程专业的特点、培养目标和课程体系，便于尽早制订学习计划，更好地学习专业知识。
3. 了解国内外制药工程专业教育、专业认证及国内外制药行业现状和发展趋势，做到与世界同步。

## 第一节 制药工程的地位和作用

### 一、制药工程的地位

随着人们生活水平和健康意识的提高，以及复杂的生存环境（如空气、水、土壤污染等）引发新疾病情况的出现，人类对防病、治病药物的需求也在不断增大，推动了医药市场的较快增长。当今，各国把制药产业的发展作为国家经济发展中新的增长点之一，全球制药巨头也都瞄准了该领域，争相开发医药市场。新药的不断发现和治疗方法（如基因研究）的巨大进步，促使医药工业发生显著的变化，医药成为世界贸易增长最快的产业之一。近年来，发达经济体医药市场的增速明显回升，新兴医药市场需求旺盛，化学仿制药在用药结构中比重提高，同时生物技术也迎来了第三次革命浪潮，促进了生物医药的快速发展，这些都为医药发展带来了新的机遇。而医药工业的发展是与制药工程发展水平紧密相关的，因此制药工程学科作为支撑医药工业的重要理论和技术也得到了迅速的发展。

在我国国民经济的各个领域中，医药工业发挥着不可低估的作用和影响。随着我国加入世界贸易组织，《药品生产质量管理规范》（GMP）、《药物临床试验质量管理规范》（GCP）、《药物非临床研究质量管理规范》（GLP）等一系列质量管理规范开始在我国实施，我国医药工业进入了世界经济体系，实现了医药市场的快速发展并与国际接轨，当然，这也意味着与各国医药市场直接进行竞争。这就要求我国医药行业增强自身实力，走联合经营、现代化生产道路，重视技术革新和新产品研制开发，保证自身的经济效益和社会效益。如今，我国已经发展成为全球最大的新兴医药市场，也是仅次于美国的全球第二大医药市场。"十三五"期间，国家相继出台了一系列的医药政策，如《医药工业发展规划指南》瞄准市场重大需求，推进生物药、化学药、中药、医疗器械等领域重点发展。化学药领域重点在化学新药、化学仿制药、高端制剂、临床短缺药物等方面加大研发力度，实现重点突破。传统中药正在进行现代化创新，而生物技术药物包括基因药物、重组疫苗等正在成为现代医药的重点发展方向。创新药物的研究和生产是不可分割的两个阶段，而制药工程是联系两者的桥梁，因此在我国现阶段的医药工业中其地位越来越重要。

制药产业在医药市场规模的快速增长中占有非常大的比重，制药企业生存和发展的两个基本条件是新产品的研发和生产技术的改造，而制药工程技术则是实现药品产业化和生产工艺创新的关键。目前的医药院校培养的大多是前端人才，包括药品研发的初级阶段，但药品的生产离不开工程技术人才。制药工程专业就是培养解决制药过程中工程技术问题的人才，制药企业一直以来对制药工程专业人才都有较大的需求量，无论是新药的研发，还是过程技术的创新都需要新型制药工程师，这类人才需要具备制药工程专业知识，既要掌握各种新工艺、新技术、新剂型等现代制药工程技术，也要具备生产过程管理和控制等相关知识和能力，同时了解密集的工业信息并熟悉全球和本国政策法规。

因此培养具有良好素养的制药工程专业人才成为制药行业发展的重中之重。1995年在美国新泽西州立大学首次开设制药工程专业，1998年我国教育部将原有的化学制药、生物制药、中药制药专业调整为制药工程专业，2012年教育部颁布新的《普通高等学校本科专业目录》，将制药工程专业并入化工与制药类，使其在原有基础上成为一个覆盖面更广的专业，培养从事制药行业中新产品的研发、开发、放大、设计和生产的专业人才。至今已发展出囊括不同类型学校的近300个办学点，培养了一大批优秀的制药一线工程师。

简言之，由于医药市场的需要，促进制药产业的发展，形成对制药工程技术人才的需求，诞生了制药工程专业并快速发展壮大。图1-1概括了制药工程专业的形成过程。

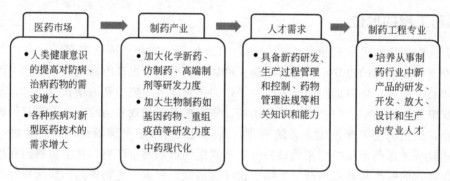

图1-1　制药工程专业的形成过程

## 二、制药工程的作用

制药行业是一个特殊的行业，所制造的产品——药品，是用于人体诊断、预防和治疗疾病的特殊商品，在研发、生产和质量控制过程中不仅需要考虑产品的有效性，更需要考虑其安全性和体内过程及生物利用度等对人体的影响。制药工业在生产技术、原料药生产及制剂生产方面具有一些基本特点，如图1-2所示。

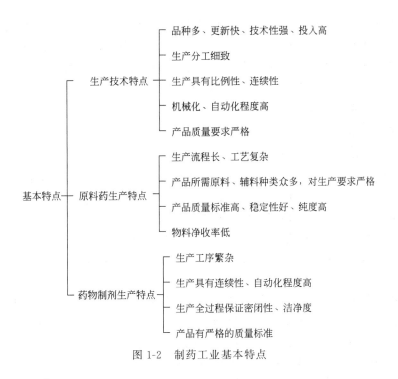

图 1-2　制药工业基本特点

## 1. 生产技术特点

（1）品种多、更新快、技术性强、投入高。随着经济的发展和人民生活水平的不断提高，对保健、抗衰老产品的要求越来越高，疗效差的老产品被淘汰，新产品不断产生，以满足市场和人民健康的需要。这就要求药企具有雄厚的资金和高新技术作为支撑，需要先进的现代化仪器、仪表、电子技术和自控设备等，不断进行产品的技术开发和应用开发，无论是产品的设计研发、工艺流程的确定还是操作方法的选择，都具有严格的技术性要求。所以研发费用通常很高，约占药品销售额的 8%～12%，导致技术垄断性强、销售利润率高。

（2）生产分工细致。在医药生产系统中有原料药合成厂、制剂药厂、中成药厂，还有医疗器械设备厂等。这些厂虽然各自的生产任务不同，但必须密切配合，才能最终完成药品的生产任务。在现代化的制药企业里，根据机器设备的要求，合理地进行分工和组织协作，使企业生产的整个过程、各个工艺阶段、各个加工过程、各道工序以及每个人的生产活动，都能同机器运转协调一致，才能保证生产的顺利进行。

（3）生产具有比例性、连续性。制药生产的比例性，是由制药生产的工艺原理和工艺设施所决定的。制药企业各生产环节、各工序之间，在生产上保持一定的比例关系是很重要的，如果比例失调，不仅影响产品的产量和质量，甚至会造成事故，迫使停产。医药工业的生产，从原料到产品加工的各个环节，大多是通过管道输送，采取自动控制进行调节，各环节的联系相当紧密，这样的生产装置连续性强，任何一个环节都不可随意停产。

（4）机械化、自动化程度高。《药品生产质量管理规范》（GMP）的实施促使制药企业加大了自动化信息技术的投资力度，在很多生产线上已经建立起 BMS 系统（生产线空调控制系统）、EMS 系统（生产环境监测系统，包括在线粒子监测系统、在线微生物自动采集监测系统等）、SCADA 系统（第三方生产设备数据采集系统）以及 PAT 技术（过程控制系统），可以对生产过程进行周期性检测、关键质量参数进行控制、原材料和中间产品进行质量控制，以保证生产过程的可重复操作性、规范性，实现高效率的多品种生产。

(5) 产品质量要求严格。制药企业必须严格按照GMP的要求进行生产；厂房、设施和卫生环境必须符合现代化的生产要求；必须为药品的质量创造良好的生产条件；生产药品所需的原料、辅料以及直接接触药品的容器和包装材料必须符合药用要求；研制新药，必须按照《药品非临床研究质量管理规范》(GLP)和《药品临床试验质量管理规范》(GCP)进行；药品的经营流通必须按照《药品经营质量管理规范》(GSP)的要求进行。

**2. 原料药生产特点**

(1) 生产流程长、工艺复杂。虽说每个制造过程大致可由回流、蒸发、结晶、干燥、蒸馏和分离等几个单元操作串联组合，但一般有机化合物合成均包含较多的化学单元反应，其中往往又伴随着许多副反应，使得整个操作变得比较复杂。

(2) 产品所需原料、辅料种类众多，对生产要求严格。许多原料和生产过程中的中间体是易燃、易爆、有毒或腐蚀性很强的物质，在连续操作过程中，由于所用的原料不同，反应的条件不同，又多是管道输送，对防火、防爆、劳动保护以及工艺和设备等方面有严格的要求。

(3) 产品质量标准高、稳定性好、纯度高。药品是一种特殊的商品，必须严格控制原料和中间体质量，复配以后不仅要保证物化指标，而且更注意使用性能，经常需要配备多种检测手段进行各种使用试验，以保证用药的安全性。

(4) 物料净收率低。往往几吨以至上百吨的原料才生产出1t成品，因而副产品多，"三废"也多。前者要求综合利用，后者常因成分复杂，治理困难。

**3. 药物制剂生产特点**

(1) 生产工序繁杂。制剂相关处理流程通常包括碾压粉碎、配料、制粒、干燥产品、过筛、压片、质量检查、包装、清场等。在整个运行过程中，一定要保证采用专业的机械设备，坚持GMP各项标准规定，在遵循国家制药规范前提下，优化整个药品生产系统。

(2) 生产具有连续性、自动化程度高。各工序之间一环接一环，联系非常紧密，连续性强，任何环节停产都会造成整个生产过程的停滞；各环节基本上都是自动化对进出料、物性监测、质量控制等进行控制调节，生产效率高，且能保证质量的稳定性。

(3) 生产全过程保证密闭性、洁净度。必须有良好的除湿、排风、除尘、降温等设施，人员、物料进出及生产操作应参照洁净(室)区管理，最大限度地降低物料或产品遭受污染的风险；生产某些激素类、细胞毒性类、高活性化学药品应当使用专用设施（如独立的空气净化系统）和设备，避免交叉污染。

(4) 产品有严格的质量标准。保证制剂的各种物性在参数范围内，如包衣的均匀性、色泽一致、水分含量在标准范围内等，性质稳定，无吸潮、潮解等现象，且对身体无不良反应。

总的来说，制药工业具有自动化程度高、生产分工细致、原料及辅料品种多、产品有严格的质量要求等特点，这就决定了制药工程具有与制药工业相适应的科学性、技术性、复杂性和规范性。

新药创制不仅在研发过程中具有耗资高、耗时长、风险高等壁垒，更在实验室研究走向大规模生产过程中，面临着化学反应参数重建、反应器的选择、制药车间工艺流程等多方面工程实际问题。所以制药工程的直接作用就是要利用相关的学科知识，解决上述的工程实际问题。

但是医药产业从产品研发、市场注册、项目管理、工程化技术开发、产品规模化生产的方方面面，都离不开制药工程学科知识。因此，制药工程的内涵已延伸到从药品的研发到生产上市的全过程，这其中主要包括如下各环节（图1-3）：新药的研发与专利申请、药品的临床实验、药品的生产、药品的质量控制与管理等。与传统药学学科相比，制药工程在药物研究开发的产业化、商品化过程中，具有决定性的作用。

图1-3 制药工程学科在药品各环节发挥重要作用

## 第二节 制药工程学科与其他学科的关系

制药工程是建立在化学、药学、生物学和工程学基础上的交叉应用学科，是利用化学、药学、工程学、生物学及相关学科的理论和技术解决药品研发、生产及使用过程中实际问题的学科，因此其技术性强、覆盖面广。制药工程与其他学科的关系如图1-4所示。

### 一、制药工程与药学的关系

制药工程是药学等学科发展出来的新兴工科专业，药剂学、药理学、药物化学和药物分析作为药学学科的四大专业方向，也是制药工程专业最基本的专业课。药剂学研究药物剂型及制剂的基本理论、制备技术、生产工艺和质量控制等；药理学研究药物效应动力学（简称药效学，即药物对机体的作用，包括药物的作用和效应、作用机制及临床应用等）和药物代谢动力学（简称药动学，即药物在机体的作用下所发生的变化及其规律，包括药物在体内的吸收、分布、代谢和排泄过程，特别是血药浓度随时间变化的规律、影响药物疗效的因素等）；

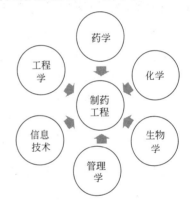

图1-4 制药工程相交叉的其他学科

药物化学研究药物化学结构、理化性质、构效关系、合成工艺、体内代谢及寻找新药的途径和方法；药物分析则研究药物的化学检验、药物稳定性、生物利用度、药物临床监测等。这一系列的药学课程体系，为制药工程专业人才有效利用现有药物和不断探索开发新药及新剂型提供了坚实的理论基础。

### 二、制药工程与化学的关系

制药工程涉及化学制药、中药制药和生物制药，因此离不开无机化学、有机化学、分析化学、物理化学、药物化学、生物化学等学科知识。化学是制药的基础学科，因为药物分子的设计、合成和提炼都需要运用化学知识；对药物分子的定性、定量分析需要借助化学中的仪器分析方法及热力学、动力学等知识；药物开发和生产过程中，需要设计和研究经济、安全、高效的合成工艺路线，研究工艺原理和工业生产过程，实现制药生产过程最优化需要掌握药物化学变化规律。只有对化学反应、分析方法进行学习，才能为新药的研发及放大生产奠定基础。

## 三、制药工程与工程学的关系

要实现药品生产,离不开制药车间、设备及工艺流程的各环节,因此制药工程涵盖了工程制图、电子电工学、制药设备及车间设计等工程类学科知识。在工程学知识体系中,不仅包括制药工艺流程中单元操作的化工原理、机械设备,而且包括药物从最初的设计到最终药品生产的复杂系统工程,如反应工程、分离工程、制剂工程等。以工程学知识为基础,对制药过程的各个环节进行深入剖析,解析制药工程中各个流程的具体操作步骤,在产品工艺上做到优化、精准,确保每一个环节都满足检测的要求,才能进行药物生产放大、设备选用、质量控制和优化。

## 四、制药工程与生物学的关系

生物制药是制药工程的重要组成部分,也是我国制药工业重点发展的方向。生物制药是通过遗传工程(基因工程)、蛋白质工程、酶工程(生化工程)、抗体工程、微生物工程(发酵工程)等方法获得创新药物,因此离不开生物学知识。中药和天然药物也是基于生物体内的有效成分开发和分离制备,因此也离不开生物学知识。将生物学知识和技术与制药工程有机结合,从而获得生物药品和中药产品。

## 五、制药工程与信息技术的关系

制药工业的高速发展离不开信息技术的支撑,在工艺参数控制、中间过程检测、环境监测、实验室检验、仓储管理、流通追溯等方面,数字化手段已经得到广泛深入的应用。作为受到最严格监管的工业领域之一,制药工业对于生产过程控制有极高的要求,因此制药工程学科必须结合自动化技术、传感器技术、数据挖掘算法和人工智能等信息技术,才能满足制药工程的需要。通过应用自动化信息技术,提高了药物的生产效率和生产过程可控性,降低了生产成本,稳定产品质量,实现产品质量的可追溯性。

## 六、制药工程与管理学的关系

药品属于人类防病和治病的特殊商品,对药品质量要求极高,容不得半点差错。药品生产质量管理是保证药品有效性以及安全性的重要前提,药品质量是药品企业生产管理的主要内容。为保证药品质量,管理学知识也是制药工程专业学生需要学习的,在药品研究、生产、经营以及使用环节过程中都必须严格按照相关质量管理规范要求进行操作。

除了上述制药工程研究内容与其他学科存在交叉外,制药工程常见的技术如制药过程分析技术、制药工艺优化技术和质量控制技术也与其他学科紧密相关。

(1)制药过程分析技术。制药过程分析涉及药品在生产过程中的化学变化、物理变化、生物学变化,因此通过化学、物理和生物学的相关分析技术,综合分析药品形成过程中的影响因素,从而采取相应措施提高药品质量。

(2)制药工艺优化技术。对影响制药工艺的各个参数进行深入剖析,根据化学反应类型确定合适的反应物浓度、配料比、溶剂、温度、压力等条件,并采用数理统计和概率论,对各影响因素进行优化,实现制药工艺优质高效。

(3)质量控制技术。药品质量是设计出来的,必须要建立一套健全的质量控制体系确保药品质量。药品的原辅材料、中间体和终产品都应有相应的质量标准,而标准涉及物理、化学和生物学的理论和检测方法。

## 第三节 制药工程专业的基本特点

为了培养适应制药工业发展的专业人才，制药工程专业具有以下特点（图1-5）。

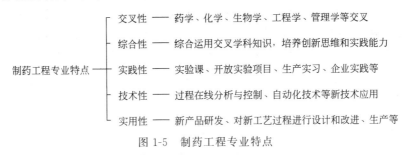

图1-5 制药工程专业特点

(1) 交叉性。制药工程涵盖化学制药、生物制药、中药制药等多个领域，是利用化学、药学、生物学、工程学、管理学及相关学科的理论和技术解决药品研发、生产及使用过程中实际问题的学科。

(2) 综合性。培养学生综合运用多学科交叉知识，具备新药研发的创新思维，能够掌握药物的生产工艺，有能力实现产品生产工艺的多目标优化，具有对基础或常规工程问题的辨别与解决能力，并综合应用各相关学科的知识进行优化或提出创新的解决方案。

(3) 实践性。制药工程专业是一门实践性很强的学科，学生必须通过实验学习和反复的实践，才能加深对理论知识的理解和巩固，才能培养其应用理论指导实践的能力。通过各实验课程对学生进行强化训练，锻炼其动手能力和解决实际问题的能力；通过聘请药厂具有专业资质的工程师到学校举办讲座或授课，拓展学生对专业知识应用的认识；通过到药厂参观实习或做毕业设计，强化学生的工程实践能力。

(4) 技术性。随着世界进入第四次工业革命，生命科学、绿色制造、智能模拟、过程控制等交叉技术也逐渐融入现代制药行业中。众多先进技术，如过程在线分析与控制、自动化技术、连续培养与连续分离技术及一次性使用设备等被不断应用，因此制药工程专业必须培养学生掌握新技术的基本原理，以及运用这些技术进行分析和创新的能力。

(5) 实用性。制药工程是一门实用性很强的工科专业，制药工程专业人才对制药各环节中涉及的新药研发、流程选择、参数优化、风险控制等各方面的知识都有涉猎，能在制药领域从事新产品研发、新工艺过程设计和改进、生产和经营管理等工作。

## 第四节 制药工程专业的培养目标

制药工程专业作为一个宽口径的专业，涉及生物制药、化学制药、中药制药等多个领域，其目的是培养出能够掌握本专业及相关学科的基本理论和专业知识，具备分析、解决复杂工程问题的能力，能够从事制药相关领域的科学研究、技术开发、工艺与工程设计、生产组织、管理与服务等工作的能力以及创新创业能力，拥有良好的创业意识、创新精神和职业道德的高素质人才，同时也为研究生教育输送合格人才。因此，制药工程专业应坚持以行业和市场的需求为导向，以服务经济建设和社会发展为目标，强化创新能力和实践应用，以期最终培养的人才能够达到以下目标。

## 一、知识层面

具有本专业所需的数学、化学等自然科学知识以及一定的经济学和管理学知识；掌握药物化学、药物合成等学科的基本理论、基本知识和药品制造技术与工程设计的专业知识；掌握典型制药过程与单元设备的设计及模拟优化的基本方法；熟悉国家关于制药生产、设计、研究与开发、新药申报管理等方面的方针政策和法规；了解制药工程学科前沿、新工艺新技术与新设备的发展动态。

## 二、能力层面

能综合运用所学科学理论，具备从事制药工程技术改造与创新、工艺工程设计与分析等解决复杂工程问题的基本能力；具有开拓精神、创新意识、独立获取新知识和批判性思维的能力，能对药品新资源、新产品、新工艺进行研究、开发和设计；了解药品生产事故的预测、预防和紧急处理预案等，具有应对药品生产相关突发事件的基本能力；具有良好的语言表达、人际交往、团队协作和组织管理等能力；具有一定的国际视野和跨文化环境下的交流和合作能力；具有终生学习的意识和适应行业发展的能力。

## 三、素质层面

医药行业作为一个特殊行业，尤其要注重学生的思想道德培养，加强学生遵纪守法意识，要求学生在思想上能够热爱祖国和人民，具备强烈的社会责任感，具有端正的思想道德素质和正确的人生价值导向；具有良好的质量、安全、环境保护和健康意识；具有健全人格和健康体魄及较强的进取心，勇于面对各种挑战。

根据制药工程专业培养目标，具体又可细分为12条培养要求，见表1-1。

表1-1 制药工程专业培养要求

| 类别 | 具体要求 |
|---|---|
| 工程知识 | 1.能够将数学、自然科学、工程科学的语言工具用于制药工程问题的表述；<br>2.能够针对传递和化学反应过程等具体的对象建立数学模型并求解；<br>3.能够将专业知识和数学模型方法用于推演、分析制药专业工程问题；<br>4.能够将专业知识和数学模型方法用于制药专业工程问题解决方案的比较与综合 |
| 问题分析 | 1.能运用相关科学原理，识别和判断复杂制药工程问题的关键环节；<br>2.能基于相关科学原理和数学模型方法正确表达复杂制药工程问题；<br>3.能认识到解决问题有多种方案可选择，会通过文献研究寻求可替代的解决方案；<br>4.能运用基本原理，借助文献研究，分析制药过程的影响因素，获得有效结论 |
| 设计/开发<br>解决方案 | 1.掌握工程设计和产品开发全周期、全流程的基本设计/开发方法和技术，了解影响设计目标和技术方案的各种因素；<br>2.能够针对特定需求，完成制药过程单元(部件)的设计；<br>3.能够进行制药系统或工艺流程设计，在设计中体现创新意识；<br>4.在设计中能够考虑安全、健康、法律、文化及环境等制约因素 |

续表

| 类别 | 具体要求 |
|---|---|
| 研究 | 1. 能够基于科学原理,通过文献研究或基本实验技术方法,调研和分析复杂制药工程问题的解决方案;<br>2. 能够根据制药过程的对象特征,选择研究路线,设计实验方案;<br>3. 能够根据实验方案构建实验系统,安全地开展实验,正确地采集实验数据;<br>4. 能对实验结果进行分析和解释,并通过信息综合得到合理有效的结论 |
| 使用现代工具 | 1. 了解专业常用的现代仪器、信息技术工具、工程工具和模拟软件的使用原理和方法,并理解其局限性;<br>2. 能够选择与使用恰当的仪器、信息资源、工程工具和专业模拟软件,对复杂制药工程问题进行分析、计算与设计;<br>3. 能够针对制药过程具体的对象,开发或选用满足特定需求的现代工具,模拟和预测专业问题,并能够分析其局限性 |
| 工程与社会 | 1. 了解制药工程专业相关领域的技术标准体系、知识产权、产业政策和法律法规,理解不同社会文化对工程活动的影响;<br>2. 能分析和评价专业工程实践对社会、健康、安全、法律、文化的影响,以及这些制约因素对项目实施的影响,并理解应承担的责任 |
| 环境和可持续发展 | 1. 知晓和理解环境保护和可持续发展的理念和内涵;<br>2. 能够站在环境保护和可持续发展的角度思考专业工程实践的可持续性,评价产品周期中可能对人类和环境造成的损害和隐患 |
| 职业规范 | 1. 有正确价值观,理解个人与社会的关系,了解我国国情;<br>2. 理解诚实公正、诚信守则的工程职业道德和规范,并能在制药工程实践中自觉遵守;<br>3. 理解工程师对公众的安全、健康和福祉,以及环境保护的社会责任,能够在制药工程实践中自觉履行责任 |
| 个人和团队 | 1. 能与其他学科的成员有效沟通,合作共事;<br>2. 能够在团队中独立或合作开展工作;<br>3. 能够组织、协调和指挥团队开展工作 |
| 沟通 | 1. 能就制药工程专业问题,以口头、文稿、图表等方式,准确表达自己的观点,回应质疑,理解与业界同行和社会公众交流的差异性;<br>2. 了解制药工程专业领域的国际发展趋势、研究热点,理解和尊重世界不同文化的差异性和多样性;<br>3. 具备跨文化交流的语言和书面表达能力,能就制药工程专业问题,在跨文化背景下进行基本沟通和交流 |
| 项目管理 | 1. 掌握制药工程项目中涉及的管理与经济决策方法;<br>2. 了解制药工程及产品全周期、全流程的成本构成,理解其中涉及的工程管理与经济决策问题;<br>3. 能在多学科环境(包括模拟环境)下,在设计开发解决方案的过程中,运用工程管理与经济决策方法 |
| 终身学习 | 1. 能在社会发展的大背景下,认识到自主和终身学习的必要性;<br>2. 具有自主学习的能力,包括对技术问题的理解能力、归纳总结的能力和提出问题的能力 |

总之,制药工程专业要求学生掌握化学、药学和工程学等方面的基本理论知识,通过对实验技能、工程实践、计算机应用、科学研究与工程设计等各个方面的训练,具备药品的生产、工程设计、新药的研制与开发的基本能力,并可根据 GMP 和国家关于化工与制药生产、设计、研究与开发以及环保等各方面的方针、政策和法规,进行药品新资源、新产品、新工艺的研究、开发和设计,从而最终达到药物生产企业所要求的具备药物生产、管理、营销、工程设计和改进等方面的人才目标要求。

# 第五节　制药工程专业的课程体系

2018年我国教育部发布的《化工与制药类专业教学质量国家标准》（制药工程）提出制药工程专业的知识结构、课程体系构建原则和核心课程。

## 一、知识结构

### 1. 通识类知识

除国家规定的教学内容外，各高校需设置学生创新创业教育的相关课程，并根据办学定位和人才培养目标，确定人文和社会科学、外语、计算机与信息技术、体育和艺术等教学内容。

大学物理、高等数学和工程数学等课程的教学内容应满足专业人才培养目标达成的基本要求。各高校可根据自身人才培养定位，提高部分课程内容的教学要求。

### 2. 学科基础知识

本专业基础知识涵盖化学、药学、生物学、化工、工程图学、电工电子等知识领域的核心内容，具体教学内容应满足专业人才培养目标的达成。涉及专业基本知识领域和专业方向知识的教学内容应介绍相关学科的历史、现状和发展趋势。

### 3. 专业知识

专业知识涵盖制药过程与工艺技术、制药设备与车间设计、药物分析与检测技术、药品生产质量管理、制药过程安全与环保技术等内容。

各高校在构建课程体系和选择课程教学内容时，可以根据自身学科特色和人才培养定位做适当调整。

### 4. 主要实践性教学环节

具有满足教学需要的完备实践教学体系，主要包括实验课程、课程设计、实习、毕业设计（论文）及其他多种形式的实践活动。

（1）实验课程。在化学类、药学类、生物类学科基础课程和专业课程中必须包括一定数量的实验。

（2）课程设计。化工原理课程设计和制药工程课程设计等。

（3）实习。认识实习和生产实践等环节。

（4）毕业设计（论文）。需制定与毕业设计（论文）要求相适应的标准和检查保障机制，对选题、内容、学生指导、答辩等提出明确要求，保证课题的工作量和难度，并给予学生有效指导。选题要符合本专业培养目标要求，一般要结合药品生产与研发的工程实际问题，培养学生的工程意识、协作精神以及综合应用所学知识解决实际问题的能力。鼓励各高校同时设置毕业论文与毕业设计两种类型的课题供学生选择。

（5）其他。研究设计性实验、创新创业实践、社会实践等。

## 二、课程体系构建原则

课程体系构建要符合以下原则：

课程体系应能支持培养目标达成。各高校可以根据自身特点适当调整各教学模块的学分比例。

（1）通识教育学分占总学分的40%左右。

（2）专业教育学分占总学分的50%左右。

（3）综合教育学分占总学分的10%左右。如心理与健康教育、学术与科技创新活动、跨专业选修课、创业教育及自选活动等。

（4）实践教学学分（含课程实验折合学分）应不少于总学分的25%。

### 三、核心课程体系

核心课程（学时）建议如下：有机化学（80）、物理化学（64）、生物化学（32）、药物化学（48）、药剂学（32）、药物分析（32）、化工原理（80）、制药工艺学（32）、制药设备与车间设计（48）、制药过程安全与环保（24）、药品生产质量管理规范（24）、创新创业引导（24）。

制药工程专业课程体系包括人文社会类和自然科学课程、学科基础课程、专业课程和实践教学课程，其参考设置方案如图1-6所示。

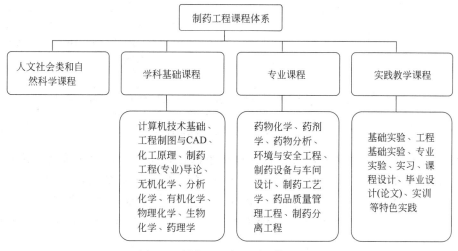

图1-6　制药工程专业课程体系设置

### 四、理论课程体系

理论课程体系分为通识教育课、学科教育课、专业教育课和创新创业教育课。通识教育课是课程体系的重要组成部分，是实现专业培养目标，构建学生知识结构的基本环节，是实现学生全面发展的基础；学科教育课为学生的专业知识学习打下坚实的基础以更好地掌握和运用专业知识；专业教育课是学生构建知识结构的中心环节，是学生专业思维和专业素养培养的关键；创新创业教育课则是为学生将来的就业提供相关的指引。

在理论课程体系的建设上，国内高校制药工程专业大多依托于其已有的优势学科而设置。例如：综合性与理工类大学，对工程学、化工、生物工程方面的课程设置较为重视；医药类高校，对药学或中药学方面的课程设置更为注重；而师范院校、生命科学院校和农科院校则强于化学等基础学科。因此不同高校可以结合自身情况，在满足质量标准要求的核心课程的基础上选择其他合适的课程。一般的理论课程如图1-7所示。

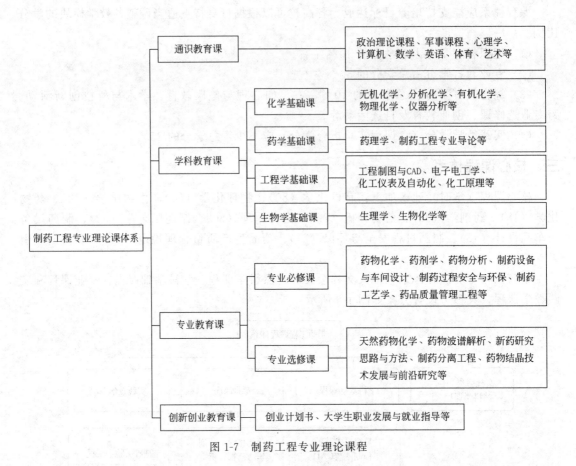

图 1-7 制药工程专业理论课程

同时，各校也会依据自身优势学科增设特色课程，突出学校专业特点，达到培养学校专业特色人才的目标。通过各体系课程及选修课程在各年级循序渐进、交互进行、相互渗透，将学生培养成为能系统掌握相关自然科学和工程技术科学的基本理论，具有全面的专业知识，了解本专业学科前沿和发展动态，同时具备一定的人文社科知识和修养的人才。

## 五、实践课程体系

制药工程专业培养的是面向生产的工程技术类人才，因此实践能力的培养占有重要地位。实践教学课程作为课程体系的基本组成部分，是培养学生实践能力的重要环节，制药工程专业要求实践教学学分占总学分不低于 25%。在实践课程体系的建设上，国内各高校在多年实践的基础上，逐渐形成了各具特色的实践教学体系。

制药工程专业的实践课程大体可分为四类（图 1-8）：一是基础实验，如四大基础化学实验、化工原理实验、普通物理实验等，注重基本实验技能的掌握与动手能力的培养；二是专业实验，如药物化学实验、药物分析实验、药物制剂实验、制药工艺学实验等，注重专业知识的应用与专业实践能力的培养；三是实验设计，如 AutoCAD 软件与化工制图、制药工程创新实验与实践、开放性的实验项目等，注重学生创新能力与思考解决问题能力的培养；四是生产实践，如生产实习、企业实践等，即在经国家 GMP 认证的制药企业中轮岗实习，熟悉药物生产的全过程，注重提高学生的综合实践能力。

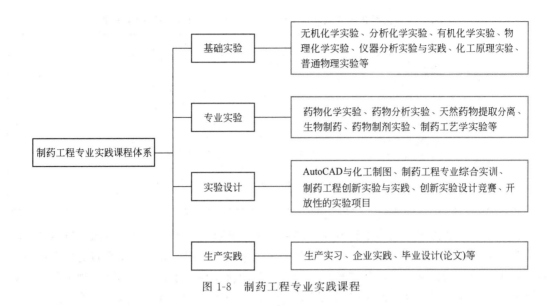

图 1-8 制药工程专业实践课程

# 第六节 国内外高校制药工程专业教育

## 一、国内高校制药工程专业教育

我国制药工程专业的设置方式主要有两种：对于综合性大学、理工类大学，一般设置在化工或化学与制药学院，其工程学、化工、生物工程方面科研和教学能力强；对于药科类、中医药类高校，一般设置在制药工程学院、药学院或中药学院，其在药学或中药学方面的教学能力强。医科院校工科基础相对薄弱，而理工类院校则药学相对薄弱，针对这些问题，国内同行进行较为系统的研究，形成比较合理的一致建议，制定了制药工程专业培养的基本要求。2018年教育部发布的《化工与制药类本科专业教学质量国家标准》（制药工程）对制药工程专业培养目标、师资和教学条件等提出了明确的规定，从而统一了标准。制药工程专业的课程是根据制药过程的特点设置的，分为公共基础课、学科基础课、专业课、实践性教学环节几部分，按照"厚基础、宽口径、重实践、有特色"的原则设置，但各高校根据本校制药工程专业的基础和方向不同，所选择的主干课程和专业课程也各有侧重，体现了一定特色。

至今为止，我国已有近300所高等院校开设了制药工程专业，每年培养了大批制药工程专业毕业生，得到了社会的认可。众多高校制药工程专业在学生培养中突出了自己的特色，例如天津大学化工学院制药工程专业在全国的制药工程专业的建设中比较早，且比较全面，其制药工程专业教育课程设置、具体教学进程安排见表1-2。2003年3月天津大学获得制药工程专业硕士、博士的授予资质。其特点就是培养方案侧重于制药工程设计和制药工艺技术。

2009年，哈尔滨师范大学化学化工学院开设制药工程专业，培养方案侧重于药物化学合成技术、药物制剂技术、中药制药技术与制药设备车间设计等工程课程。其他高校如中国药科大学近年特别设置生物制药专业，围绕生物药的研发、生产等环节开展课程，凸显其生

表 1-2　天津大学化工学院制药工程本科教育计划的必修课程教学安排

| 学期 | 第一学年 | 第二学年 | 第三学年 | 第四学年 |
| --- | --- | --- | --- | --- |
| 第一学期 | 大学英语,高等数学,无机化学与化学分析及实验,大学计算机基础,工程制图基础 | 大学英语,线性代数,物理实验,有机化学,物理化学及实验,制药工程导论 | 化工技术基础实验,药物分析,药物化学,工业药剂学,制药分离工程 | 专业实验,化工传质与分离过程,课程设计,专业综合设计 |
| 第二学期 | 大学英语,高等数学,大学物理,无机化学与化学分析及实验,物理化学及实验 | 大学英语,生物化学及实验,有机化学及实验,化工安全与环保,化工原理,仪器分析及实验,药品生产质量管理工程 | 生物制药工艺学,化学制药工艺学,专业实验,制药设备与工程设计 | 毕业论文 |

物制药的特点。江南大学制药工程专业,围绕发酵工程在制药行业中的应用制定培养方案,突出学校老牌专业的特色。天津中医药大学特别设置的中药制药专业,结合自身中医院校的特点,突出中药制药环节。西北农林科技大学,其制药工程专业本科生培养计划就是围绕农药展开。2012 年 4 月,东北农业大学召开制药工程专业培养研讨会,确立了生物制药方向。

## 二、国外高校制药工程专业教育

国外院校的制药工程专业更侧重于药物生产过程中的工艺流程和生产技术等相关工程方面,以化学药合成及生产工艺、制备技术、设计技术为主。一般在化学工程学院设制药工程专业或方向。直到 1998 年加州大学 Fullerton 分校才在工程与计算机学院设立第一个正式的制药工程本科教育计划。加州大学 Fullerton 分校的制药工程具体教学进程见表 1-3。

表 1-3　加州大学 Fullerton 分校制药工程本科课程教育计划

| 项目 | 第一学年 | 第二学年 | 第三学年 | 第四学年 |
| --- | --- | --- | --- | --- |
| 第一学期 | 数学,物理,化学,几何,综合教育 | 数学,电路,计算机逻辑学,静力学,综合教育 | 工程分析,药物剂型与给药系统,药品生产质量管理,药物管理法规 | 系统工程,热传递,制药公共系统及工业发酵,灭菌技术,空调净化系统,制药用水系统,洁净厂房设计 |
| 第二学期 | 数学,物理,化学,生物学,数学计算,综合教育 | 数学,热力学,制药学,制药工程导论 | 电子学,流体力学,实习,工程经济学,综合教育 | 热与流体系统,制药工程实验,制药工程选题,设计方案 |

该校制药工程专业课的课程体系比较完善和全面,由制药工程导论、药物剂型和给药系统、制药及其公用工程的项目管理、制药公用系统及其安全与环境、制药工程实验、设计方案六组课程组成。除了理论课程教学外,该校也特别重视培养学生的实践能力。另外,还有部分高校已经把制药工程作为课程纳入其教学计划,如美国南佛罗里达大学化学工程系,普渡大学生物医学工程系,佐治亚大学分校工程系,伊利诺斯理工学院化学与环境系。有些高校如弗吉尼亚科技大学成立了制药工程研究所,阿斯顿大学工程与应用科学学院成立了制药工程研究组。

国外多数院校制药工程专业教育以宽口径为特色,学生只需要掌握一定的药学知识,要求学生具有广泛而坚实的制药工程基础,学习不同药物剂型的制造工艺、工业发酵、灭菌及无菌技术、GMP 以及质量确认与控制、FDA 认证等,也就是说要学会药物制造中的实用技术,以满足不断发展的制药工业的需要。

# 第七节　制药工程及相关专业研究生教育

制药工程专业研究生教育源于1998年。随后的10年间，制药工程领域研究生教育主要是以非全日制办学模式，非全日制生源来自企业，要求有三年以上（含三年）工作经历，学习方式为进校不离岗（不脱产）。2009年，教育部批准了在全国高校中开始实行全国制药工程领域研究生教育全日制办学教学（工程硕士），其培养目标是"培养基础扎实、素质全面、工程实践能力强并具有一定创新能力的应用型、复合型高层次工程技术和工程管理人才"。在不增加全日制研究生招生总量的前提下，这一举措有效改变了学术型和应用型研究生的比例，满足社会对高层次人才的需求，从而推动了制药工程专业研究生教育的快速发展。目前全国已有60多所院校招收制药工程专业研究生，其中50多所院校具有博士研究生招生资格，为社会培养了一大批高层次制药工程人才。

相比于制药工程专业本科生，研究生培养更注重创新能力和实践能力的培养，要求具有国际视野，较强的组织协调能力，在制药工程及其相关学科具有扎实的理论基础和宽广的专门知识，掌握基本的创新方法和解决工程问题的先进技术方法与现代技术手段，具有独立担负工程技术和工程管理工作的能力。根据学校的特色，可设置不同的研究方向。如北京化工大学的制药工程研究生设置了4个方向：药物化学合成及半合成、制剂学、药物分离新工艺与新技术和生物技术制药。

研究生的培养一般采用学分制，即满足一定的学分要求才能毕业。如北京化工大学的制药工程专业研究生需修满总学分（35学分），其中学位课学分不低于21学分，非学位课与学位课学分之和不低于25学分；开题报告、中期检查报告各占1学分，专业实践作为必修环节占8学分。课程设置包括公共基础课、专业核心课、专业方向和特色课以及必修的实践环节。其中，专业核心课包括现代药物制剂、高等药物化学、高等生物化学、生化分离工程、细胞生物学与培养工程、制药工程案例。

除美国外，加拿大、英国、德国、日本和印度等国家的部分高校也设立了制药工程教育计划（表1-4）。

表1-4　国外设立制药工程专业（或方向）教育的部分高校

| 国家 | 学校 | 所属院系 | 教育层次 |
| --- | --- | --- | --- |
| 美国 | The California State University, Fullerton | 工程与计算机学院 | 学士 |
| 美国 | The University of Michigan | 工程学院制药工程系 | 硕士 |
| 美国 | Columbia of University, New York | 工程与应用科学学院化学工程系 | 硕士/博士 |
| 美国 | The State University of New Jersey, Retgree | 化学与生物化工系 | 硕士/博士 |
| 加拿大 | Ecole Polytechnique of Montreal | 化学工程系 | 硕士 |
| 美国 | The University of Manchester | 药学与制药学院 | 硕士 |
| 美国 | The University of Leeds | 化学与工程系 | 硕士 |
| 德国 | Technische Fachhochschule Berlin | 化学工程系 | 硕士 |
| 德国 | Technische Univeritaet Braunscheweig | 生命科学学院 | 硕士 |
| 印度 | India Jadavpur University | 工程技术学院制药工程系 | 硕士/博士 |
| 日本 | University of Shizuoka | 药学院制药工程系 | 硕士/博士 |

新泽西州是美国乃至全世界许多制药和医药技术公司的总部所在地,新泽西州立大学Rutgers分校的制药工程硕士教育计划(表1-5)有两个学习方向——化学制药与生物制药,课程相当广泛,总共67个学时,学三个学期,包括所有的化学工程研究生核心课程(15学分),9门制药技术课程(27学分)。在第二、第三学期之间的夏季假期,学生要在企业或研究单位进行为期10周的实习。

表1-5 新泽西州立大学Rutgers分校制药工程研究生教育的课程

| 方向 | 学期 | 课程 |
| --- | --- | --- |
| 化学制药 | 第一学期 | 传热Ⅰ、热力学药物及精细化学品的工业化学、药物的化学工艺、高级讲座Ⅰ |
| | 第二学期 | 传热Ⅱ、应用数学、制药工艺——固体剂型、高级讲座Ⅱ、技术课程 |
| | 第三学期 | 化学反应工程、分散系统、药厂设计、无菌工艺 |
| 生物制药 | 第二学期 | 传质Ⅱ、应用数学、生物分离、治疗性蛋白质与疫苗的生物合成 |
| | 第三学期 | 化学反应工程、生物工艺、生物药剂型、高级讲座Ⅲ |

新泽西州还有一所高校——新泽西技术学院也开展了制药工程硕士教育计划。该计划由化学工程系和工业制药系联合实施,也有两个学习方向:药物生产与开发方向和药物控制方向。这两个方向共有6门核心课程,其中制药工程原理、药物工程与制造、制药工业验证和调整是共同的研究方向。以上同一个州两所不同高校硕士研究生教育的区别,体现了研究生教育的特点:研究生教育与各高校的研究方向密切相关,各有侧重。

在美国,最早设立制药工程博士研究生培养计划的高校是新泽西州立大学Rutgers分校,要求学生具有熟练的基础化学过程工程原理知识和博学的工程学及制药单元操作技术,如混合、结晶、浓缩、造粒、制粉技术。与其他层次教育不同的是,企业专家在整个教学过程中参与了该计划的实施,从而加强了博士生的实际工作能力。

# 第八节 制药工程专业认证

《华盛顿协议》是工程教育本科专业学位互认协议,其宗旨是通过多边认可工程教育资格,促进工程学位互认和工程技术人员的国际流动。我国于2016年正式加入华盛顿协议,通过认证专业的毕业生在相关国家申请工程师执业资格时,将享有与本国毕业生同等待遇。

## 一、制药工程专业认证的基本要求

专业认证标准核心理念主要有三点:(1)以学生为中心的教育理念;(2)以"产出导向为原则"的教育体系;(3)持续改进的质量观。专业认证的核心是确认工科专业毕业生是否达到了行业认可的既定质量标准和要求,是一种以培养目标和毕业出口要求为导向的合格性评价认证。将学生作为学校或专业的首要服务对象,在课程安排、资源配置、学生服务等诸多方面都有明确具体的规定;学生对学校或专业所提供服务的满意度是能否通过认证的重要指标。

认证要求是重产出的"合格",而非重投入的"排名"。由于国际工程教育认证标准起点高,大多数学校办学条件不易达到,因此,为了提高制药工程专业的教学质量,2016年12月教育部高等学校药学类专业教学指导委员会修订了《全国高校制药工程本科专业认证标准》。这一认证标准涉及7个一级指标下的19个二级指标(表1-6)。

表1-6 制药工程专业认证评估指标

| 7个一级指标 | 19个二级指标 | 7个一级指标 | 19个二级指标 |
| --- | --- | --- | --- |
| 培养目标 | 专业定位<br>培养目标公开<br>培养目标评价与修订 | 支持条件 | 教学经费<br>教学设施与基地 |
| 毕业要求 | 思想素质<br>职业素养<br>专业知识与能力 | 质量保障 | 教学过程质量监控机制要求<br>外部评价<br>持续改进机制 |
| 知识体系 | 理论课程<br>实践教学 | 学生发展 | 招生<br>指导与支持<br>毕业与就业 |
| 师资队伍 | 数量与结构<br>专业背景和水平<br>教师发展环境 | | |

## 二、制药工程专业认证流程

制药工程专业认证流程如图1-9所示,首先向秘书处申请,然后认证委员会对认证申请进行审核,审核通过后方可自评,上交自评报告,自评报告审核通过后方可进行现场考核,考核完成后由考核小组提交现场考核报告,报告通过后召开全体委员会进行审议得出结论,结论一般分为三种,即通过六年有效期、通过三年有效期和不通过。

图1-9 制药工程专业认证流程

## 三、制药工程专业认证的意义

开展专业认证符合国际高等工程教育发展的大趋势。构建我国制药工程专业认证体系,并逐步从试点认证过渡到正式认证,能推动我国制药工程专业的国际化发展,促进取得学位(学历)毕业生的国际流动,实现本专业教育的国际接轨和专业资格的国际互认,为我国与其他国家进行制药工程技术人才的平等交流提供平台,扩大我国制药工程教育的国际影响。

开展专业认证能够促进高校制药工程专业教育办学质量的提高。认证的目的不是筛选,而是促进相关高校及专业的进一步发展。通过认证可促进各院校将制药工程专业进一步办出特色和优势,并以此为契机,改善教学条件,促进教师队伍的建设和专业化发展,建立科学规范的教学质量管理和监控体系,提高教学管理水平。一些实力较强的制药工程类院校,希望通过认证展示水平、保持领先发展;而一些办学历史短、基础较薄弱的院校,更是希望参照专业办学标准和获得高水平同行专家的指导与帮助,为其查找问题与不足,指明努力方向。因此,开展专业认证对于规范制药工程教育办学行为、提高办学质量、调控规模与发展速度、实现均衡与优化发展,都具有重要意义,对药学类其他专业的认证,也将具有积极的示范作用。

开展专业认证能够促进建立以学生为中心的人才培养模式。目前,一些高校的制药工程专业仍然以已有的仪器设备、师资队伍等办学条件和办学基础来设置培养方案,还不能体现"以学生为中心"的办学思想。国际认证评估的要点在于"教育理念",强调考察"学习成效",而不是考察具体的课程内容,参与工程教育认证可以从根本上改变高校的办学思想,促进以学生为中心的课堂教学模式的建立,这不仅激发了学生的学习积极性,而且在教、学平等的状态下,对教师的新思维也有一定的刺激作用。

## 第九节　国内外制药及相关行业的现状与进展

### 一、国外制药行业

随着世界经济的发展,人口总量的持续增长,社会老龄化程度的提高以及民众健康意识的不断增强,全球医药行业保持了稳定增长。根据最新世界医药市场统计(图1-10),整体来看,全球制药市场规模由2015年的约11050亿美元增加至2019年的13245亿美元,年均复合增长率为4.6%,预计到2021年全球制药市场规模约为1.45万亿美元。新兴市场的药品市场需求增长尤为显著,东南亚、南亚和东亚、拉丁美洲、非洲等新兴市场年均复合增长率超过10%,成为全球医药行业的主要驱动力量。

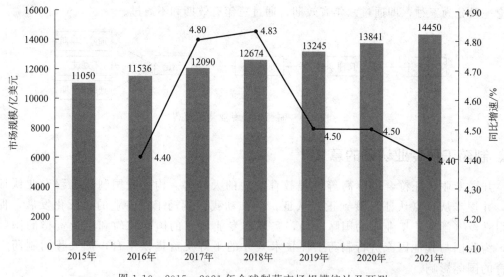

图1-10　2015~2021年全球制药市场规模统计及预测

2001年以来,全球新药研发不断推进,在研药物不断增长并取得突破,2001年全球在研药物仅5995个,2018年增长至15267个,2001~2018年年均增长率达到5.69%。图1-11显示了2019年制药研发的集中地,美国制药公司占全球比例为46%,仍占主导地位,但是随着亚洲制药公司的蓬勃发展,美国制药公司比例开始下降,相比2018年下降2%;中国目前作为全球最大的新兴市场，已经取代加拿大或欧洲国家，在制药研发生产商所在地全球占比为7%，排名第二；受到脱欧影响的英国排名下滑至第三位，但是总体而言，以欧洲为中心的制药公司目前占总制药公司的25%，低于2018年的27%，与此同时，整个亚洲的市场呈现出相反的趋势，其份额从20.5%上升到23.6%。

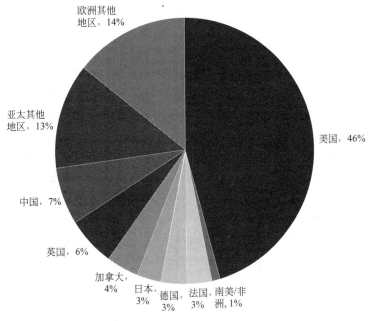

图1-11　2019年按总部国家/地区划分的药物研发公司分布情况

从出炉的2019年福布斯全球制药企业排行榜（表1-7）可知，强生、辉瑞、诺华、罗氏作为药企巨头，稳居行业前四名的宝座，排名较2018年没有发生变化。单从销售收入来看，强生、罗氏、辉瑞依次列席全球TOP10制药企业的前三名（表1-8）。

表1-7　2019年福布斯全球药企十强排名

| 福布斯排名 | 全球排名 | 企业名称 | 国家 | 销售收入/亿美元 | 利润/亿美元 | 资产/亿美元 | 市值/亿美元 |
|---|---|---|---|---|---|---|---|
| 1 | 37 | 强生 | 美国 | 816 | 147 | 1530 | 3662 |
| 2 | 54 | 辉瑞 | 美国 | 536 | 112 | 1594 | 2186 |
| 3 | 60 | 诺华 | 瑞士 | 519 | 126 | 1456 | 1756 |
| 4 | 88 | 罗氏控股 | 瑞士 | 581 | 107 | 796 | 2220 |
| 5 | 114 | 赛诺菲安万特 | 法国 | 407 | 51 | 1274 | 1020 |
| 6 | 119 | 默沙东 | 美国 | 423 | 62 | 826 | 1891 |
| 7 | 147 | 葛兰素史克 | 英国 | 411 | 48 | 740 | 976 |
| 8 | 167 | 艾伯维 | 美国 | 328 | 57 | 594 | 1147 |
| 9 | 237 | 阿斯利康 | 英国 | 239 | 22 | 607 | 9920 |
| 10 | 238 | 美国礼来公司 | 美国 | 246 | 32 | 439 | 1193 |

表 1-8 2019 年全球药企百强名单

| 排名 | 企业 | 收入/亿美元 | 排名 | 企业 | 收入/亿美元 |
|---|---|---|---|---|---|
| 1 | 强生 | 816 | 38 | 施维雅 | 49 |
| 2 | 罗氏 | 581 | 39 | 百利高 | 47 |
| 3 | 辉瑞 | 536 | 40 | 美纳里尼 | 43 |
| 4 | 诺华 | 532 | 41 | 住友制药 | 42 |
| 5 | 拜耳 | 467 | 42 | 亚力兄制药 | 41 |
| 6 | 默沙东 | 423 | 43 | 田边三菱制药 | 39 |
| 7 | 赛诺菲 | 421 | 44 | 太阳制药 | 39 |
| 8 | 葛兰素史克 | 411 | 45 | 萌蒂制药 | 34 |
| 9 | 费森尤斯 | 396 | 46 | 马林克罗 | 32 |
| 10 | 艾伯维 | 328 | 47 | 协和发酵麒麟 | 31 |
| 11 | 雅培 | 306 | 48 | 盐野义制药 | 31 |
| 12 | 礼来 | 246 | 49 | 福泰制药 | 30 |
| 13 | 勃林格殷格翰 | 239 | 50 | 普渡制药 | 30 |
| 14 | 安进 | 237 | 51 | 远藤制药 | 29 |
| 15 | 百时美施贵宝 | 226 | 52 | 灵北制药 | 29 |
| 16 | 吉利德 | 221 | 53 | 益普生 | 28 |
| 17 | 阿斯利康 | 221 | 54 | 恒瑞医药 | 26 |
| 18 | 上海医药 | 194 | 55 | 皮尔法伯 | 26 |
| 19 | 梯瓦 | 189 | 56 | 史达德大药厂 | 26 |
| 20 | 诺和诺德 | 177 | 57 | 大正制药 | 25 |
| 21 | 默克 | 175 | 58 | 阿拉宾度制药 | 24 |
| 22 | 武田制药 | 160 | 59 | 小野药品 | 24 |
| 23 | 艾尔建 | 158 | 60 | 鲁宾制药 | 23 |
| 24 | 新基 | 153 | 61 | 人福医药 | 23 |
| 25 | 渤健 | 135 | 62 | 辉凌医药 | 23 |
| 26 | 安斯泰来 | 118 | 63 | 西普拉 | 22 |
| 27 | 大冢 | 117 | 64 | 中国生物制药 | 22 |
| 28 | 迈蓝 | 114 | 65 | 奥克特珐玛 | 21 |
| 29 | 百特 | 111 | 66 | 瑞迪博士 | 21 |
| 30 | 第一三共 | 87 | 67 | Hikma Pharma | 21 |
| 31 | 博士康 | 84 | 68 | 参天制药 | 20 |
| 32 | 杰特贝林 | 79 | 69 | 石药集团 | 20 |
| 33 | 帝人 | 76 | 70 | 凯西医药 | 19 |
| 34 | 再生元 | 67 | 71 | 爵士制药 | 19 |
| 35 | 优时比 | 55 | 72 | Angelini Pharma | 19 |
| 36 | 卫材 | 54 | 73 | 因赛特医疗 | 19 |
| 37 | 盖立富 | 53 | 74 | 卡迪拉保健 | 18 |

续表

| 排名 | 企业 | 收入/亿美元 | 排名 | 企业 | 收入/亿美元 |
|---|---|---|---|---|---|
| 75 | 科伦药业 | 17 | 88 | 利康化工及制药 | 15 |
| 76 | Insud Pharma | 17 | 89 | 兴和 | 14 |
| 77 | Intas Pharma | 17 | 90 | 博莱科 | 14 |
| 78 | Amneal Pharma | 17 | 91 | 克尔卡制药 | 14 |
| 79 | 吉瑞医药 | 17 | 92 | 柳韩洋行 | 14 |
| 80 | 利奥制药 | 16 | 93 | 久光制药 | 13 |
| 81 | 联合治疗 | 16 | 94 | 格伦马克制药 | 13 |
| 82 | 维福制药 | 16 | 95 | 韩国绿十字 | 13 |
| 83 | 海正药业 | 16 | 96 | 丽珠医药 | 13 |
| 84 | 沢井制药 | 15 | 97 | 梅尔茨制药 | 12 |
| 85 | 日医工 | 15 | 98 | 地平线制药 | 12 |
| 86 | 拜玛林制药 | 15 | 99 | 阿尔法西格玛 | 12 |
| 87 | 格兰泰制药 | 15 | 100 | 奥立安 | 12 |

随着全球经济增长变缓，以及越来越多的专利药到期，欧美大型药企的销售收入增长缓慢，罗氏、阿斯利康、赛诺菲安万特等企业营业收入增长几乎陷于停滞。受到新竞争的威胁和畅销药物专利过期的损失，过去几年，为了增加收入同时兼顾技术带来的协同效应，制药行业的并购呈上升趋势。2019年，美国制药巨头百时美施贵宝以现金和股票作价合计740亿美元成功并购新基制药完成了目前为止制药业最大的一笔并购，将全球最大的两家癌症药物生产企业合二为一；艾伯维以630亿美元成功并购艾尔建，艾尔建多元化的上市产品组合与艾伯维的增长平台以及研发技术、商业化能力和国际化市场相结合，未来双方将打造一家拥有年收入约480亿美元的全球领先的生物制药公司；武田制药以586亿美元完成了对罕见病巨头夏尔公司的收购。

2018~2019年全球药品销售前10（表1-9）和前100的品种中生物药均已经接近一半或超过一半，特别是全球药王阿达木单抗在2018年及2019年全球销售额均接近200亿美元；默沙东凭借一款帕博利珠单抗在抗肿瘤界叱咤风云，2019年实现了超过100亿美元的销售额，同比增长54.1%；贝伐珠单抗、曲妥珠单抗、利妥昔单抗这三个罗氏的抗肿瘤王牌单抗全球年销售额均在70亿美元上下。相比小分子药物，许多大型生物制药企业正在加大对生物药的研发力度。事实上，多个研究资料显示，生物药占大多数机构研发投入的40%~50%。为推动生物药的发展，各大生物制药企业都在努力维持这种研发投入，通过创新驱动提高产品生产力。通过创新还可以加速药品发现过程，增加研发选择，并可以降低成本和提高生产力。

新药研发是全球医药行业创新之源，对人类健康和生命安全有着重大的意义。2011~2020年全球医药研发总支出总体上呈不断上升趋势，年复合增长率为1.6%。2019年，强生研发支出113.6亿美元，同比增加5.4%，占年销售额的13.8%；辉瑞2019年全年收入为518亿美元，比2018年增长1%，研发支出86.5亿美元，同比增加8%；诺华2019年全年销售额为474.5亿美元，同比增长9%，研发支出94亿美元，同比增加10.8%。可以看出，基于研发的高投入，目前处于研发阶段的新药数量越来越多，驱动临床试验活动不断增长。总的来说，对于制药企业，要想获得长足的发展，创新是核心，采取精准并购手段，同时辅以创新的医药销售模式。

表 1-9　2018～2019 年全球 10 大畅销药品销售额

| 序号 | 公司 | 药品通用名 | 药品商品名 | 适应证 | 销售额/亿美元 2018年 | 销售额/亿美元 2019年 |
|---|---|---|---|---|---|---|
| 1 | 艾伯维 | 阿达木单抗 | Humira | 自身免疫病 | 199.36 | 191.69 |
| 2 | 默沙东 | 帕博利珠单抗 | Keytruda | 黑色素瘤 | 71.71 | 110.48 |
| 3 | 新基 | 来那度胺 | Revlimid | 多发性骨髓瘤 | 96.85 | 108.23 |
| 4 | 强生 | 伊布替尼 | Imbruvica | 慢性淋巴细胞白血病 | 62.05 | 80.85 |
| 5 | 百时美施贵宝和小野制药 | 纳武利尤单抗 | Opdivo | 非小细胞肺癌 | 75.67 | 80.04 |
| 6 | 罗氏 | 贝伐珠单抗 | Avastin | 实体瘤 | 81.88 | 79.33 |
| 7 | 辉瑞和百时美施贵宝 | 阿哌沙班 | Eliquis | 抗血栓 | 64.38 | 79.29 |
| 8 | 拜耳和再生元 | 阿柏西普 | Eylea | 糖尿病性黄斑水肿 | 65.62 | 75.42 |
| 9 | 辉瑞和安进 | 依那西普 | Enbrel | 自身免疫病 | 71.26 | 69.25 |
| 10 | 罗氏和中外制药 | 利妥昔单抗 | Rituxan | 淋巴瘤 | 74.14 | 65.77 |

## 二、国内制药行业

我国医药市场规模一直保持快速增长，在全球医药市场的占比已达 11%，成为仅次于美国的全球第二大医药市场。中国制药市场规模由 2013 年的 1618 亿美元增至 2017 年的 2118 亿美元，预计 2022 年将增至 3305 亿美元，该期间的复合年增长率为 9.3%。IQVIA（艾昆纬）发布的《2018 年中国医药市场全景解读》数据显示，2018 年中国整体药品市场终端（不含线上零售）销售总规模达 13308 亿元，同比增长 4.5%，增速较 2017 年的 4.8% 减少了 0.3%，基本持平。处方药市场规模达 11266 亿元，占据了 85% 的市场份额，销售额同比增长 4.9%；非处方药的增速较处方药市场相对缓慢，同比增长 2.2%，与 2017 年相比，增速减少了 3.4%。

从中国制药市场规模来看（图 1-12），化学药物市场规模一直占据着主导地位，但 2013～2020 年比重有所下降。近几年来，生物制药在我国被看成是朝阳产业，其发展势头迅猛。21 世纪是生物药大展宏图的时代，但是化学药物作为在诸多领域有独特优势的行业或许成长空间不如生物药那般波澜壮阔，但是化学药物的创新之路还是有广阔的发展空间的。

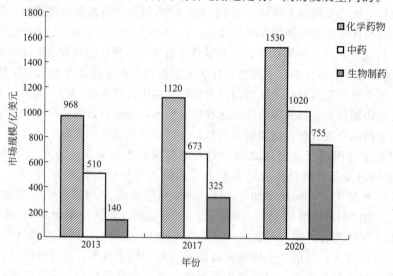

图 1-12　中国制药市场规模对比

纵观中国仿制药与专利药市场规模（图1-13），2017年，中国仿制药市场规模达935亿美元，占中国制药市场总量的44.1%，而仿制药占全球制药市场的32%。2017~2020年的复合年增长率为10.2%。随着中国继续着力鼓励开发创新专利药，专利药的投资预期将增加，其市场规模按8.6%的复合年增长率增至2020年的1784亿美元。

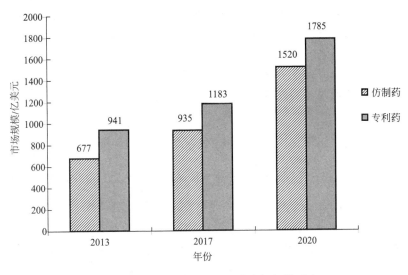

图1-13 中国仿制药与专利药市场规模对比

2012年中国制药企业进行了一次历史性变革，"安徽模式"大幅降低普药价格，由此展开了一轮轰轰烈烈的处方药企业的牛市，2012~2017年是处方药企业的"黄金6年"，同时其中也包含了中药注射剂的黄金时期，大批仿制药和中药企业赚得盆满钵满。直到2018年上半年，开启了中国医药行业的又一次历史性变革。仿制药一致性评价后开始陆续出台关于带量采购相关的政策，再到2018年12月第一批4+7带量采购试点药品价格平均降幅52%、最大降幅92%，随着国内集采政策的执行与各地跟标，国内仿制药行业的游戏规则已经重塑，仿制药的价格不断下降，在生存大考前，懂得如何控制成本并拥有原料药制剂一体化的生产厂家仍然具备先发优势；同时，以仿制药为基础发展高端制剂，逐步扩大创新药业务的结构比重，并坚持面向国际市场的发展战略，将是未来我国制药企业谋求生存与转型发展的突破路径。

2009年前后是中国创新药的开始投入期，恒瑞医药、复星医药、百济神州、信达生物等的创新药研发投入均于此时间段开始。经历10年，逐步进入批量收获期。例如：恒瑞医药的吡咯替尼、PD1单抗，中国生物制药的安罗替尼等均成为第一批收获的创新药。从2019年开始，中国医药工业的发展主线将从以仿制药为主逐渐向创新药转化。此外百济神州完全自主研发的BTK抑制剂泽布替尼通过了美国食品药品监督管理局（FDA）批准。石药集团自主研发的创新药马来酸左氨氯地平片通过FDA新药上市申请（NDA），是我国第一个在美国上市的高血压新药。中国创新药市场将成为未来中国医药市场进一步扩容的主要驱动力，也会成为全球创新药企业竞争的重要战场。

## 思考题

1. 制药工程专业在国民经济和制药行业中的地位和作用是怎样的？
2. 制药工程与其他学科之间存在怎样的关联性？
3. 制药工程专业的基本特点是什么？
4. 制药工程专业人才应具备哪些素质和能力？
5. 制药工程专业的知识体系是由哪几部分组成？其核心课程有哪些？
6. 制药工程专业本科与研究生教育有何不同？
7. 制药工程专业认证目的是什么？有什么要求？
8. 国内外制药行业的现状和发展趋势分别有什么特点？

## 参考文献

[1] 邢黎明, 于远望, 唐志书, 等. 制药工程专业本科课程体系研究 [J]. 中国中药杂志, 2012 (14): 157-160.

[2] 刘丽娟. 综合性大学制药工程（化学制药）专业发展的思路与策略 [J]. 黑龙江教育（理论与实践）, 2015 (5): 24-25.

[3] 李宗齐, 黄子芮. 适应行业需求的高校制药工程专业人才培养模式的探索 [J]. 广东化工, 2019 (16): 212-213.

[4] 刘雄, 向夏芸. 关于制药工程专业导论课程的教学思考 [J]. 广东化工, 2017 (23): 135-146.

[5] 蒋旭东, 容元平. 制药工程导论课程教学改革探索 [J]. 广东化工, 2011 (12): 127, 169.

[6] 金黎明, 李春斌, 权春善, 等. 构建制药工程专业实践教学体系的思考与探索 [J]. 科技风, 2018 (1): 97.

[7] 元英进, 尤启冬, 于奕峰, 等. 制药工程本科专业建设研究 [J]. 药学教育, 2006, 22 (1): 15-16.

[8] 孙旨义. 制药自动化信息技术应用现状及发展方向 [J]. 自动化博览, 2015 (08): 42-46.

[9] 李会, 龚劲松, 许正宏, 等. 涵盖复杂工程问题的制药工程实践教学体系的构建与实践 [J]. 高校实验室科学技术, 2019 (4): 6-9.

[10] 郑柏树, 申少华, 汪朝旭, 等. 基于《国标》的制药工程专业人才培养目标研究 [J]. 山东化工, 2019 (20): 204-206.

[11] 教育部高等学校教学指导委员会. 普通高等学校本科专业类教学质量国家标准（上）[M]. 北京: 高等教育出版社, 2018: 379-387.

[12] 高志刚, 王世盛, 宋其玲, 等. 基于工程教育背景下制药工程专业培养目标的定位 [J]. 教育教学论坛, 2015 (27): 176-177.

[13] 赵子剑, 罗正红, 赵永新. 基于工程认证的制药工程专业课程体系构建 [J]. 广州化工, 2019, 47 (14): 181-183.

[14] 刘宗亮, 孟庆国. 基于教学质量国家标准的制药工程专业课程设置及实践能力培养的思考 [J]. 药学教育, 2017, 33 (3): 13-17.

[15] 胡盛, 张珩, 冯驸, 等. 地方院校制药工程专业课程体系的构建与实践 [J]. 药学教育, 2019, 35 (5): 23-26.

[16] 杨华, 葛利, 马林, 等. 广西大学制药工程实践体系改革 [J]. 广州化工, 2017, 45 (12): 211-213.

[17] 李翠, 唐燕辉, 田禾, 等. 制药工程领域专业学位发展二十年回顾和展望 [J]. 化工高等教育, 2017 (5): 25-27, 57.

[18] 杨志宏, 王春波, 高华, 等. 制药工程专业学位研究生培养模式改革初探 [J]. 青岛大学医学院学报, 2001, 49 (6): 560-561, 564.

[19] 杨硕晔,胡元森.制药工程教育专业认证的认识与思考[J].药学教育,2016,32(1):26-29.
[20] 陈震,董建,葛燕青,等.专业认证理念与制药工程专业培养方案的优化[J].大学教育,2018(10):207-209.
[21] 丰贵鹏,陈改荣,陈国胜,等.制药工程专业认证对专业发展的促进——以新乡学院制药工程专业为例[J].山东化工,2019(10):197-198.
[22] 滕佳欣,张志芹.浅析我国制药工程专业认证对制药工程专业教育的影响[J].新西部,2017(9):118-119.

# 第二章 化学制药

**【本章学习目标】**
1. 掌握化学药物的定义及分类。
2. 熟悉化学药物设计的基本原理与方法。
3. 了解现代创新药物研发流程和外包服务。

## 第一节 化学药物及其制备与分类

### 一、化学药物的概念

化学药物是指以化学加工手段获得的药物活性成分（active pharmaceutical ingredient，API）及其制剂。化学药物以化合物作为其物质基础，以药物发挥的功效（生物效应）作为其应用基础。药物活性成分加工成合适的制剂形式之后成为可供临床使用的药物，市面上销售的各种化学药品都是具有合适的制剂形式的化学药物。

化学药物可通过以下3种方式制备得到：①通过合成或者半合成的方法制得的原料药及其制剂，如用于抗感染治疗的磺胺类药物和半合成青霉素类抗生素；②从天然产物中提取得到的单体化合物及其制剂，如在临床上广泛用于乳腺癌、卵巢癌治疗的抗肿瘤药物紫杉醇；③采用拆分或者合成等方法制备的手性药物异构体及其制剂等，如具有解热镇痛作用的药物布洛芬，药理活性主要来自S-(+)异构体，其用药剂量仅为外消旋体的1/2，在安全性和药代动力学方面优于未拆分的消旋体。另外大家所熟知的青蒿素、沙丁胺醇和萘普生都是手性药物。

化学药物的生产包括原料药生产和制剂生产两部分。原料药的质量标准决定制剂质量的优劣，因此其质量标准要求很严格，世界各国对原料药都制定了严格的国家药典标准和质量控制方法。药物疗效不仅与其所含有效成分的化学结构和剂量有关，而且还与有效成分的晶型、粒度和药物制剂的剂型、所用的辅料及生产工艺密切相关。

化学药物制剂主要有3种分类方式：按适应证、剂型和药品创新程度进行分类，具体种类参见表2-1。

表 2-1 化学药物制剂的种类

| 分类方式 | 种类 |
| --- | --- |
| 按适应证分类 | 抗微生物药、解热镇痛药、维生素、消化系统用药、心血管系统用药、激素类药物等 |
| 按剂型分类 | 片剂、注射剂、胶囊、气雾剂、软膏、粉剂、栓剂等 |
| 按药品创新程度 | 创新药、仿制药 |

各国制药企业非常重视研究开发新的剂型和新型给药系统，先后推出多种缓释制剂、可控释放制剂、靶向制剂、前体药物制剂和透皮制剂等。

## 二、化学药物的起源和发展

### 1. 化学药物的起源

化学药物的起源可追溯到从天然植物和动物体内提取、分离活性成分时期。早期人类为了生存，在不断地与伤痛和疾病作斗争的过程中，发现有些天然植物、动物或矿物具有减轻伤痛或者解除疾病的功效，于是便逐渐有意识地将其用于治病疗伤。19 世纪中期，随着化学学科的发展，人们已经不再满足只利用现有的天然植物治疗疾病，希望能够借助于简单的化学方法提取、分离出具有治疗作用的方便携带和服用的药物，研究工作集中在临床上已经应用的从天然植物中提取、分离的有效成分，并确定其化学结构，例如吗啡、可卡因、奎宁等，这些有效成分的分离和结构的确认为化学药物的发展奠定了基础，人类社会开始了以天然药物有效成分为先导化合物进行人工合成药物（化学药物）的研究。在这个阶段，只是对自然界已有的天然产物的模仿合成，没有在化学结构和药物活性关系（构效关系）上做深入的研究和探讨。

### 2. 化学药物的发展

19 世纪后期至 20 世纪 60 年代，随着化工行业，尤其是精细化工行业的高速发展，德国和瑞士的化工巨头开始用化学方法大规模合成药品，化学药品开始如雨后春笋般出来，如乙酰苯胺、非那西丁、肾上腺素、阿司匹林、磺胺、苯巴比妥、普鲁卡因等，制药技术和产业规模得到迅速发展，在药品的制剂创新和制剂技术现代化方面也取得了巨大的进步，胶囊、片剂等现代化的制剂产品开始在市场上普及，药品的大范围销售成为可能。

化学药物的发展大致可以分为以下三个重要时期。

（1）早期发展阶段。19 世纪中后期至 20 世纪初是制药工业的早期发展阶段，该阶段的主要特点是利用简单的化工原料合成具有生物活性的天然产物，或者对已有的生物活性成分进行结构改造合成简单的药物，药物化学史上大名鼎鼎的阿司匹林的规模化生产就是其中一个成功的案例：从 1897 年 Bayer 医药的化学家 Hoffman 首次合成乙酰水杨酸，到 1899 年阿司匹林上市，短短两年的时间阿司匹林就成了第一个畅销的解热镇痛类药物；1982 年 John Vane 因为发现了阿司匹林能够抑制前列腺素合成的作用机制获得诺贝尔生理或医学奖。

20 世纪初期及以后，药物化学研究的中心转至从具有相同药理作用的药物中寻找共同的药效团结构，利用生物电子等排和拼合原理等改变药效结构上的取代基或扩大药效结构的范围，从而得到更多的有效药物。例如通过对天然产物可卡因的药效结构研究，发现了结构更加简单的局麻药普鲁卡因和利多卡因。

（2）迅速发展阶段。20 世纪 30～60 年代是制药工业的迅速发展阶段，以磺胺类抗菌药和青霉素类抗生素的临床应用为标志。1928年弗莱明发现了青霉素，1941年实现了青霉素分离提纯和发酵生产，20世纪60年代开始了半合成青霉素类药物和头孢菌素类药物的开发。虽然磺胺类药物在1935年才用于临床治疗细菌性感染，但在第二次世界大战中，美国磺胺类药物的产量高达4500t，许多细菌性传染病，如产褥热、流行性脑膜炎等在这个阶段都得到了有效的控制。随着其他种类的抗生素，如链霉素、土霉素、氯霉素、四环素等的发现和使用，开创了化学药物治疗感染性疾病的新纪元，进而逐步开发和建立了化学药物的工业生产体系。

（3）合理药物设计阶段。20世纪70年代至今，随着计算机科学、基因组学、蛋白质组学和药物化学的发展，合理药物分子设计成为新药研发的主要方向，其中计算机辅助药物设计方法（computer-aided drug design，CADD）是药物分子设计的基础。癌症、心脑血管疾病和糖尿病等慢性疾病渐渐成为影响人类健康的主要因素，如果按照传统的基于活性（activity-based）的药物研发模式，即通过大量的体外活性测试筛选先导化合物，再进行先导化合物的结构优化和临床研究，不但研发周期长，而且研发成本高。

CADD通过分子模拟技术预测药物与受体生物大分子之间的相互作用，进行先导化合物的设计和优化，是计算机技术与药物分子设计的结合。计算机辅助药物设计大致包括活性位点分析法、数据库搜寻、全新药物设计。广义的CADD泛指信息技术在药物分子设计与开发过程中的所有应用，包含信息分析技术、数据处理过程等；而通常意义上的CADD仅指基于分子模拟（计算化学）的分子设计技术，又可分为基于受体结构的药物设计（receptor-based or structure-based drug design，SBDD）、基于配体的药物设计（ligand-based drug design，LBDD）和基于片段的药物设计（fragment-based drug design，FBDD）。随着计算机技术的发展，CADD围绕这三大策略，在苗头化合物（hit-to-lead）的发现方面分别产生了不少成功的应用。

诺华制药采用SBDD方法成功开发的靶向治疗药物伊马替尼（小分子酪氨酸激酶抑制剂，商品名为格列卫）在2001年成功上市，挽救了大量慢性髓细胞白血病患者生命，获评当年《Science》杂志"世界十大科技突破"之一。主要研究者先后荣获"欧洲年度发明奖"以及"拉斯克-德贝基"临床医学研究奖。诺氟沙星、氯沙坦、佐米曲普坦等药物是采用LBDD方法的成功案例。维罗非尼（vemurafenib）是第一个采用FBDD方法开发的具有选择性的口服有效的BRAFV600E蛋白突变抑制剂，是由罗氏（Roche）制药公司开发的一种治疗晚期或不能切除的黑色素瘤皮肤癌药物，于2011年8月17日获美国食品药品监督管理局（FDA）批准上市，商品名为Zelboraf，从最初的片段筛选到上市仅花了6年时间。

### 3. 手性药物

手性药物是指药物的分子结构中存在手性因素，其中只含有效对映体或者以有效对映体为主。手性药物进入人体之后，药物的药理作用是通过与体内的大分子之间严格的手性识别和匹配而实现的，手性化合物的一对对映体在生物体内的药理活性、代谢过程、代谢速率及毒性等存在显著的差异，另外在吸收、分布和排泄等方面也存在差异，还存在对映体的互相转化等一系列复杂的问题。1992年美国FDA规定，新的手性药物上市之前必须分别对左旋体和右旋体进行药效和毒性试验，否则不允许上市。2006年1月，我国食品和药品监督管理局（SFDA）也出台了相应的政策法规。

手性药物按照药效方面的简单划分，可能存在四种不同的情况：①只有一种对映体具有所要求的药理活性，而另一种对映体没有药理作用甚至产生毒副作用。例如治疗帕金森病的药物左旋多巴（L-dopa），真正有治疗作用的化合物是左旋多巴胺（L-dopamine），由于多巴胺不能透过血脑屏障进入作用部位，须服用前药（prodrug）左旋多巴，左旋多巴在体内脱羧酶作用下生成左旋多巴胺。由于体内的脱羧酶的作用是专一性的，仅和左旋多巴发生脱羧作用，因此必须服用对映体中的左旋体。如果服用混旋体的话，右旋体会聚积在体内，不会被体内的酶代谢，从而可能对人体的健康造成危害。②一对对映体中的两个化合物都有同等的或近乎同等的药理活性，如抗心律失常药氟卡尼。③两种对映体具有不同的药理活性，例如右丙氧酚是镇痛药，而左丙氧酚则为镇咳药。④各对映体药理活性相同但作用强度不相等，例如β-受体阻断剂普萘洛尔（propranolol）的两个对映异构体的活性比（eudismic ratio，ER）为40。

### 三、化学药物与药物化学的关系

根据国际纯粹与应用化学联合会（International Union of Pure and Applied Chemistry，IUPAC）定义：药物化学（medicinal chemistry）是建立在化学学科基础上，涉及生物学、药学和医学等各个学科的内容，研究化学药物的结构、理化性质、合成工艺、构效关系、体内代谢以及寻找新药的途径与方法的综合性应用基础学科，从分子水平解析药物的作用机理和作用方式，为有效利用现有化学药物提供理论基础，研究解决化学药物生产的合成路线和工艺流程，并且为临床有效药物的开发提供创新方法和技术，药物化学的根本任务是设计和发现新药。

化学药物作为药物化学的主要研究对象，与药物化学的发展密切相关。20世纪初期及以后，随着化学工业的发展，一些简单的化学药物，如阿司匹林、苯佐卡因、安替比林、非那西汀等在实验室顺利合成之后，成功实现了工业化生产，药物化学的研究从天然药物的分离、提取及结构鉴定的研究转入人工合成药物的研究。药物化学开始对一系列具有相同药理活性的化合物的共有结构进行研究（构效关系研究），提出了药物化学的一些基本原理，如生物电子等排、拼合原理及前药原理、抗代谢学说等，并运用于先导化合物的结构优化和药物分子的设计。

## 第二节　化学制药的现状与进展

制药行业属于高技术密集型产业，是各国经济发展中的重点产业，具有投资大、产出多、风险系数高的特点。现阶段我国已是全球最大原料药生产国和原料药出口第二大国。在化学制药行业中，习惯上将原料药划分为大宗原料药、特色原料药、专利药原料药三大类。大宗原料药主要包括维生素、抗生素、激素等品种，不涉及专利问题的传统化学原料药，市场需求相对稳定，应用较为普遍。特色原料药主要包括心血管类、抗病毒类、抗肿瘤类等品种，主要是指处于专利保护期的药品或处于专利保护期结束后一段时间内的药品原料药。专利药原料药是指用于制造原研药（专利药）的医药活性成分，主要是满足原创跨国制药公司及新兴生物制药公司的创新药在药品临床研究、注册审批及商业化销售各阶段所需，其中也包含用于生产该原料药的高级中间体。

目前我国拥有药品原料药生产资质的企业超过2400家，如果依据制药企业所在地划分，原料药企业分布最多的为江苏省和浙江省，拥有300家以上。目前在浙江省的临海已建立了国家级浙江省化学原料药基地，是国内化学原料药和医药中间体产业最大的集聚区；

其次为山东、四川和湖北等地。另外，随着环保压力的增大，近百家北京制药企业迁移至渤海湾，我国北方原料药基地雏形正在形成。从产业集中度来看，原料药及相关中间体的生产商主要集中在传统上化学工业发达的地区，以浙江、山东及河北为代表，在2017年原料药出口企业TOP50榜单中，优势企业的地域聚集性依然明显，例如浙江的华海药业、普洛药业，河北的石药集团，山东的新华制药、新发药业等。如果从全球范围看，2016年全球原料药市场排名前10位的制药公司，我国药企占了6席。其中，浙江省药企占了世界10大原料药生产商的4席。随着GMP标准的推广，一致性评价的推行，我国药品质量稳步提高，制药行业得到迅速发展。

我国原料药产业目前主要集中于大宗原料药，但整体行业竞争激烈、利润率较低；特色原料药的利润率要高于大宗原料药，有一定的技术含量，以自产自销模式为主，单一品种的特色原料药企业会面临后续竞争激烈从而导致利润增长性差的局面，有一定风险；多品种的特色原料药企业，仍然需要重点关注企业的研发能力以及产品线。因此制药企业逐渐将目标转向为专利到期原研药的仿制原料药，2016年，我国特色原料药出口额达到35.3亿美元，在原料药出口中的比重达到了13.8%。随着未来五年大规模的原研药即将面临专利到期，越来越多的国内企业将目光聚焦于相应的特色原料药，并提前开始了研发和生产准备工作，预计未来我国特色原料药的生产和出口规模将继续扩容和增长。

一个新药的研发需要经历临床前阶段，临床Ⅰ、Ⅱ、Ⅲ期，新药审批，进驻市场等六个阶段，大概需要10~15年的时间，研发投入约在8亿~12亿美元。新药的研制投入大且回报周期长，这导致了我国制药企业大多将资金投入药物的生产而长期忽视对新药的研发。2016年我国制药工业的营收与研发统计数据显示：复星医药以超过4亿元的研发投入位列榜首，该企业的研发投入占比为营收总额的10.6%，但与国外企业的研发投入相比还远远不足。由于研发创新能力弱，我国制药行业呈现技术含量高和附加值高的专利药、生物医药等高端药品发展滞后，产品技术含量低的低端药品生产过剩的发展格局。

虽然我国制药行业在近几年取得了快速发展，但与国外相比，仍然有较大的差距：我国制药企业大多处于规模小、产业分散的局面，不具备开发新药的能力；制药行业是高科技密集型产业，不仅需要强大的基础设施、设备与相关医药政策的支持，还需要与教育培训、技术转移、工业发展等相关辅助性行业结合起来，我国已逐步推进制药产业链和产业集群区的建设；制药行业的高科技性，要求其在发展过程中必须进行技术创新，才能解决产业发展的动力问题；与此同时，还应重视知识产权保护，构建完善的行业监管体系。制药企业不仅仅是生产实体，而且会逐渐成为集科研、生产、内外贸易为一体的组织。

我国化学制药工业的发展方向是创制新药和提高劳动生产率，创新合成路线、生产工艺研发和高效率的生产线，提高国际竞争力。绿色化学又称为绿色技术、环境无害化学和环境友好化学，在进行化学合成药物研发时，通过使用无毒无害的反应原料、试剂、催化剂等，借助高转化率、高选择性的反应合成，有助于在源头上控制污染物的产生，提高企业生产的环保意识，降低生产运营成本，促进企业的长远发展。绿色化学的主要特点是"原子经济性"，即在获得物质的转化过程中充分利用每个原料原子，实现"零排放"，因此既可以充分利用资源，又不产生污染。

目前绿色化学的研究重点主要是设计对人类健康和环境更安全的化合物，探求新的、更安全的、对环境更友好的化学合成路线和生产工艺，降低对人类健康和环境的危害，减少废弃物的产生和排放。运用多步骤反应技术如串联反应，对于促进化学合成药物的绿色发展具有重要的作用。串联反应是指将多个反应合并成一步，将不稳定或有毒有害的中间体直接进行后续转化,是近年来有机合成研究的热点。串联反应作为一个新反应类型,相对于其他反应具有明显的优势,如串联反应的中间体无须分离,可直接用于原位反应,产率高,选择性高,极大地减少了溶剂、洗脱剂的用量和副产物的产生,有利于环保等优点。目前串联反应已成功地应用于不对称合成以及杂环化合物的合成中,特别是用于合成具有光学活性的天然产物和复杂分子方面。

只有创新才能使我国的化学原料药优势得以持久保持。我国制药产业的战略方向需要从相对低端的仿制药逐步过渡到仿制和创新相结合的仿创药,最终走上自主研发创制新药的道路。新药设计的目的是寻找疗效更好、毒副作用更低、安全性更高的新化学实体。

## 第三节 化学药物设计的基本原理与方法

新药的研究与开发是一项多学科交叉渗透、多领域相互协作的技术密集型系统工程,需要化学与药学、生命科学、临床医学和计算机科学等领域的研究人员参与,研究过程必须遵守科学规范,研究试验及程序必须符合相关法规和伦理道德。

### 一、先导化合物的基本发现途径与方法

新药设计包括靶标筛选和验证、先导化合物的发现和结构优化、临床前候选药物的确认、合成工艺研究、制剂开发等过程。候选药物是指拟进行系统的临床前试验并进入临床研究的活性化合物。先导化合物的发现是创制新药的开始,是为了发现可能成为药物的活性化合物。

#### 1. 先导化合物的获得途径

先导化合物是指通过各种途径或方法得到的具有某种生物活性或药理活性的化合物。先导化合物的发现和获得主要有以下 5 种方式。

(1) 从天然药物的活性成分中获得先导化合物。在新药研发中,从天然产物中寻找生物活性成分,并进行先导化合物结构优化是寻找新药的重要途径。保留先导化合物结构中的药效团,对其进行结构改造,合成系列衍生物,然后研究合成的衍生物的体外生物活性,并对活性最强的化合物进行体内活性测试,揭示其构效关系。

数千年前古埃及神秘的《埃伯斯纸草书》中记载的药方指出柳树皮可用于消炎止痛;素有古希腊"医学之父"之称的希波克拉底在《希波克拉底文集》中,也提到了用柳树皮止痛的方法。人们一直没有办法知道柳树皮中起作用的药效成分是什么。直至 1828 年,德国慕尼黑大学的药剂学教授约瑟夫·布赫纳从柳树皮中提取出少量带有苦味的黄色晶体水杨酸苷,水杨酸苷水解之后得到水杨酸,水杨酸具有解热镇痛的功效,但是酸性很强,对胃肠道有较强的刺激性,容易诱发溃疡;1898 年德国拜耳的药物化学家费利克斯·霍夫曼采用乙酰化反应合成了大名鼎鼎的解热镇痛药阿司匹林(乙酰水杨酸),减轻了药物对胃肠道的刺激;随后科学家们又研制出长效缓释阿司匹林,可以减少服药次数和减轻胃肠道刺激,维持相对稳定的血药浓度。1971 年 John Vane 发现阿司匹林类药物的作用机制:因为能够抑制体内前列腺素的生物合成,从而具有解热镇痛和抗炎作用。水杨酸结构优化过程见图 2-1。

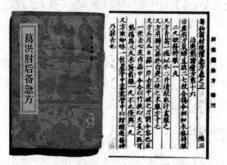

| 水杨酸 | 阿司匹林 | 长效缓释阿司匹林 |

图 2-1  水杨酸结构优化过程

我国著名科学家屠呦呦受东晋名医葛洪《肘后备急方》（图 2-2）启发，从传统中药黄花蒿中分离出抗疟疾特效药物青蒿素（图 2-3），与另外两位科学家共同荣获 2015 年诺贝尔生理或医学奖。青蒿素及其衍生物目前已成为国际上治疗疟疾的首选药物，同时也是青蒿素类复方的主要组成药物。

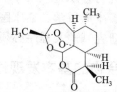

图 2-2  东晋名医葛洪撰写的《肘后备急方》　　图 2-3  青蒿素

由于青蒿素的水溶性和油溶性都比较差，很难制成合适的剂型。研究发现双氢青蒿素是青蒿素体内活性代谢产物，抗疟作用是青蒿素的 4~8 倍，具有速效、高效、低毒且与大多数抗疟药无交叉抗性等特点。但是双氢青蒿素的水溶性差、半衰期短、生物利用度低和抗疟复燃率高，因此研究人员在双氢青蒿素基础上，合成了油溶性的蒿甲醚、蒿乙醚和水溶性的青蒿琥珀酸单酯。蒿甲醚于 1995 年被载入《国际药典》，已被世界卫生组织（WHO）列为治疗凶险型疟疾的首选药，青蒿琥珀酸单酯是目前唯一有效的水溶性青蒿素衍生物，具有多种给药特点，已成功应用于临床。青蒿素的结构优化见图 2-4。

(2) 从药物的活性代谢物发现先导化合物。有些药物在经过体内代谢之后可以保留活性甚至生成活性更强的代谢物。波兰科学家莱奥·斯特恩巴赫在合成苯二氮杂卓类结构的化合物中，发现了氯氮卓具有强大的镇静、肌肉松弛及抗痉挛作用，安全性也相当好，没有明显的副作用。1960 年 2 月，美国 FDA 批准了氯氮卓以"利眠宁"（librium）（图 2-5）作为商品名在市场上销售，氯氮卓结构简化后即得到大名鼎鼎的安定（地西泮，diazepam）（图 2-6）。

安定迅速成为美国历史上最为畅销的药物，并成为药物史上第一个年销售额超过 10 亿美元的"巨磅炸弹"级别的药物。在研究安定的体内代谢时，发现去掉 1 号氮原子上的甲基和 3 号碳原子上的氢原子被羟基取代的代谢物具有明显的中枢抑制作用，比母体化合物安定的活性更强，因此该活性代谢产物奥沙西泮也被开发出来作为药物使用，莱奥也因此被美国 News & World Report 评为 20 世纪中最有影响力的美国人。目前约有 30 多种用于治疗焦虑、肌肉松弛、睡眠障碍、麻醉和癫痫的苯二氮卓类药物在世界各地范围内被使用。地西泮的体内代谢过程见图 2-7。

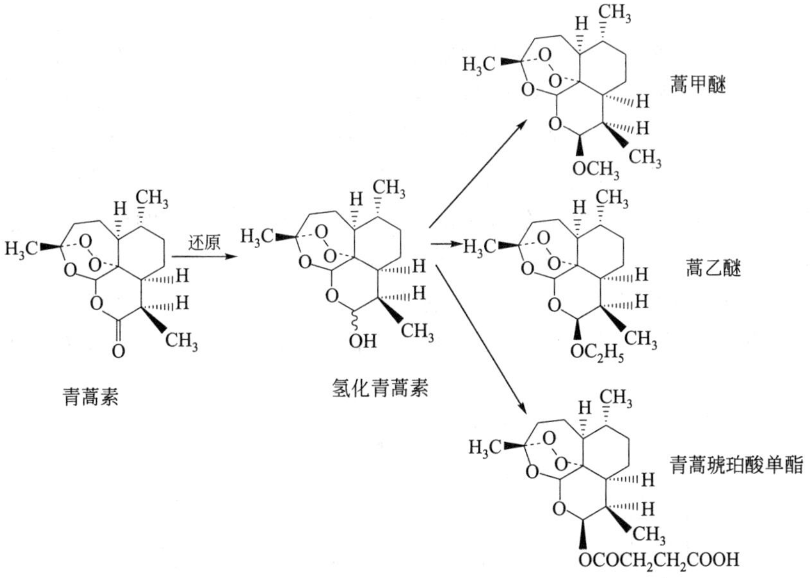

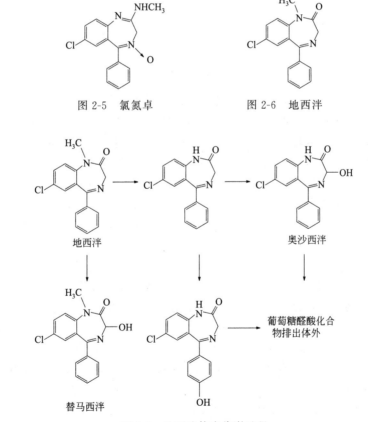

图 2-4 青蒿素结构优化

图 2-5 氯氮卓　　　图 2-6 地西泮

图 2-7 地西泮体内代谢过程

（3）基于组合化学方法获得先导化合物。组合化学是利用化学或者生物合成方法构建基本小分子模块，合成大量结构多样的分子群体，形成化合物库（compound library），配合高通量筛选技术对库成分进行筛选优化，得到目标分子的方法。组合化学包括化合物库的制备、库成分的检测及目标化合物的筛选三个步骤。

药物筛选是指通过规范化的实验手段从大量已知化合物或新化合物中筛选对某一特定作用靶点具有较高活性的化合物，是现代药物研发过程中检验和获取具有特定生理活性化合物的一个步骤，是临床新药开发的必经过程。高通量筛选技术（high throughput screening, HTS）通过研究药物作用靶点的三维结构，将三维化合物库中的小分子自动对接到受体结合腔中，筛选出有利于分子间相互作用的化合物进行研究。该技术的应用极大地提高了对目标分子、活性物质以及药物的筛选速度，具有微量、快速、灵敏和准确等特点，可以通过一次实验获得大量有价值的信息，同时进行各种生物活性、药代动力学和毒理研究，找到合适的候选药物。组合化学技术大幅度提高了新化合物的合成和筛选效率。高通量筛选流程见图2-8。

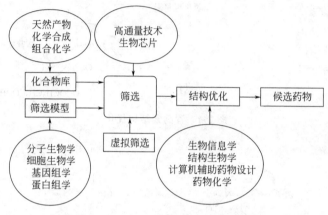

图2-8　高通量筛选流程

（4）基于DNA编码化合物库设计及筛选技术获得先导化合物。基于靶点蛋白与小分子药物之间的亲和力竞争性结合的DNA编码化合物库（DNA-encoded library，DEL）设计及筛选技术是当前新药发现领域最前沿的技术之一，适用于绝大多数小分子药物的早期研发筛选，这种筛选是将目标靶点蛋白同时和整个组合库的所有化合物（达到亿级以上化合物）进行孵育和筛选，与传统的单个的化合物依次筛选截然不同，这种筛选方式具有明显的速度和成本优势，可以明显缩短药物的研发周期。DNA编码化合物是根据组合化学和DNA技术实现的，当每一个化学反应单元增加时，化合物的数量便急剧增加，从而实现数亿级巨型化合物库。在每一个结构单元反应后，得到的每一个化合物都用一段已知序列的DNA进行分子水平的连接标记，所以每一个化合物的结构都是已知的。目前该技术凭借合成小分子药物数量巨大、速度快、成药性高的特点，已成为化合物筛选的主流和成熟技术之一。目前几乎所有的大型跨国制药公司都已经采用DNA编码化合物库技术进行药物发现研究。涌现出众多基于该技术的新兴生物科技公司和平台，如Ensemble Therapeutics、X-Chem、DiCE Molecule、NuEvolution、Philochem、先导药业、劲宇生物、药明康德等。与传统的小分子化合物相比，天然产物分子具有更加多样性的骨架结构、更加广泛和显著的生物活性，从而可以覆盖更加广泛的化学空间。上海科技大学免疫化学所开发了可标记天然产物的独特DNA编码技术，建立了国际上首个DNA编码的天然产物组合库。

（5）基于计算机辅助药物设计技术获得先导化合物。药物分子设计是指根据已知的受体结构或受体结构未知但有一系列配体的构效关系数据进行的合理的药物分子结构设计。

计算机辅助药物设计方法分为三种：

① 基于受体结构未知的药物分子设计方法，主要利用定量构效关系（quantitative

structure-activity relationship，QSAR）预测化合物的生理活性或某些性质，指导设计出具有更高活性和选择性更好的化合物。QSAR 主要研究化合物的性质以及生物活性与其结构的关系，可以快速建立化合物结构与性质之间的联系，从而指导先导化合物优化，提高药物研发的效率。定量结构活性关系方法是目前应用较多的化合物性质和活性预测方法，在药物化学领域被广泛应用于预测化合物的吸收、分布、代谢、排泄、毒性及各种生物活性，在此基础上获得的有利的结构信息可用于新的化合物的设计。基于配体的药物设计是从已有的活性小分子结构出发，通过建立药效团模型或定量构效关系，预测新化合物活性或指导原有化合物结构改造。基于配体的药物设计方法主要有药效团模型构建和定量构效关系分析。药效团模型可以用于化合物数据库的筛选，快速筛选出具有特定药效特征的化合物；此外，通过药效团模型也可以间接推导出靶标活性位点的结构，以探索化合物的作用机制。

② 基于受体结构已知的药物分子设计方法，通过研究受体结构的特征以及受体和药物分子之间的相互作用方式来进行药物设计，常用的方法是分子对接方法和从头设计方法。药物分子采取合适的空间构象充分接近作用靶点并发生相互作用才能产生药效，分子对接方法是将配体分子放在受体活性位点的位置，然后按照几何互补和能量互补的原则来评价药物分子和受体相互作用强弱，研究药物分子的药效构象特别是底物构象在形成复合物过程的变化，在药物设计中有十分重要的意义。由于分子对接考虑了受体结构的信息以及受体和药物分子之间的相互作用信息，因此从原理上讲，它比仅仅从配体结构出发的药物设计方法更加合理。同时，分子对接筛选的化合物库往往采用的是商用数据库，比如可用化合物数据库（available chemicals directory，ACD）；剑桥结构数据库（cambridge structural database，CSD）；世界药物索引（world drug index，WDI）；综合药物化学数据库（comprehensive medicinal chemistry，CMC）；可用化合物搜索数据库（available chemicals directory 3D-screening，ACDS）等，因此筛选出来的化合物都为已知化合物，而且相当大的一部分可以通过购买得到，这为科研提供了很大的方便。近年来，随着计算机技术的发展、靶酶晶体结构的快速增长以及商用小分子数据库的不断更新，分子对接在药物设计中取得了巨大成功，已经成为基于结构药物分子设计中最为重要的方法。高通量虚拟筛选针对靶点的三维结构或已建立的药效团模型、QSAR 模型，从化合物数据库中将符合条件的小分子挑选出来，进行生物活性测试，是先导化合物发现的重要手段。

③ 计算组合方法。主要包括两方面的内容：一方面是采用计算机技术设计合成组合库的构造块，通过计算机生成包含足够分子多样性的虚拟组合库；另一方面则是把得到的虚拟组合库和其他分子设计方法结合起来进行药物分子设计。

计算机辅助药物设计技术可以完全打破传统的药物发现和设计依赖于大量的实验筛选、并行的化学合成的方式，有助于先导化合物的发现和先导化合物优化，可以为药物发现提供重要的依据和支撑。计算机辅助药物设计不仅可以模拟药物与生物大分子间的相互作用，为已知药物的结构改造提供方案，也可直接设计全新的先导化合物，因此在医药研发机构应用较为广泛，发展前景也较为广阔。

**2. 先导化合物结构优化**

由于先导化合物普遍存在活性不够强、结构不稳定、溶解性不好、毒性较大、选择性不好或者药代动力学性质不佳等缺陷，因此需要对先导化合物进行合理的化学结构修饰，该过程称为先导化合物的结构优化，是新药研发的重要内容。

（1）前药原理。在体外无活性或者活性较小，在体内经酶或非酶作用，释放出活性物质而产生药理作用的化合物称为前药。前药设计根据药物在生物体内的代谢规律，对药物分进行结构修饰,进而改善药物在体内的吸收、分布、转运与代谢等药代动力学过程,将前药修饰用于先导化合物优化可以提高药物的生物利用度、增加药物的稳定性、减小毒副作用和促进药物长效化。在肿瘤临床治疗研究上,有研究者设计合成了一些抗肿瘤前药,可以大大改善目前临床使用的绝大多数化疗药物毒性大、选择性不好和性质不稳定的缺点。如环磷酰胺是一个广谱抗肿瘤药,主要用于成年及儿科患者白血病、淋巴瘤等癌症的治疗,也用于众多癌症的联合用药治疗,需求端较为广泛。环磷酰胺在体外几乎无抗肿瘤活性,进入体内后,首先在肝脏氧化生成4-羟基环磷酰胺(互变异构体为醛基环磷酰胺),在正常组织可经酶促反应转化为无毒的代谢物;在肿瘤组织中醛基环磷酰胺生成具有细胞毒性的丙烯醛和磷酰氮芥及水解产物氮芥,产生抗肿瘤活性。环磷酰胺体内代谢途径见图2-9。

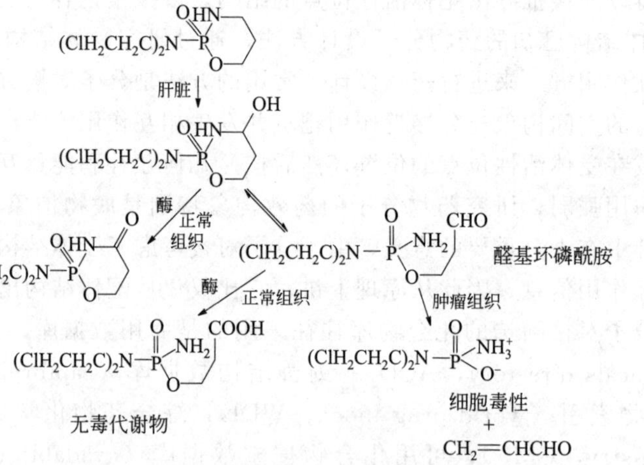

图 2-9　环磷酰胺体内代谢途径

(2) 拼合原理。拼合原理(combination principles)是指利用共价键结合的方式将具有药理活性的两种化合物分子结构拼合在同一个药物分子中,以期减小药物的毒副作用,增强疗效。例如在解热镇痛药物的研究中,利用阿司匹林和对乙酰氨基酚的酯化反应生成的贝诺酯,不仅保留了解热镇痛作用,而且不良反应更小,患者易于耐受,口服后在胃肠道不被水解,在肠内吸收并迅速在血液中达到有效浓度,很少引起胃肠出血反应。随着青霉素类抗生素的广泛应用,细菌耐药性已成为临床用药日益突出的问题。研究发现细菌通过产生$\beta$-内酰胺酶使青霉素类抗生素的$\beta$-内酰胺开环失去活性,针对细菌的酶解代谢失活机制,研究人员设计合成了前体药物舒他西林(参见图2-10),通过次甲基(—$CH_2$—)将$\beta$-内酰胺酶抑制剂舒巴坦和青霉素类抗生素氨苄西林拼合在同一个分子结构中。舒他西林对金黄色葡萄球菌和多数革兰阴性菌所产生的$\beta$-内酰胺酶有很强的不可逆竞争性抑制作用,不仅保护氨苄西林免受$\beta$-内酰胺酶的水解破坏,而且还扩大其抗菌谱。

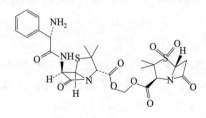

图 2-10　舒他西林

(3) 生物电子等排原理。生物电子等排体(bioisosterism)是指拥有相似的分子形状、大小、电性分布和脂水分配系数的分子或者基团具有相似的生物活性,是由早期电子等排体(isosterism)的概念发展和延伸来的,已经在药物分子结构优化研究中得到广泛应用。1932年,Erlenmeyer等指出外层电子数目相等或排列相似的原子或基团能够产生相似的生物活性(或拮抗作用),

这就是经典电子等排体定义的由来。Burger 将生物电子等排体总结为经典和非经典两大类：符合 Erlenmeyer 定义的原子或者基团属于经典生物电子等排体；不符合 Erlenmeyer 定义的原子或者基团属于非经典生物电子等排体。

经典的生物电子等排体可分为一价、二价、三价、四价及环内等价五种类型：一价生物电子等排体主要包括—F 替换—H，—NH$_2$ 替换—OH，—SH 替换—OH，—F、—CH$_3$、—NH$_2$、—H 之间的相互替换和—Cl、—Br、—CF$_3$、—CN 之间的相互替换等情形；二价原子或基团相互替换的代表系列为—CH$_2$—、—O—、—NH—、—S—及—CONH—、—CO$_2$—、—CO—、—CS—、—CNH—、—C≡C—；三价原子或基团相互替换的代表为芳环中—CH=被 HN=替代；四价相互替换中最常用的为季铵盐中氮原子与季碳原子的替换以及 C 原子和 Si 原子的替换等；环内等价主要有—NH—、—CH=CH—、—S—、—O—、—N=、—CH=等基团之间的相互替换。

在抗代谢抗肿瘤药物研究中，根据生物电子等排体原理设计的药物分子与相应代谢物的结构极为相似，通过干扰肿瘤细胞核酸合成所需要的叶酸、嘌呤、嘧啶及嘧啶核苷酸正常代谢途径，可以与正常代谢物发生竞争性拮抗，或者与酶结合形成复合物，抑制酶的催化活性，阻断酶的正常催化反应；另外，由于药物分子结构与代谢物或者底物相似，机体错误识别为代谢物或者底物参与肿瘤细胞的 DNA、RNA 或蛋白质合成中，形成非功能性生物大分子，导致肿瘤细胞的死亡。—F 取代—H 为一价生物电子等排替换中最为常用的，因为由于氟原子的特殊性，在药物设计中经常用氟原子取代氢原子以提高其代谢稳定性。5-氟尿嘧啶是根据生物电子等排体原理设计的胸腺嘧啶合成酶抑制剂，通过干扰胸腺嘧啶脱氧核苷酸合成，导致肿瘤细胞死亡，在临床上广泛应用于实体肿瘤的治疗。由于氟原子的原子半径与氢原子的原子半径比较接近，将具有代谢抗性、可以逆转电性性质的氟原子作为生物电子等排体取代氢原子在尿嘧啶中的位置，含氟药物的分子大小与原代谢物基本相同，而且碳原子与氟原子之间形成的共价键非常稳定，在代谢过程中不容易断裂，因此氟原子不会干扰含氟药物与相应肿瘤细胞受体之间的作用。

虽然 5-氟尿嘧啶疗效好，但毒性大。近年来，为了降低毒性，提高疗效，研发了一系列的 5-氟尿嘧啶衍生物，如氟尿嘧啶脱氧核苷、呋氟尿嘧啶、双呋氟尿嘧啶、去氧氟尿苷、卡莫氟等毒性小、疗效好的药物。

而非经典的生物电子等排体并不符合经典电子等排体在电性及立体方面的要求，不需要与可以互相替换的取代基具有相同的原子数和价电子数，甚至可以是结构差异很大的基团，只要能够产生相似的生物活性，大量的化合物和官能团都可以归属于非经典生物电子等排体。非经典的电子等排体可以分为两类：环与非环取代和具有相似极性的基团。例如在先导化合物结构优化中，羧基（—COOH）经常被酰胺类基团（R—CO—NHOH、R—CO—NHCN、R—CO—NHSO$_2$R′）、磷酸酯和四唑基等生物电子等排体替代。

生物电子等排在先导化合物结构优化上具有以下作用：

① 提高先导化合物的生物活性。如普鲁卡因是一种常用的局部麻醉药，将其中的酯基（—COO—）用二价生物电子等排方法替换成酰胺（—CO—NH—）基团得到利多卡因，酰胺键比酯键更稳定，体内酶解速度也比较慢，因而利多卡因比普鲁卡因作用更强，维持时间长。

② 改变化合物药代动力学和降低毒性。氯氮平是 20 世纪 60 年代临床使用的广谱抗精神病药，尤其适用于难治疗的精神分裂症，但会导致严重的粒细胞减少，长期使用会有成瘾性等缺点，将氯氮平分子结构中的一个稠合苯环用噻吩环替代，得到奥氮平。奥氮平对精神病有广泛的疗效，只选择性地减少中脑边缘系统的多巴胺神经元活动，所以几乎没有锥体外系副作用，适用于各种精神分裂症。

③ 扩展及突破专利保护。由于制药企业对上市药物甚至在研的药物申请专利保护，为了绕过严密的专利保护，可以考虑采用生物电子等排体对已有药物分子结构进行改造和修饰，合成一系列新型的药物结构分子来扩展或突破专利保护范围。

④ 降低合成难度。有些目标化合物的合成难度较大，利用生物电子等排原理，有时可以降低合成难度，提高合成效率，推进药物的开发。

高血压治疗药物氯沙坦的成功上市彰显出先导物发现与结构优化在创新药物研发中的关键作用，在 20 世纪 60 年代就已经揭示了肾素-血管紧张素系统（renin-angiotensin system，RAS）在维持心血管的正常发育、电解质和体液平衡以及调节血压等方面作用，肝脏中产生的血管紧张素原在蛋白水解酶肾素（renin）的催化作用下，裂解成十肽血管紧张素 I（Ang I），在血管紧张素转化酶（ACE）的催化作用下，裂解成八肽血管紧张素 II（Ang II），Ang II 具有收缩外周血管升高血压作用。肾素-血管紧张素系统（RAS）参与血压调节机制显示：研发抑制肾素酶、抑制血管紧张素转化酶（ACE）和拮抗血管紧张素 II 受体三个关键靶点的药物至关重要。血管紧张素 II 受体有两种亚型：AT1 和 AT2，Ang II 受体拮抗剂的降压作用主要是抑制 AT1 受体，日本的武田药厂在研究利尿降压药中发现化合物 CV-2198（图 2-11）既有利尿作用也有降压活性，并且证实了化合物 CV-2198 的降压活性是由选择性地抑制 Ang II 受体导致的。武田药厂虽然对化合物 CV-2198 进行了结构优化，但在进行临床研究时发现该化合物虽然有降压和利尿作用，但降血压作用微弱，最终武田药厂放弃了对该项目的研究。

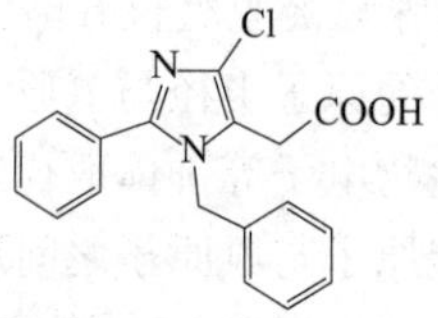

图 2-11　化合物 CV-2198 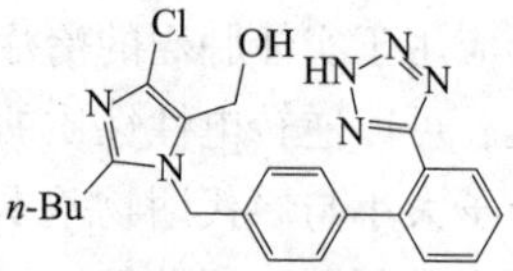　　　　图 2-12　氯沙坦

但是杜邦公司对于开发口服的 AT1 受体拮抗剂有浓厚兴趣，研究人员在武田药厂的前期研究基础上，以收载于武田专利的苗头化合物 CV-2198 为起始物，进行了广泛的构效关系研究，合成了一系列化合物，通过提高化合物的活性和代谢稳定性及调整化合物的脂水分配系数，最终得到了氯沙坦（图 2-12），与先导化合物的结构对比，氯沙坦分子骨架发生了巨大的变化，外周的药效团虽存在，但体内外活性已有显著提升。氯沙坦是第一个上市的血管紧张素 II 受体拮抗剂，随后一系列沙坦类的结构类似物及其复方相继研发出炉，繁荣了整个血管紧张素 II 受体拮抗剂市场。现在，血管紧张素 II 受体拮抗剂已经成为治疗高血压类疾病增长最快的药物。

随着新兴科技的不断进步，创新药研发将走向数字化、人工智能化，创新药研发的成本有望下降，每年获批上市的创新药将呈总体上升的趋势，疾病谱的变化与创新药的研发互为因果，这种因果的交叉演化推动了制药行业的发展。

## 二、药物合成反应与路线设计的基本原理和方法

药物合成反应与路线设计是研究化学药物及其中间体制备过程中重要的有机单元反应和合成路线设计原理的一门学科，包括合成策略、目标分子骨架构建（包括碳骨架和杂环母核）、官能团转化和选择性控制研究。在合成路线设计中不但要考虑单元反应的收率，也要考虑反应的选择性。

合成反应的选择性大致分为三种：化学选择性、区域选择性和立体选择性；如果在反应中所使用的某种试剂与一个有多种官能团的化合物起反应时，只对其中一种官能团作用，这种特定的选择性就是化学选择性；如果一种试剂只与参与反应的化合物的某一个位置的官能团作用，而不与其他位置的相同官能团发生反应，这种反应就称为区域选择性；如果一个化合物在反应中能生成两种空间结构不同的立体异构体，并且生成的两种产物是不等量的，其中一种产物的含量大于另一种产物，产量差别愈大，说明反应的立体选择性愈好，如果这种立体异构体是对映异构体，就有对映选择性，如某个反应只生成一种，而没有另一种，就叫立体专一性反应。控制选择性的因素分为两类：热力学控制和动力学控制。当一个有机反应有两种或两种以上反应途径时，如果产物的生成比例是依据各种产物结构的稳定性来确定的，则此反应是热力学控制的；如果产物是依据反应的速率来确定的，说明该反应是动力学控制的。前者与产物的稳定性或能量有关；后者与反应活化能有关。

化学药物合成包括全合成和半合成。全合成一般是指由结构相对简单、价格低廉、容易获得的化工原料经过一系列的反应和分离、纯化、精制处理得到目标化合物的过程；半合成是指由已知具有一定母核结构的中间体作为反应原料经过一系列的合成反应制备目标化合物的过程。

青蒿素是我国科学家屠呦呦从药用植物黄花蒿中提取得到的抗疟疾的有效成分，是疟疾治疗史上继氯喹之后的又一里程碑，青蒿素已经从临床使用药物成为开发新型高效抗疟药物的先导化合物，并最终成为目前市售青蒿素类药物的重要合成原料。20 世纪 80 年代，罗氏制药的科学家 Schmid 和 Hofheinz 以（一）-异胡薄荷醇为原料，经过 10 步反应，完成青蒿素的首次化学全合成，但是该合成反应的总收率仅为 4.9%，存在反应路线较长、反应条件苛刻、试剂昂贵且危险性大、反应后处理麻烦等缺陷；后来科学家们在研究青蒿素的生物合成途径中发现青蒿酸是黄花蒿植物体内形成青蒿素的必然中间体，包括伯克利大学在内的 6 个研发机构在《Nature》合作报道了利用简单糖类化合物为原料，通过生物发酵方法合成青蒿酸，进行了青蒿素的化学半合成。

药物合成路线设计是化学药物研发流程中关键的一环，主要针对已经确定化学结构的药物或候选药物，通过剖析目标分子的结构特点，找到合适的切割位点进行拆分，再合成一定数量的目标化合物来满足实验室试验及临床研究的要求。合成设计关键技术包括分子骨架巧妙构建、官能团的合理配置和反应选择性的控制。

合成设计包括四大步骤：第一步考察目标分子的结构特征，主要考察结构是否具有对称性；第二步采用逆合成分析法设计各种合成路线，构建合成树，寻找可得原料；第三步考虑反应的选择性，包括对目标结构选择性的活化与保护，以及反应的化学选择性、立体选择性、区域选择性的考察；第四步确定最佳合成路线，主要评价指标包括路线尽量简短、产率高、原料易得和反应条件容易控制。

合成路线设计的原则与基本方法主要有逆合成分析法，分子简化法，官能团的添加、置换或消去法，分子拆解法。

### 1. 逆合成分析法

1964 年 E. J. Corey 提出了逆合成分析法，即从目标分子的结构出发，逐步地考虑可以由哪些中间体合成目标物，再考虑由哪些原料合成中间体，最后的原料就是反应的起始物，逆合成分析法是药物合成路线设计最重要的方法。具体如下：

目标分子→中间体 1→中间体 2→中间体 3→起始原料

图 2-13 中的目标物可以通过狄尔斯-阿尔德反应（亦称双烯合成反应）进行拆分。

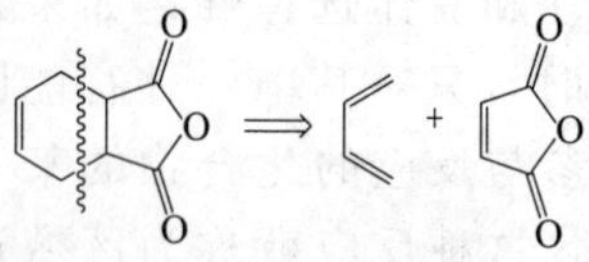

图 2-13　逆合成分析法拆分目标化合物

狄尔斯-阿尔德（Diels-Alder）反应是合成六元环类化合物、天然萜类化合物和药物中间体、哌啶衍生物的一个关键步骤，在合成领域应用非常广泛。利用 Diels-Alder 反应合成具有立体选择性的结构复杂的大环化合物也是合成化学家们研究的热点内容之一，并且是具有挑战性的项目。

药物合成反应本质上是药物分子骨架的构建及其与官能团的连接，如何从目标化合物推演出合适的单元反应、反应原料和反应试剂是我们每个合成工作者最重要的技能。逆合成分析中主要考虑目标化合物在合适的部位将分子拆开（断键）和官能团的引入、消除或转换。分子的拆开必须符合最佳反应机理、最简步骤和最适反应试剂，找到合适的结构单元（building block）。

逆合成分析主要手段包括以下四种：①依据单元反应或者以特定的骨架片段进行切割，找出合成子；②考虑在碳原子与官能团之间的连接处切割；③反应涉及的重排反应；④将目标分子中影响反应活性或选择性的官能团转换为其他官能团，或者在目标分子的某个位置添加（例如在饱和碳链多分支处优先添加官能团）或消去官能团，主要目的是将目标分子转换成更易制备的前体化合物。目标分子的切割必须能够最大限度简化分子，反应机理应合理，能够推导出结构简单、容易得到的起始原料，并且反应条件容易控制。

### 2. 分子简化法

如果目标分子具有明显的对称结构，在设计合成路线时可以充分利用其对称性来简化合成方法。对称分子指的是具有对称面的分子，对称面可以通过共价键，或者通过一个原子或几个原子，将分子割成两个相等的部分；如果目标分子不对称，但是经过适当的拆开、反应转化得到对称的中间物，称为潜在分子对称结构，无论哪一种分子对称都可以帮助合成问题简化。有两种基本方法可以利用分子对称性来简化合成：一种是"双分子拼合法"，适用于由两个完全相同的亚结构单元所组成的分子；另一种是"对称性双重缩合法"，多用于合成具有对称平面的分子。在外科手术中使用的肌肉松弛药物肌安松，其分子结构具有对称性，可以采用双分子拼合法合成（图 2-14）。

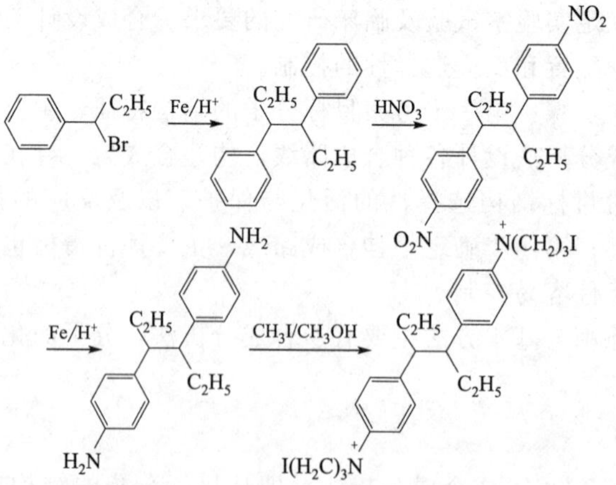

图 2-14　双分子拼合法合成肌安松

### 3. 官能团的添加、置换或消去法

在复杂分子中可以考虑将影响反应的官能团置换或者消去，或者添加活化基团、保护

基，提高反应的活性和选择性。在图2-15的反应中，可以先将目标化合物中的环外碳碳双键置换成碳氧双键再进行拆分。

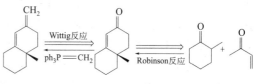

图2-15　官能团置换法拆分目标化合物

化学药物通常有多种合成途径，将具有工业生产价值的合成途径称为该药物的工艺路线。在化学制药工业生产中，首先是工艺路线的设计和选择，以确定一条最经济、最有效的生产工艺路线，药物合成工艺路线是药物生产技术的基础和依据。药物合成工艺路线的设计和选择，必须先对类似的化合物进行国内外文献资料的调查研究和论证工作，优选一条或若干条技术先进、操作条件切实可行、设备条件容易解决、原辅材料有可靠来源的技术路线；写出文献总结和生产研究方案（包括多条技术路线的对比试验）。如果是新药的生产研究，必须符合我国NMPA发布的《新药注册管理办法》，提供如下资料：新药的合成路线、反应条件、精制方法；确证其化学结构的数据和图谱（红外、紫外、质谱、核磁等）；合成过程中可能产生或残留的杂质及其质量标准；稳定性试验数据；"三废"治理试验资料等。即便是仿制新药，也必须提供以下资料：①药理和临床试验情况，包括药理作用（药效学、毒副作用）、药代动力学及其特点、临床效果、适应证等。②药物剂量、剂型、用法和储存等。③国内外已经发表的确证其化学结构的试验数据、图谱、对图谱的解析及有关资料。④该药物的设计、试制有关资料，各种合成路线、反应条件，包括有关原辅材料制备和来源。⑤各步化学反应原理、影响因素、操作方法和技术设备条件，尤其对于高温、高压、高真空、冷冻等技术设备的特殊要求。⑥原辅材料、中间体和产物的理化性质，化工设计所需常数以及易燃、易爆、剧毒和"三废"治理等有关材料，必要时应列入工艺研究计划内进行试验。⑦产品质量标准和分析鉴别，以及原辅材料和中间体规格、要求和监控等。⑧注意国内外专利情况，及时进行经济分析，并对原辅材料、动力消耗、公用工程等作初步估算。

## 第四节　现代创新药物研发流程及外包服务

### 一、现代创新药物研发流程

现代创新药物研发流程包括靶标的确认、候选药物的确定、临床前研究、临床试验申请与批准、临床研究、药品注册申请与审批以及上市后持续研究等阶段。

临床前研究包括原料药合成工艺研发、剂型选择、处方筛选、稳定性和药理、毒理、动物药代动力学等研究，以观察新化合物对目标疾病的生物活性，同时对新化合物进行安全性评估，临床前研究中的安全性评价研究必须执行《药物非临床研究质量管理规范》。在临床前研究完成之后，可以提交新药临床试验申请（investigational new drug application, IND），临床试验申请应该包括以下内容：先期的试验结果，后续研究的方式、地点，以及研究对象、新化合物结构、作用机制、给药方式、动物研究中发现的任何毒副作用、新化合物的生产工艺。所有的临床方案都必须经过伦理审评委员会（institutional review board, IRB）的审查和通过。临床研究分为临床Ⅰ期、Ⅱ期和Ⅲ期三个阶段：Ⅰ期临床试验是初步的临床药理学及人体安全性评价试验，目的在于观测人体对新药的耐受程度和进行药代动力学研究,为制定给药方案和安全剂量提供依据;Ⅱ期临床试验一般采用随机盲法对照试验对新药的有效性和安全性作出初步评价,为Ⅲ期临床试验方案和确定给药剂量提供依据;Ⅲ期临床试验是整个临床试验中最重要的一步,是验证新药具有治疗作用的确证阶段,同时也是为药品注册申请获得批准提供依据的关键阶段。完成临床研究之后可以申请上市及进行上市后的安全性监督研究,新药申请一旦获得批准,即可正式上市销售,供医生和患者选择,上市的新药在大范围人群应用后,需要对其疗效和不良反应继续进行监测,目的在于根据这一阶段的监测结果来修订药物使用说明书,包括药物配伍使用的研究、药物使用禁忌等。

## 二、现代创新药物的外包服务

在新药研发成本节节攀升、专利到期和研发周期延长等不利因素驱动下,制药企业已经从过去"研发、生产、销售"垂直一体化的发展模式逐渐转变为"开放合作"模式,制药行业合同外包服务应运而生。合同外包是指药企采用购买第三方服务的形式,承包方负责合同范围内的研发、生产或销售业务部分,并承担相应业务投资风险。合同外包主要有三种形式,分别是研发外包(contract research organization,CRO)、合同定制生产(contract manufacture organization,CMO)和合同销售外包(contract sales organization,CSO),分别服务于制药行业的研发、生产、销售三大环节,贯穿到药品生命周期的全流程中,在目标疾病研究、靶标确认、候选药物筛选和验证、临床试验、委托生产代加工、市场营销等产业链的各个环节上为制药企业提供相应支持。药物研发合同外包服务见图 2-16。

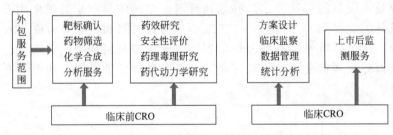

图 2-16　药物研发合同外包服务

CRO 提供的服务可以简单理解成代工研发,是指承包方根据制药企业的要求,提供包括临床前及临床研究外包服务,主要包括化合物结构分析、活性筛选、药理毒理学研究、药代动力学研究、药物配方设计、药物安全性评价、Ⅰ期至Ⅲ期临床试验的设计、研究者和试验单位的选择、监察、稽查、数据管理、统计分析以及注册申报等方面;服务模式主要有合作开发、委托开发、技术秘密转让、医药新品种权转让,以及一般性技术服务等,目前生物医药研发外包已逐渐成为医药产业链中不可缺少的环节。CMO 提供的服务可以简单理解成代工生产,是指承包方接受制药企业的委托,提供产品生产时所需要的工艺开发、配方开发、临床试验用药、化学或生物合成的原料药生产、中间体制造、制剂生产(如粉剂、针剂)以及包装等服务;从临床前试验"克"级的原料药与中间体的实验室供应,到满足临床研究的"公斤"级别的小试、中试供应,再到上市后"吨"以上生产级别的供应,CMO 企业凭借深厚的技术积累有助于制药企业优化制药工艺、大幅度降低生产成本。CSO 提供的服务可以简单理解成销售外包,是指承包方接受制药企业的销售委托,专门承担药品销售推广工作,主要服务于新药的上市销售阶段。

制药行业服务外包组织的分类和特点如表 2-2 所示。

表 2-2　医药外包服务行业分类及特点

| 项目 | 工作内容 | 业务性质 | 能力要求 | 驱动特征 |
| --- | --- | --- | --- | --- |
| CRO | 新药临床前研究及临床研究；注册申报、药品上市后监测服务 | 研究 | 创新能力 | 人才、技术、资金 |
| CMO | 工艺开发、配方开发、制剂生产、原料药生产、中间体制造等 | 研究、生产 | 产业化能力 | 人才、技术、资金 |
| CSO | 药品销售推广 | 营销 | 营销能力 | 人才、资金 |

2013~2015年，全球CMO市场规模分别为400亿美元、448亿美元和501亿美元，同比增速分别为12.04%、12.00%、11.83%；全球CMO市场2011~2015年复合增速为11.95%，略高于医药外包行业11.40%的复合增速。CMO企业拥有强大的工艺研发能力，还具有人力成本低、原材料价格低廉等优势，潜力巨大。在整合CRO和CMO资源的基础上，又出现了医药合同定制研发生产（contract development and manufacturing organization，CDMO）企业，主要提供医药特别是创新药的工艺研发及制备、工艺优化、放大生产、注册和验证批生产以及商业化生产等定制研发生产服务，CDMO在工艺设计及改进、分析测试、质量控制、申报文件准备、成本控制等方面的经验和技术将更有优势。CDMO从临床前研究、临床试验到商业化生产阶段与制药企业的研发、采购、生产等整个供应链体系深度对接，为制药企业提供创新性的工艺研发及规模化生产服务，CDMO企业将工艺研发能力及规模生产能力深度结合，以附加值较高的技术输出取代单纯的产能输出，推动资本密集型的CMO行业向技术与资本复合密集型的CDMO行业全面升级，实现与药企在研发、采购、生产等整个供应链的深度合作。

从制药企业角度考虑，CDMO模式同时具备定制研发能力和生产能力，能够提供从临床前研究到商业化生产的一体化服务，成为制药企业的长期战略选择。从CDMO企业角度考虑，CDMO模式有利于获得创新药商业化生产订单的机会，技术附加值高，盈利空间大，在同客户合作中提升企业综合能力。

CSO只提供营销服务，工作职责叫产品详述（product detailing），即药品销售代表与医生进行一对一的产品详细讲解，包括药品的适用症、疗效、用药方式等。CSO通过其强大的营销和医院关系网络，帮助制药企业，特别是中小型企业，或者是跨国销售的药企，降低销售费用的压力。CSO只负责营销服务，不参与药品销售，CSO只需要给药企开具"服务费"类型的发票，而不是"销售货物"类型的发票。随着"两票制"和"营改增"政策的出台，国内医药代理的升级版CSO行业开始渐渐兴起。

# 第五节　化学制药方向的课程体系

制药工程专业的主要相关学科为化学、药学、生物学和化学工程与技术，各高校可以结合各自的专业基础和学科特色，细化专业人才培养目标，并用于指导人才培养过程。制药行业依据原料和产品不同，对应的工艺过程、设备及车间工艺布局亦不同，专业课程设置应分为化学制药（含化学原料药和药物制剂）、生物制药和中药制药三大专业方向，按专业方向建立必要的专业知识体系。

化学制药方向的学生在毕业时应具备以下核心能力：①具有应用专业基础及工程设计知识的能力；②具有药品、药用辅料及医药中间体等相关产品的生产管理能力；③具有新产品、新设备和新工艺的研发和设计能力；④具有发现问题、分析问题和解决问题的能力；⑤具有自主获取新知识的可持续发展能力；⑥具有较好的组织管理、交流沟通和团队合作的能力；⑦具有安全生产、绿色生产的意识；⑧具有较强的创新意识和一定的国际视野。

化学制药工程方向的主要课程包括药物化学、药物设计学、药物合成反应与设计、化学制药工艺学等。

## 一、药物化学

药物化学研究的主要内容是基于潜在的药物作用靶点结构或者内源性配体的结构特征，设计新的活性化合物分子；研究化学药物的制备原理及合成路线；研究化学药物在生物体内的吸收、分布、代谢和排泄以及毒性；研究化学药物的结构与生物活性之间的关系（构效关系）、化学结构与药物代谢之间的关系（构代关系）；研究寻找和发现新药的方法和途径，尤其是设计和合成新药。通过本课程的学习，要求学生掌握临床各大类化学药物的结构类型、理化性质和构效关系；熟悉临床常用药物的制备原理及合成路线的设计和评价；了解新药研究与开发的一般途径和方法，以及药物分子结构改造和修饰的方法。

## 二、药物设计学

药物设计学是在药物研究与开发的实践过程中形成的一门综合性的交叉学科，主要介绍药物设计的生命科学基础、基于细胞间的信号转导及内源性生物活性物质的调节机制的有关药物设计、基于酶促反应原理和核酸代谢原理的药物设计、基于前药原理和生物电子等排体原理的药物设计；基于组合化学和高通量筛选技术结合的计算机辅助药物设计和新药开发的基本途径与方法。通过本课程的学习，要求学生掌握药物研发的基本策略与方法，熟悉先导化合物的获得途径、结构优化方法及合理药物设计原理。

## 三、药物合成反应与设计

药物合成反应与设计是研究化学合成药物及其中间体制备过程中重要的有机合成反应和合成设计原理的一门学科，主要介绍了药物合成常用的卤化、烃化、酰化、缩合、氧化、还原和重排等反应类型、反应机理、反应条件和合成路线设计，以及手性诱导不对称合成、多组分反应、串联反应、点击化学和绿色合成等药物合成新技术。通过本课程的学习，要求学生掌握重要药物合成反应的反应机理、反应条件、影响因素及其应用；熟悉药物合成反应中常用的各种主要反应试剂的性质、特点、应用范围；熟悉新试剂、新方法在合成反应中的应用。

## 四、化学制药工艺学

化学制药工艺学是研究化学合成药物的合成路线、工艺原理和工业生产过程，制定生产工艺规程，实现生产过程最优化的一门学科，主要介绍化学制药工艺路线的设计与选择及评价方法、中试放大、生产工艺规程和安全生产技术等内容。通过本课程的学习，要求学生能够从原辅材料、设备、生产角度，因地制宜地设计和选择工艺路线，掌握中试放大、生产工艺规程的基本知识，熟悉安全生产技术和"三废"防治的基本常识。

## 思考题

1. 什么是化学药物?
2. 化学药物的制备方式有哪几类?请举例说明。
3. 化学药物制剂的分类方式主要包括哪几种?请举例说明。
4. 什么是先导化合物?先导化合物的获得有哪些途径?
5. 化学药物设计的基本原理与方法有哪几种?请举例说明。
6. 药物合成路线设计的基本原理与方法有哪些?
7. 现代创新药物的服务外包分为哪几种?各自具有什么特点?
8. 化学制药方向的制药工程专业课程体系主要包括哪些课程?课程的研究内容包括哪些方面?

## 参考文献

[1] 尤启冬.药物化学[M].北京:化学工业出版社,2004.
[2] 巨勇,席婵娟,赵国辉.有机合成化学与路线设计[M].北京:清华大学出版社,2002.
[3] 徐文方.药物化学[M].北京:高等教育出版社,2012.
[4] 闻韧.药物合成反应[M].北京:化学工业出版社,2017.
[5] 付伟,叶德泳.计算机辅助药物设计导论[M].2版.北京:化学工业出版社,2017.
[6] 许筱杰,侯廷军,乔学斌,等.计算机辅助药物分子设计[M].北京:化学工业出版社,2004.
[7] Fischer,Jánosetal. Successful drug discovery[J]. Volume 3 Weinheim,Germany:Wiley-VCH,2018.
[8] Ma P X,Xu H T,Li J,et al. Functionality-Independent DNA Encoding of Complex Natural Products[J]. Angew Chem Int Ed,2019,58:9254-9261.
[9] 治部真里,李颖,曾文.针对疾病的制药行业现状俯瞰与未来预测[J].情报工程,2015,1(3):19-30.
[10] 刘德龙,张万斌.青蒿素可工业化合成研究进展[J].科学通报,2017,62(18):1997-2006.
[11] 徐敏,刘春生.以药物分子结构修饰为主题设计习题发展学生核心素养[J].化学教育,2019,40(9):57-61.
[12] 郭宗儒.经典药物化学方法研制的氯沙坦[J].药学学报,2018,53(1):155-162.
[13] 教育部高等学校教学指导委员会.普通高等学校本科专业类教学质量国家标准[S].北京:高等教育出版社,2018.
[14] 宋航.制药工程技术概论[M].3版.北京:化学工业出版社,2019.

# 第三章 中药制药与天然药物制药

【本章学习目标】
1. 掌握中药与天然药物制药的研发任务。
2. 熟悉中药与天然药物的研究方法。
3. 了解中药与天然药物的生产工艺及中药与天然药物制药的发展。

## 第一节 概 述

中药是指在中医基础理论指导下用以防病治病的药物,包括中药材、中药饮片、中成药以及民族药等。天然药物是指存在于自然界具有生理活性的、可供药用的物质总称,包括直接应用或经简单加工的矿物、植物、动物,也包括天然产物中提得的化学药物,如肾上腺素、麻黄碱。中药与天然药物两者的区别在于:中药为中医药理论体系的药物,系在中医药基本理论指导下应用的药物;天然药物只是药物来源于天然产物,其使用不受中医药理论体系的指导。

据统计,我国的中药资源在12807种,其中药用植物11146种,包括9933种和1213种下单位,藻类、菌类、地衣类低等植物有459种,分属91科、188属;苔藓类、蕨类、种子植物类高等植物10687种,分属292科、2121属。药用动物1581种,分属11门、33纲、141目、415科、861属,其中陆栖动物330科、720属、1306种,海洋动物85科、141属、275种。药用矿物12类、80种原矿物。在源远流长的中医药发展进程中,中药制药伴随着古今成方及剂型的演变形成而不断发展,同时也有力地推动了中医药的发展进程。

### 一、古代中药制药的发展

现代制药技术的发展离不开古代医药学家的智慧,中药制药的肇始,可追溯至夏代。夏禹时期的酿酒技艺及对曲(酵母)的发现,推动了药酒的产生。沿袭至今的中医用药首选剂型之一汤剂来源于我国最早的方剂与制药技术专著商汤时期伊尹的《汤液经》,可惜原书已失。战国时期，我国现存的第一部医药经典著作《黄帝内经》问世，提出了"君、臣、佐、使"的组方原则，还记载了汤、丸、散、膏、药酒等不同剂型，并明确了制法、用法、用量和适应证。

秦、汉时代（公元前221年—公元219年）是我国中药制药理论、经验与技术有显著发展的时期。东汉末年，著名医药学家张仲景（公元142—219年）撰写了《伤寒论》和《金匮要略》，两书共收医方314首，书中记有煎剂、丸剂、散剂、浸膏剂、软膏剂、酒剂、栓剂等十余种剂型，且制备方法较为完备，功能主治、用法用量明确。其中有的如蜜煎导法（用蜂蜜熬稠放凉，制成条状，纳入直肠以通便）、蛇床子散坐药等，都给后人以极大启迪，并创制出如甘油栓、开塞露等新剂型新产品。

晋代葛洪（公元261—314年）著《肘后备急方》八卷，书中记载了铅硬膏、蜡丸、锭剂、条剂、药膏剂、灸剂、熨剂、饼剂、尿道栓剂等多种剂型。

唐代（公元618—959年）医药事业发展成绩显著，药王孙思邈所著《备急千金要方》和《千金翼方》分别收载有汤剂、丸剂、散剂、膏剂、丹剂、灸剂等剂型。《备急千金要方》设有制药总论专章，叙述了制药理论、工艺和质量问题，促进了中药制药的发展。王焘（公元707—772年）所著《外台秘要》一书在每个病名的门下都附有处方、制备方法等。

宋、元时期（公元960—1367年）是我国中药制药初具规模的时期。该时期刊行的《圣惠方》《圣惠选方》《圣济总录》等，卷帙浩繁，收载成方达数万首，并有膏药、丹剂等专篇介绍。宋熙宁九年（公元1076年）太医局设立"熟药所"，负责制药和售药。制药者名为"和剂局"，并由官方编写了《太平惠民和剂局方》，是我国历史上由国家颁发的第一部制药规范，在每方之后除详列药物及主治证外对药物炮制、药剂制法及其检验均有较详细论述，收载中成药788种，其中清心开窍的至宝丹、舒肝解郁的逍遥散、解毒和中的藿香正气散等至今均仍被普遍应用。此外，宋代一些民间方书亦收载了不少中成药，如钱乙的《小儿药证直诀》中的抱龙丸、七味白术散等，以及钱乙将《金匮要略方论》中肾气丸去桂枝，附子改地黄，成为滋补肾阴的基础方药，即今六味地黄丸。

明、清时期（公元1369—1911年）医药业随着国家政治经济和文化的兴衰而起落。其间医著颇多，中药成方及其剂型也得到相应的充实和提高。如李时珍所著《本草纲目》，被认为是人类历史上第一部百科全书，其内容丰富，剂型近40种，对方剂学、中药制药均有重大贡献。王肯堂著《证治准绳》中收载的二至丸、水陆二仙丹等沿用至今。陈实功著《外科正宗》收方446首，其中如治口腔咽痛的冰硼散，外敷痈肿的如意金黄散等均沿用至今。吴鞠通在《温病条辨》一书中，创制有效方剂如桑菊饮、银翘散、安宫牛黄丸等，均被后世制成成药广泛用于临床。

## 二、现代中药与天然药物制药概况

新中国成立以来，特别是在改革开放以后，我国中药事业取得了巨大发展。中药制药产业构架基本形成，科技含量不断提高。我国中药制药生产技术发生了巨大的变化，经历了中药生产"机械化"、中药制药"工业化"和以"中药现代化"为目标的三个阶段。70多年来，中药制药生产已由前店后场手工操作发展成具有一定规模的工业体系。在制剂的生产制备方面，大多中药厂以生成丸、散、膏、丹等传统剂型为主，同时也出现生成中药片剂、水针剂等现代剂型的中药厂。国家采取政策扶持、技术改造、扩大生产规模、调整产品结构、提高中药制药企业素质等一系列措施，通过对中药制药企业的改组、改造等，不断优化运行机制和资源配置，不断推动中药制药行业的发展。

20世纪80年代初，国家开始在制药企业推行GMP（药品生产质量管理规范）。自1995年10月1日起，凡具备条件的药品生产企业（车间）和药品品种均可按《中国药品认证委员会认证管理办法》规定，申请药品GMP认证，形成了与国际组织接轨的GMP制度，有力推进了中药制药产业的现代化，显著提升了我国中药制药企业规范化管理程度。

### 1. 传统剂型的改进提高

中药在我国拥有良好的群众基础，且经过几千年来的不断验证和提升，中医药的疗效显著可靠，尤其是在2020年初的新型冠状病毒肺炎疫情防控中，中医药发挥了重要的作用，但我们必须清醒地认识到中药传统制法的科学化程度不够，现在制药工业应秉持传承创新的原则，对传统剂型进行改进，使之更加适应现代社会的需求。如丸剂改制成片剂（如银翘解毒片）、口服液（如杞菊地黄口服液）、颗粒剂（如银翘解毒冲剂）、酊剂（如藿香正气水）、滴丸剂（如苏冰滴丸）、气雾剂（如宽胸气雾剂）等；汤剂改制成颗粒剂（如五苓散冲剂）、口服液（如四逆汤口服液）、糖浆剂（如养阴清肺糖浆）、注射剂（如生脉注射液）等，通过现代制药工艺改变给药途径，减小服用剂量，提高临床疗效，更有利于工业生产。

### 2. 新剂型新制剂的研究开发

在继承和改进传统剂型的基础上，利用现代科技方法，对古典医籍中的有效验方、名老中医的经验良方、民间用药的显效秘方进行新剂型开发，是新中国成立以来中药制药的又一重要成果。如微型包囊、药物微粉化、固体分散技术、缓控释制剂技术等新技术、新工艺在中药制药领域的应用，对中药现代化进程起到了巨大的推进作用。

### 3. 中药制药工程的发展

中药制药工程学科建立于20世纪80年代中期，并于1994年出版了我国第一部《中药工程学》，中药制药工程开始有了自己的理论专著。在国家的重视和支持下，中药制药工程理论体系逐渐完备，中药制药工业技术和生产设备有了较大的改进。目前中药炮制全浸润工艺及其装备，超微粉碎技术，中药动态逆流提取工艺及其装备与自控系统，中药提取、浓缩、纯化过程的工业集成制造技术，超临界二氧化碳萃取技术及装备，大孔树脂吸附技术，工业膜分离技术及其装备，中药浓缩颗粒剂标准化、规范化生产工艺技术的应用等中药制药工程高新技术已推广应用。借力于现代科学的发展与学科交叉，传统制药装备的不断提升与改进都有力地推动了中药制药行业的发展。

### 4. 中药制药前景广阔

中药制药工程研究的目的就是在科研成果和产业化生产过程中搭建一座桥梁。这座桥梁的构筑，需要不同学科之间的相互交叉和渗透，亦需要各种人才的交流和综合，更需要不同相关行业之间的优势互补。我们应加强自己开发、自主创新的制药装备的知识产权保护，力争在以下几方面有所创新。

（1）中药制药工程集成技术的创新　特别是产业化生产中有效成分或有效部位提取、浓缩、纯化过程的工业集成制造技术的创新。"集成制造技术"是一类最新的工业技术概念。在中药制造业中通过对提取、分离、浓缩、纯化等单元操作的有效组合和计算机的集成控制，可实现从中药原料药到目标产品的全程控制，从而高效率、高质量地生产出中成药产品。

（2）中药在生物基因工程方面的创新技术及其装备　目前研制一种生物药的周期已由原来的5~6年缩短到20个月左右。基因疗法、克隆技术的重大突破及人类基因组计划的加速，表明生物技术在制药工业的广阔发展空间。

（3）中药提取、分离、纯化工艺技术及其装备的创新　例如，①中药荷电技术的进一步优化，荷电提取温度在80℃以下，防止了中药有效成分与热敏感成分的流失，其前景可观。②中药提取液分离与纯化技术的新突破，用中药冷冻浓缩代替真空浓缩，使提取液在0℃以下完成浓缩过程，避免了有效成分因受热时间长而发生变化，同时浓缩物可逆性地溶于水，改善了提取物性能。③超临界萃取、大孔树脂吸附、膜分离等技术及其装备的进一步优化及产业化等。

（4）中药粉体工程技术及装备的创新　包括制药粉体机械、粉体过程工艺技术、专用的功能性粉体材料及检测用装备，如制药粉体机械为超微粉碎机组；粉体物性测定和实验室研究及设备；制药粉体工程自动化装置及检测、计量传感装置；医药食品功能性粉体材料；制药粉体过程工艺技术（包括超微粉碎及相关技术、复合化及精密包覆技术、粒子设计及表面改性技术、机电一体化及自动化技术、洁净化及安全化技术）。

（5）中药干燥工程工艺及装备的创新　特别是干燥方法的创新，如静电干燥技术，比常规热风循环干燥、微波干燥等有更多的优越性。

（6）逆流色谱分离技术　这是国际上20世纪80年代末发展起来的一项分离技术，利用液液对流分配原理对物质进行分离，具有分离度高、分离量大、分离效果好、成本低等特点，适合天然药物和中药材有效成分的分离提纯。

（7）中药生产过程的智能化　中药生产过程智能化和组合封闭式数字程控装备的开发是今后的重点，随着微电子技术的发展和信息数据库网络的建立，传统的中药生产工艺及其装备将会出现一次革命。

## 三、中药与天然药物制药的主要成果和发展思路

### 1. 中药制药工程取得的主要成果

目前已推广应用的中药制药工程高新技术有：中药炮制浸润工艺及其装备，超微粉碎技术，中药动态逆流提取工艺及其装备与自控系统，中药提取、浓缩、纯化过程的工业集成制造技术，超临界二氧化碳萃取技术及其装备，大孔树脂吸附技术，工业膜分离技术及其装备，中药浓缩颗粒剂标准化、规范化生产工艺技术；絮凝沉淀、工业化色谱分离技术等一些已基本成熟的中药制剂技术；低温粉碎机组，一步制粒机喷雾干燥塔，洗灌封联动机组等粉碎、干燥等工序的节能设备；膜剂、气雾剂、鼻腔给药。栓剂、缓释与控释胶囊制剂等新剂型的推广应用及羟丙基$\beta$-环糊精、交联聚乙烯吡咯烷酮、木糖醇、甲壳胺等新辅料的应用；中药生产中空气净化技术的应用；中药生产中的环境治理工程；中药制药工程单元操作系统的其他主要装置，如中药提取工艺生产线自动化控制系统、中药用三效节能浓缩装置及其密度检测计算机自控系统、中药喷雾干燥装置及其微机自控系统、高效低能真空冷冻干燥工艺装置、实验用小型多功能提取浓缩干燥装置、各种中药制粒及干燥装置、中药静电干燥技术的应用及其装置、重要核电提取技术的应用及其装置、高频中药灭菌机、中药粉体工程成套装置及其自动控制系统、中药包装机械。

### 2. 中药制药的发展思路

中药制药生产管理是一项系统工程，涉及多种因素，传统与现代的理论实践交织，对中药与天然药物制药的发展，应抓住重点，确定切入点。

（1）采用国际先进标准，严把药品质量关　虽然在国际上尚未形成公认的中成药标准，

但中药与天然药物制药也应该达到安全、有效和质量稳定可控的基本要求。目前我国中药制药生产过程的标准化、规范化程度不够，质量标准水平较低，产品质量可控性差，严重影响了我国中药现代化进程，中药制药应从生产质量标准化、规范化入手，建立、健全、完善和提高质量监控标准。

原药材的质量是中药制药生产的第一道质量关，是中药制药产品的根本保证。中药饮片的质量也是中成药的根本质量保证，中药炮制作为古代中药制药技术，是中药制药的鼻祖，除传统的应用形、色、气、味等感观方法外，应注重采用现代测试方法从净度、水分、灰分、有效成分、有毒成分、浸出物、生物测定等可量化表征的参数实现其质量表征，以实现有效的质量监控。此外，考虑到天然药材本身存在的质量波动，结合质量分析数据，采用现代研究成果，对不同批次的原料药材进行混配投料，也是值得探索的。

此外，严格遵守制剂工艺操作规定，把好中间产品及成品质量关。在目前中药物质基础尚未完全阐明的情况下，难以采取有效成分定量测定这一可靠方法进行监控，更应加强对操作过程本身的标准化、规范化，以实现中药制药生产中间产品及成品质量的控制。

(2) 积极推广应用高新技术　高新技术的应用将加速中药制药生产工艺及装备的现代化建设，加快中药工业高新技术产业化的进程。充分利用现代装备尤其是智能装备，将高新技术应用于中药制药生产，改造传统中药制药产业，推动中药制药现代化进程。近年来，已有一系列新技术、新工艺及新设备在中药工业中开始应用，如根据工艺要求及药材材质特点对药材进行细胞粉碎，实现破壁提取，提高生物利用度及疗效，并大大降低生产成本；打破千年药罐子的超微粉碎技术的应用，以及动态逆流分离纯化、超临界$CO_2$萃取、大孔树脂吸附提收、工业膜分离、减压浓缩、薄膜浓缩等先进技术和设备的应用，都有力地提高了中药制药技术水平；喷雾干燥、沸腾干燥、微波干燥、真空干燥等先进设备和技术的应用，大大缩短了药液受热的时间，减少了药液中有效成分的破坏受损，同时改善了粉末外观性状，有力地推动了中药摆脱"粗、大、黑"的帽子。此外，借助现代的制剂工艺技术，也可以克服中药制剂工艺中存在的问题，如借助薄膜包衣技术有效克服中药糖衣片吸潮、变色和裂片问题，以超滤技术能解决中药注射剂去除杂质、提高澄明度问题等。

上述单元技术仍待全面推广，如果要在生产上取得更好的效果，则需进一步解决以下几个方面问题：

① 单元技术过程优化　包括各生产品种的工艺建模、操作过程自动控制、实时在线检测等。如中药提取最常用的水提工艺完全可以发展成为一种高效、稳定、可控、节能的技术。

② 从单元最优到系统最优　通过计算机进行各单元技术间的系统集成与优化，可形成中药制药工程技术的总体性突破。解决中成药生产过程自动化、集成化相关的一系列关键工程技术问题，可以说是中成药生产实现高新技术产业化的制高点。

③ 加速新辅料应用，全面提高中药制剂水平　随着中药制剂技术的不断发展，辅料对中药生产的重要性以及对中药制剂水平的提高愈来愈重要。中药水蜜丸使用一些新辅料作为崩解剂，有可能促进丸剂的崩解，大大缩短溶散时间，提高产品的质量。传统中药口服固体制剂，因溶出速度慢，在急症用药颇受局限，通过采用新辅料可制备出速效中药制剂（如中药滴丸剂）。还有，化学药物缓释、控释、透皮吸收等制剂亦可借鉴。这样，中药就有可能实现"三效"（长效、速效、高效）、"三小"（剂量小、服用量小、毒副作用小）的目标。

④ 引入智能化装备，全面实现中药制药生产现代化　目前人类社会正在从信息化时代向人工智能时代迈进，中药制药行业更是急需引入智能化装备实现对传统中药制药生产模式

的彻底改造。

通过智能化体系的引入，可以实现对中药生产各单元操作的有机整合，可以实现对中药生产质量的实时监测，建立起强大的生产管理系统，智能化确定最佳的生产方案，更好地控制生产全过程，充分降低生产过程中的能量消耗，保证产品质量的稳定均一，创造出巨大的经济效益，实现对传统中药制药生产的改造。在生产调度方面，通过信息化管理，可以建立中药制药生产管理系统，编制生产月、日报表，下达生产作业计划。

中药制药生产的变革势在必行。中药制药的生产企业应当把握时机，将生产技术与生产模式的创新置于战略高度。推广应用中药制药生产先进技术应贯穿于企业开发新产品、二次开发工作及技术改造工程中，而先进单元技术的优化与集成应用以及中药生产全过程的信息化管理尤其应视为中药制药生产现代化的关键。

## 第二节 中药与天然药物制药的研发内容

中药制药工程学科是在继承发展中医药的优势和特色的基础上，充分利用现代科学技术的方法和手段，借鉴国际通行的制药标准和规范要求，生产能够进入国际医药主流市场的现代中药，以提高中药国际市场竞争力为目的而发展起来的一门新兴学科，它是药学、工程学和经济学相互融合为一体的应用技术学科，是通过艰苦的生产实践和理论探索，不断总结经验而逐步形成的，是支撑我国中药现代化步入良性可持续发展的理论与实践的重要技术保证。中药制药工程学科的发展与中药现代化是中药走向国际化的两个方面，互为条件和目的。

中药制药工业化过程的单元数学模型的设计与应用，是中药制药工程学科技术研究的基础，重点应遵循"质量可控性、工艺规范化、中试放大和技术规范化"四个基本要素的原则。作为专业工程学科而言，就是要解决在行业大规模工业化生产过程中所发生的各种工程技术问题，使传统中药生产从落后的定性生产方式，转化为先进的工业化定量生产方式，达到国际先进的制药工程技术水平。

### 一、中药与天然药物制药的研发方向

中药与天然药物制药工程的研发要创建全新的制药工程理念，从理论与实践两方面指导中药与天然药物制药工业的生产过程，运用现代高新技术使生产过程规范化、标准化、科学化和系统化，使传统中药生产工艺逐步趋向规范化，产品质量达到监控，技术标准不断完善和设计先进的工艺技术装置，以及更加合理的生产环境布局等，开展关键制药装备及工程技术的研究和推广，为实现中药产业现代化起到科技先导产业的作用。推动中药与天然药物工业全面实施GMP标准，使中药与天然药物工业生产的全过程符合GMP要求，以逐步实现中药现代化。

**1. 中药多成分的表观物性及工业化生产数学模型**

中药多成分的物性数据体现表观性，是多成分物性的综合体现，因此在中药制药工业化过程的物料特性（包括中间产品的各项工艺、技术参数）表征与相关的数学模型设计是工程理论研究的基础之一。

工业化过程中的数学模型设计与应用，是中药与天然药物制药工程理论研究与应用技术

研究的重点。根据工业化过程中单元系统"通用性"和"相关性"等特点，对传统中药生产工艺的炮制、粉体工程、浸提、浓缩、干燥与工业制剂等单元工序物料特性，包括密度、热导率、比热容、黏度、表面张力、扩散系数、汽化热、凝固热、饱和蒸气压等进行综合性的定量分析，从中找出内在联系的因果关系。

目前，中药与天然药物制药工业中药成分的物性数据相当缺乏，就人们掌握的先验知识而言，多为黑箱体系，仅有少量的灰箱，因此在工艺设计时，设计人员往往凭经验或采用经验方法估算物性数值大小，甚至用相近物质的物性代替。这一方面给工艺设计带来一定困难，另一方面使工程设计的准确性发生较大的偏差，给工程项目造成不必要的经济损失。因此，对工业化过程进行"定性"和"定量"的技术分析，找出产品质量指标与工艺技术参数、生产装置之间的数学模型关系，是保证中药质量的重要因素，也是中药和国际植物药标准的途径之一。

中药与天然药物制药工业有着众多的单元操作系统。其中炮制是中药与天然药物制药工业区别于其他工业的最显著的单元操作系统，它是中药与天然药物制药生产必不可少的重要部分。炮制技术是在我国劳动人民长期与疾病作斗争的实践中产生和发展起来的，有独特的理念和操作工艺技术。目前，炮制加工生产工艺已逐步摆脱了手工操作而进入工业化生产的行列，但炮制的原理和机制仍有待于进一步阐明，应借鉴现代科学理论和技术的发展对炮制过程进行深入研究，找出规律，建立起炮制工艺的数学模型，实现对炮制过程的定量表征，更新优化炮制工艺，使中药工业炮制技术真正适应中药制药工业的现代化生产要求。

因此，有关中药多成分表观性物性数据的测定及中药与天然药物工业化过程中的数学模型建立及其应用是中药与天然药物的重要研发方向之一。

### 2. 中药与天然药物制药工程设计

工程设计是一个综合的整体规划与实施过程，包括项目建议书、可行性研究报告、初步设计、施工图设计、现场施工、试车、工程验收等内容，它是涉及众多内容和不同专业的系统工程。中药与天然药物工程设计是实施 GMP 和中药与天然药物新药科研成果转化为大规模工业化生产的重要环节，也是推动中药与天然药物更好地服务于人类健康的重要保证。目前，中药与天然药物工程设计中存在不规范或落后的工艺设计，例如设计不是以中药"生产工艺"为中心进行，而是先设计厂房，然后才考虑在厂房里安排什么产品及技术设备，重点不突出，限制了中药与天然药物制药的发展，造成中药与天然药物制药的生产工艺往往布局不够合理，极易造成大的经济损失，不规范或落后的工程设计导致生产资源、财力和人力的浪费，而且产品质量也难以保证。所以，在中药与天然药物制药工程研发过程中，需要加强在 GMP 整体工程理念指导下的工程设计。

### 3. 中药与天然药物制药工艺品质及产品质量控制

在实施国家药品标准提高行动计划过程中，中药质量标准提升工作是重中之重。研究提高中成药生产的原料及成品质量放行标准，通过修订药品质量检测指标，将重要成分含量上下限控制及有毒有害物检测纳入质量检测范围，这就对中药制药技术提出了"高标准、严要求"。中成药产品质量控制水平不仅依赖于质量检测指标体系的完善，更主要取决于制药工艺品质的优劣，要提高药品标准就必须提升制药工艺水准。此外，制药工艺过程中工艺参数的精准控制是确保药品质量的基石。目前，我国中药工业工艺参数优化研究依据不够，自动化水平不高也影响了中药制药产品的质量。因此，中药制药工程研发的方向之一是阐明各制药单元工艺参数与药品质量关系、辨识制药工艺关键质量控制点，发展中药制药过程质量控制技术，建立中药制药过程质量保障系统。

**4. 中药与天然药物制药过程节能减耗、绿色发展**

中医药继承创新和生态绿色发展是国家中医药发展战略规划要求，推进中药与天然药物制药工业智能化水平建设，提升中药与天然药物制药装备研发与制造水平，推进中药与天然药物制药生产工艺及生产流程的标准化和现代化，推动中药与天然药物制药过程的节能减耗，实现绿色发展是中药与天然药物制药工程的研发方向之一。

## 二、中药与天然药物的研究方法

**1. 基础理论研究**

中药制药工程是一门新兴的应用工程技术学科，既有与其他工程学共有的特性，同时由于中药生产工艺的特点，又有自身的特性。中药产业历经了数百年的前店后坊的手工操作，刚刚迈入工业化生产，待研究和解决的工程技术方面的基础理论问题很多，应选好突破口，逐步建立具有行业鲜明特点的基础理论，进行探索性研究，并在实践中不断充实完善。

当前，中药制药工程理论研究的重点是：工业化过程中所涉及的中药浸膏工艺的工业化研究、中药工业制剂的产业化研究、中药工程设计与GMP研究以及中药工程智能化研究与应用等四个范畴。

**2. 基础技术研究**

在中药制药工程理论指导下，工业化过程中的技术研究应遵循质量可控、工艺规范化、中试放大和技术标准化四个要素的原则。

（1）质量可控性研究工艺规范　延续了数千年的中药手工作坊式的小生产思维方式，至今仍在影响着现代中药工业的生产。中药材、饮片颗粒、中药浸膏、中药标准提取物、中成药等，目前仍缺少较完整的定量质量检测标准，在工业化过程中难以进行全过程的质量跟踪监测；对中药材原料与中成药制剂的质量表述大部分还是定性指标，仅少数品种有主成分的定量指标。在此状况下中间产物的质量将难以监控。对中间产品与制剂的"定性"与"定量"分析，是中药工业化全过程中质量可控性研究的重点，也是国际制药工业公认的客观指标。

目前，在药材、中间产品与中药制剂的定量质量研究与标准制定等方面，已经取得了一些初步成效，如在研究与制定中药质量标准的前提下，制定完善的可操作的生产工艺规程及岗位标准操作程序（SOP），并逐步实现生产全过程的在线质量监测。但目前由于缺乏中药材质量标准的基础研究，在药典中有关中药材的质量标准问题仍没有得到解决；另外，在药典及相关标准中，很多中成药的指标成分都是定性检测的，甚至只是用显微鉴别，缺乏"定量"鉴别。由于中成药的成分复杂，大多数中草药的有效成分至今仍未明确，也无法确认所含的中药有效组分的化学物质单体及其含量。因此，一种能够使中药成分的检出尽可能多地反映其全貌的方法之一——指纹图谱的研究，越来越多地受到各国的重视。目前美国FDA、英国草药典、印度草药典、德国药用植物学会、加拿大药用植物学会均接受色谱指纹图谱的质控方法，对指纹图谱中的各峰，并不要求每个组分的化学结构都清楚，也不需要对呈现在图谱中的每个组分都清楚地定量，仅需不同批号的同一种药品的指纹图谱保持基本一致。这对一个企业的固定产品来说，就意味着药品质量的要求相对稳定。中药的指纹图谱基本反映了该中药的化学成分及其含量分布状况，具有专属性强、重现性好的特点，且操作方便、快速，可以用来作为鉴别中药原料，中药多组分、多指标分析的理想方法，并制定出能得到国际认可的我国中药半成品与成品的质量控制标准。

目前，中成药质量标准的内容日趋完善，检测手段和仪器也更为先进和精确。薄层色谱、薄层色谱扫描、紫外光谱、红外光谱、高效液相色谱、气相色谱等先进技术在中药检验和质量分析方面已成为常用手段；超临界流体色谱、高效毛细管电泳、色谱-质谱联用新技术的发展，为研究中成药质量标准起到至关重要的作用。总之，运用现代分析技术探索新的检测方法，将进一步提高和完善中药生产过程的半成品、中间产品以及成品制剂的质量控制标准。在线质量监控符合GMP对全生产过程进行质量管理的基本思想；使用计算机智能技术的在线质量监控又是中药制药工程技术研究的重要内容之一。

(2) 工艺规范化研究　中药工艺来源于生产实践，是长期以来中药生产客观规律的总结。在中药生产工艺中只有使用先进的单元过程并进行最佳的工艺组合，选用优化的工艺条件形成技术优势，才能拥有先进的技术经济指标，形成市场竞争的强势。

由于历史的原因，中药制作工艺仍严重依赖操作者的经验，同一品种不同厂家的生产工艺有着很大的差别，产品的质量也有差异。中药制药工艺规范化的目的，是改变同一产品或同一批次产品生产工艺不规范，质量控制无指标，产品质量不稳定的现状，将无序的生产工艺统一提高到新的规范水准。

为此，探讨工业化过程中的单元工艺模块式组合研究，建立新的工艺技术单元，以解决产品生产工艺中的"共性"与"个性"的难题，其单元过程特别是现代分离纯化过程，所涉及的理论与技术问题是目前最需要研究的课题，各种中药制药单元工艺模块一旦研究成熟或规范化，就可以用来组合成具体产品的生产工艺流程。用单元工艺模块来构成一个具体品种的生产工艺流程不只是简单的拼凑，要考虑各个具体产品的特殊性，选择适宜的单元工艺模块加以优化，采集必要的工程技术参数，进行中试放大验证并投入工业生产。

优化的生产工艺和生产企业的先进技术经济指标相联系，而技术经济指标的控制是其中的关键，如收得率的提高、单位消耗与成本的降低等。采用现代工程技术手段，获得良好的技术经济指标是工程学常采用的方法。

(3) 中试放大验证　中试放大验证是从实验室过渡到工业生产必不可少的重要环节，是二者之间的桥梁。中试生产是小试的扩大，是工业生产的缩影，应在工厂或专门的中试车间进行。由于反应的放大效应和其他一些小试中难以碰到的问题，为了降低风险，小试到大生产就需要做中试。通过中试放大可以得到先进、合理的生产工艺，获得较确切的消耗定额，为物料衡算及经济、有效的生产管理创造条件。中试放大的目的是验证、复审和完善实验室（又称小试）研究确定的最佳反应条件及研究选定的工业化生产设备结构、材质、安装和车间布置等，为正式生产提供设计数据以及物料和能量消耗等。同时，也为临床试验和其他更深入的药理研究提供一定数量的药品。中试放大与制定生产工艺规程是互相衔接、不可分割的两个部分。

中试放大（中间试验）是对由小试确定的工艺路线的实践审查，是模型化生产操作规程的过渡，是要确保按操作规程能始终如一地生产出预定质量标准的产品。中试放大过程不仅要考察产品质量、经济效益，而且要考察工人劳动强度。中试放大阶段对车间布置、车间面积、安全生产、设备投资、生产成本等也必须进行审慎的分析比较，最后审定工艺操作方法、工序的划分和安排等。

只有通过中试过程才能获得关于物料循环、堆积以及设备的运行等数据；只有通过中试过程，在中试装置上才能获得传递过程的数据；只有在中试的装置上，才能获得一定量的工业产品进行产品的试验研究；只有通过中试装置来检验过程模型的等效性，并考验模型能否经受较长时间连续稳定的运行。

制药过程涉及复杂的反应过程,除化学反应的规律以外,还涉及过程传递因素。除少数机理清晰的可采用数学模型外,多数过程是我们没有掌握到其复杂内在本质和机理的生产过程,还要采用经验放大的方法和部分解析等方法。对于其中涉及分离过程的理论比较成熟,在取得可靠的数据后,可以采用现有的数学模型直接放大到工业装置。在制药放大技术中,常用方法有:立足于经验,不需要对过程本质机理及内在规律有深刻理解,完全依赖于试验结果的逐级经验放大法;立足于对过程的深刻理解,在此基础上对过程进行适当简化或做出一些合理假设,在对过程能定量理解的基础上综合得出数学模型用于放大的数学模型放大法;以相似论和量纲论为基础,以试验考察为主导的相似模拟放大法;理论分析与试验探索相结合,以化学工程和有关工艺学科理论为指导进行试验研究的部分解析放大法等。

(4)技术标准化研究  标准化总是与系列化、通用性、规模化和经济性联系在一起。就中药制药工程而言,技术标准化范畴应包括质量标准、工艺标准与装置标准等因素,并对其单元系统的有关因素进行模拟研究,从试验分析中找出各种技术参数的内在联系与相关性,设计中药制药工程数学模型,为工业化技术研究和设计制造成套的技术装置提供依据。通用性指生产、生活用的物品及其零部件有相对统一的规格,以方便使用及零部件的修配,为此将所生产的产品加以系列化、标准化。经济性则指系列化、标准化的产品可以大批量生产,从而使生产成本大大降低,可以采用专用设备、模具以提高生产效率。中药生产装备的标准化也是从这样的概念出发,除了在中药领域采用化工等其他行业普遍使用的标准外,从20世纪90年代开始中药行业也有了自己的技术标准,如GB/T 16312《中药用喷雾干燥装置》、GB/T 15573《外加热式中药三效蒸发器》、GB/T 17115《强制外循环式提取罐(机组)》等三个国家标准正式颁布实行。技术装备是生产工艺的保证,只有先进的装备,才能生产出优质价廉的药品。中药生产装备的标准化不但有利于提高中药的性能,而且可以保证装备的制造质量,降低制造成本,方便生产与维修。

在装备标准化的基础上,发展我国自行研制的中药工业各单元的成套生产装备和自动控制系统,实现在线质量检测,使我国中药现代化的生产水平达到新的高度。

## 三、中药与天然药物的生产工艺

中药材是中药制药生产的主要原料,中药材中的有效成分是中成药的主体,中药制造的全过程都以高质量的活性有效成分为中心,经过药材的预处理,药材中活性成分的提取、分离与纯化,再经中药制剂与包装制成中成药。生产过程的重点在于有效成分的完全提取、分离、纯化过程中有效成分的稳定保留及生产过程中质量检测与监控。

小小蕃茄

优良的中药制药生产过程应具备如下特点:①中药材产品内在质量高而稳定,即有效成分含量高(符合国家规定要求)。②生产全过程的有效成分总收率高。③生产过程中无交叉污染(符合国家GMP要求)。④产品有明确的质量标准及过程质量监控。⑤全过程生产技术装备先进、自动化程度高。不可忽视的是,应用现代生物技术和药用植物栽培技术改良提高中药材内在有效成分的含量,这是现代中药制造生产过程的源头及基础。

### 1. 中药生产工艺

传统中药制药生产工艺流程为:原料预处理—提取—分离—精制—浓缩—干燥—制剂。而在提取和精制过程中,常采取水提醇沉法或醇提水沉法,从而形成下述工艺生产流程:多功能水提取罐—醇沉—过滤—浓缩—制粒—制剂。在传统工艺流程基础上采用先进的单元操作和自动控制后,可有效改变传统中药生产流程,提高生产效率,降低生产成本,保证产品质量。传统的中药生产工艺在几十年来已有了较大的进步，在更先进的工艺不断涌现的今天，应不断采用全新的中药生产工艺，将现代科学技术与传统中药的优势特色相结合，开发出能够进入国际市场的现代中药产品来。

**2. 药材的预处理**

中药材的预处理包括非药用部位的去除、杂质的去除、药材的切制、必要的炮制四个部分。中药材中常常只使用其有用的部分而去除其非药用部位。例如，用根的药材需去茎，用茎的药材则需去根、去皮壳、去毛等，带入药材的杂质需清理，药材在除杂清洁后需要切制成一定规格，并要经过必要的炮制过程以供生产之用。药材的预处理是中药制药生产不可缺少的环节，但近年来开发出来的一批药材前处理设备从性能、使用情况、操作控制等方面都显得落后，这是中药生产的一个较突出的问题。

**3. 中药有效成分**

中药有效成分多种多样，主要有以下类别：

（1）糖类　广泛分布于生物体内，为植物光合作用的初生产物，是中药中普遍存在的成分。根据其分子水解反应的情况（组成糖类成分的糖基个数），可将糖类分为单糖、低聚糖和多糖3类。

（2）苷类　是由糖或糖的衍生物与非糖化合物以苷键方式结合而成的一类化合物。根据苷键原子的不同分为O-苷、S-苷、N-苷和C-苷等类型，在自然界存在最多的是O-苷。苷的非糖部分称为苷元（aglycon）。苷类成分广泛存在于植物体内，也存在于某些海洋动物中。由于苷元的化学类型较多，组成的苷类的类型也较多，各具不同的生理活性。

（3）木脂素类　又称木脂体，是一类由二分子苯丙素衍生物聚合而成的化合物。大多呈游离状态，也有与糖结合成苷存在于植物的树脂状物质中。

（4）生物碱类　是一类存在于生物界（主要是植物）中，大多具显著生物活性的含氮的碱性化合物。氮通常在环中。分子中含有碳、氢、氧和氮4种元素，极少不含氧原子。生物碱广泛分布于植物界100余科的植物中，其中以双子叶植物为多，其次为单子叶植物、裸子植物与蕨类植物。在地衣类和苔藓类植物中，尚未发现生物碱。少数真菌中也有生物碱。蛙类、蟾蜍、某些昆虫、加拿大海狸等动物中也存在生物碱，在同一植物的不同部分，不但生物碱的含量有差异，其种类也可能不同。

（5）挥发油类　又称精油，是一类在常温下能挥发的可随水蒸气蒸馏的与水不相混溶的油状液体的总称。大多数挥发油具有芳香气味。挥发油是一类重要的活性成分，临床上除直接应用主要含挥发油的生药外，还可应用从中精制的挥发油，如桉叶油、薄荷油等。挥发油具有发散解表、芳香开窍、理气止痛、祛风除湿、活血化瘀、祛寒温里、清热解毒、解暑祛秽、杀虫抗菌等作用。如薄荷油祛风健胃，当归油镇痛，柴胡油退热，土荆芥油驱肠虫，茵陈蒿油抗霉菌等。近年来还发现某些挥发油具抑制肿瘤作用，如莪术油。此外，挥发油还广泛应用于香料、食品与化妆品等的生产。

（6）萜类　是一类天然的烃类化合物，其分子中具有异戊二烯的基本单位。在挥发油中主要有单萜与倍半萜类化合物，少数为二萜类化合物。

（7）鞣质类　又称单宁，是存在于植物体内的一类结构比较复杂的多元酚类化合物。鞣质能与蛋白质结合形成不溶于水的沉淀，故可用来鞣皮，即与兽皮中的蛋白质相结合，使皮成为致密、柔韧、难以透水且不易腐败的革，因此称为鞣质。

鞣质广泛存在于植物界，约70%以上的生药中含有鞣质类化合物，尤以在裸子植物及双子叶植物的杨柳科、山毛榉科、蓼科、蔷薇科、豆科、桃金娘科和茜草科中为多。鞣质存在于植物的皮、木、叶、根、果实等部位，树皮中尤为常见。在正常生活的细胞中，鞣质仅存在于液泡中，不与原生质接触，大多呈游离状态存在，部分与其他物质（如生物碱类）结合而存在。鞣质具收敛性，内服可用于治疗胃肠道出血、溃疡和水泻等症；外用于创伤、灼伤，可使创伤后渗出物中蛋白质凝固，形成痂膜，可减少分泌和防止感染，鞣质能使创面的微血管收缩，有局部止血作用。鞣质能凝固微生物体内的原生质，故有抑菌作用，有些鞣质具抗病毒作用，如贯众能抑制多种流感病毒。鞣质可用作生物碱及某些重金属中毒时的解毒剂。鞣质具有较强的还原性，可清除生物体内的超氧自由基，延缓衰老。此外，鞣质还有抗变态反应、抗炎驱虫、降血压等作用。

(8) 氨基酸、多肽、蛋白质　氨基酸是广泛存在于动植物中的一种含氮有机物质，可分为组成蛋白质的氨基酸和非组成蛋白质的氨基酸两大类，至今已发现了300余种。

多肽一般指由2~20个氨基酸组成的物质，具直链或环状结构。20个以上氨基酸组成的多肽与蛋白质无明显界限。不少多肽具生物活性。如水蛭多肽能凝血，蛙皮多肽能舒张血管，海兔抑制素能抗肿瘤。植物多肽有的是环肽，具—S—链，如毒蕈环肽，有的带肽的生物碱具降血压作用。还有人参中的抗脂质分解的多肽等。

蛋白质是一类由20个以上的氨基酸通过肽键结合而成的大分子化合物，是一切生命活动的物质基础。根据组成，蛋白质可分为简单蛋白质与结合蛋白质两类。简单蛋白质可完全水解，它们可进一步分为清蛋白类、球蛋白类、醇溶谷蛋白类、谷蛋白类、精蛋白类、组蛋白类和硬蛋白类等7类。其中只有清蛋白类与精蛋白类可溶于水。结合蛋白由蛋白质与非蛋白质结合而成，如脂蛋白、糖蛋白、色蛋白与核蛋白等，其中核蛋白在遗传中起重要作用。

(9) 脂类　广泛分布于生物体内，植物油脂主要存在于种子中，高等植物约有88%以上的种子含油脂。动物油脂多存在于脂肪组织中。按其组成可分为简单脂质与复合脂质两类。

(10) 有机酸类　是具羧基的化合物（不包括氨基酸），广泛存在于植物体的各部位，尤以果实中为多见。一般有酸味，具收敛、固涩功用。如五味子收敛止汗，金樱子涩精止遗，覆盆子涩精缩尿，乌梅敛肺止咳、温肠止泻等。有的特殊的有机酸如土槿皮酸能抗真菌，马兜铃酸能增强吞噬细胞的功能，氯原酸等能抗菌、利胆、升高白细胞等。

(11) 树脂类　是植物正常生长分泌的一类化合物，常与挥发油、树胶和有机酸等混合存在。树脂为多种物质的混合物，包括树脂酸、树脂醇、树脂酯和树脂烃以及它们的聚合物。其中大多为二萜烯与三萜烯类衍生物及木脂素等。

(12) 植物色素类　在植物中广泛分布，有脂溶性色素与水溶性色素两类。脂溶性色素多为四萜类衍生物，这类色素不溶于水，难溶于甲醇，易溶于乙醇、乙醚和氯仿等溶剂。常见的脂溶性植物色素有叶绿素、叶黄素、胡萝卜素、番红花素和辣椒红素等。其中胡萝卜素不溶于乙醇。有些色素有一定的生物活性，如叶绿素有一定的抑菌作用。水溶性色素主要为花色苷类，又称花青素，普遍存在于花中。可溶于水与乙醇，不溶于乙醚与氯仿等有机溶剂，其色泽随pH的不同而改变。

(13) 无机成分　生物体内所含的无机成分，在以往的研究和应用中，常被忽视。随着科学的发展和研究的深入，发现不少无机元素具有重要的生理活性与疗效。在生命活动中，除钠、钾、钙、镁、磷元素是必需的外，下列14种微量元素也是必需的，即铁、锰、铜、锌、镍、钴、碘、硒、钼、硅、铬、氟、锡、钒。人类缺乏某些元素会导致疾病，缺乏铜、铁、钴会引起贫血症，缺锌可致侏儒症和生殖机能不全，缺锰会使骨骼畸形，缺锂会引起狂躁症，缺硒易患克山病，缺碘导致甲状腺肿大等。中药中所含的某些宏量元素和微量元素可弥补和调节人体中某些元素的不足，起到防治疾病的作用。例如海藻、昆布中富含碘，可用于治疗甲状腺肿大症；牡蛎富含锌，可潜阳固涩，提高性功能和促进儿童生长发育。

### 4. 药材活性成分的提取、分离与纯化

尽量分离除去药材中无效成分是现代中药不断追求的目标。服用散剂是100%的药材物质进入人体消化道，服用汤剂则仅占药材总质量中的10%~15%，丸剂、片剂、硬胶囊剂等也如此，口服液、水针剂等液体制剂采用了水提醇沉或絮凝澄清工艺则减少到5%~8%，但活性物质提纯到这样程度离现代药物的质量要求还是相去甚远，只有在工艺技术上继续有所突破才能获得更高的纯度，新的提取、分离与纯化技术因此而不断出现。

20世纪90年代，中药活性成分的提取工艺主要集中在解决增加提取过程的传质推动力并减少所用的溶剂量上，三级逆流动态萃取是较理想的工艺和装备。在此基础上，当前则集中在解决过程的效率上，即强化提取速率、提高活性成分的提取得率，例如药材细胞的破壁技术（加酶萃取等）、超声提取、微波萃取、加压萃取、超临界二氧化碳萃取等。提取物纯度的提高仅靠传统的沉降、过滤、蒸发浓缩等是远远不够的，从大孔树脂吸附分离、超临界二氧化碳萃取、膜分离等到工业色谱分离、分子蒸馏技术等，这些现代分离技术的综合应用为中药有效成分或成分群的纯化提供了先进的高科技工业化分离手段。

### 5. 制剂与包装

中成药从传统的丸、散、膏、丹扩展到片剂、硬胶囊、软胶囊、口服液、水针剂、粉针剂等现代剂型，现代药物生产的所有手段（工艺技术、设备、洁净技术等）几乎都可以为中药制剂所用，缓释、控释、透皮吸收、靶向给药等都是中药制剂的发展方向。此外，包装技术与包装材料的进步为中成药质量的提高提供了良好的条件。对于中药来说，重要的是如何利用现代药物制剂与包装技术开发现代中药产品并实现大规模产业化生产。

中药制药工程可以说是贯穿了中药工业生产的整个过程，它是保证产品质量、提高功效、降低成本、增加经济效益的重要科学理论依据和工程技术手段。具体而言，它包含下面8方面的研究范围：

① 药材预处理工程鉴别中药材真伪与优劣，控制中药材质量的技术和方法，中药材预处理分类与工艺，预处理的单元与应用，中药饮片炮制原理与方法，中药炮制装置与应用，中药炮制品质量标准与检测技术等。

② 粉碎、混合与流体输送工程粉碎工艺原理与方法，粉碎单元装置与应用，混合机理、方法、装置与应用，流体力学基本原理，流体输送装置与应用等。

③ 分离工程药材的浸取机理，浸取过程的计算与浸取装置，影响浸取效率因素及强化措施，液-液分离（萃取及蒸馏）的原理与装置，非均相物系的分离原理、设备及装置，膜分离技术（超过滤及反渗透法）原理及在中药制剂中的应用。

④ 蒸发与干燥工程的基本原理与计算，蒸发装置与应用，结晶原理与装置，干燥基本理论与计算，干燥装置与应用等。

⑤ 洁净与灭菌工程净化原理与工艺要求，洁净工程的设计与装置，灭菌原理与意义，各种灭菌方法的工艺与装置，正确应用防腐剂等。

⑥ 中药工程工艺流程设计与计算，单元操作与应用，剂型的选择与介绍，工艺管道与平台设计，公用工程系统设计，计算机在各单元系统中的应用等。

⑦ 中药包装工程中药材包装技术与设置，中成药包装技术与设置，中药包装研究进展。

⑧ 中药提取、浓缩、纯化过程的工业集成制造技术的计算与控制系统。

**6. 中药生产工艺单元操作**

基于上述设想的流水线，目前很多具有潜在发展前途的新的单元操作，可以作为中药工程的首选技术。

① 微波浸取中药中的有效成分　由于微波技术独特的"体加热原理"及其产生的一些"附加效应"，该技术在食品、造纸、木材、塑料及有机合成等领域已获得广泛的应用。作为分析化学中的一种制样手段，微波辅助提取技术具有选择性高、操作时间短、溶剂耗量少、目标组分得率高、不需要特殊的浸取分离步骤、对实验室的环境污染小等优点。在美国，微波辅助制样技术已成为美国国家环境保护局（Environmental Protection Agency，EPA）重点资助的一个研究领域。

② 超临界流体萃取中药中的有效成分　超临界流体萃取技术，特别是超临界$CO_2$萃取技术对于用一般传统分离方法难以解决的大分子量、高沸点、热敏性物质的分离，更显示出其独特的优点。该技术已用于食品、香料、石油、医药等部门，常用等温变压法分离流程，典型产品是从啤酒花中提取浸膏，从咖啡中提取咖啡因，从烟草中提取尼古丁等。提取中药中挥发性成分、脂溶性物质和生物碱等都有较好的实例，如桂花香精、辣椒红色素等。超临界流体萃取的另一途径是通过色谱技术提取中药有效成分纯化合物及标准品。气相色谱法（GC）对于高分子量、热敏性物质不能适用；高效液相色谱法（HPLC）其柱效较低、分析时间较长，在采用液相制备色谱提取纯品时，需要对制品进行后处理。采用超临界流体萃取从生药中提取有效成分，经超临界制备色谱（PSFC）获得纯化学品，作为结构分析及活性测试的原料，是一个很有前途的方向。

③ 双水相萃取　传统的萃取体系往往是以物质在水相和有机相中溶解度的不同而获得分离的，而双水相萃取则是指以组分在两个水相之间的分配，在特定条件下，使两个水相分层来达到分离目的的过程。早在1896年就已经发现，将明胶和琼脂（或淀粉）的水溶液相混时，出现两个水相。上水相含大部分明胶而下水相含大部分琼脂（或淀粉）。但是，由于两相的密度和折射率十分接近，有时几乎难以察觉它们之间的相界面。这一现象称作聚合物的不相容性。于是这类物质可得到多相体系，多达18个相，但以双水相体系最为普遍。双水相体系可以用于生物物质的分离。特别是直接从发酵液中分离、提纯蛋白质、酶、核酸、生长激素和病毒等各种生物物质。由于体系中含水量高达70%～90%，而组成双水相的高聚物等对生物活性无损害，以及该技术易于工程放大和连续操作，处理量大。中药汤剂大都是水溶性成分，常规方法难以分离，采用双水相或多水相方法是有效方法之一，进而可以设想，对于中药中动物药的蛋白质分离和纯化这一方法很有发展潜力。

④ 大规模制备色谱在中药生产分离过程中的应用　中药属于天然化学品范畴，成分多、结构复杂，有效成分的精细分离有一定困难。色谱分离是这类物质分离的有效手段之一。

不少中药的有效成分是带电荷的或所带电荷与其他组分相异，可利用离子交换来进行分离。其优点是比较成熟，成本较低，容易实现大规模生产。水处理是它最典型的例子。

凝胶色谱是利用组分分子量的大小差异来达到分离目的的，其最先是用于测定高聚物的分子量和分子量分布，后大量用于生化领域，如蛋白质、氨基酸、核酸、核苷酸的分离与制备，酶的脱盐浓缩，抗生素的分离、纯化等。中药有效成分分子量的差异往往很大，可利用凝胶色谱进行分离。

反相色谱是利用组分之间的亲疏水性差异进行组分的分离的。对于酯类、杂环类等疏水性中药成分，可以进行分离和提纯。目前，色谱分离技术正从分析领域步入大规模工业生产的行列。工业化装置中，以固定床最成熟，模拟移动床最理想。

⑤ 制粒技术在中药制药过程中的应用　制粒是药物制剂过程的关键技术。近年来，发展的一些制粒技术正在满足中药新剂型对这方面的要求。包括下列方法：超临界结晶过程（1～10μm）、微胶囊（0.1～1mm）、气流粉碎制细（10μm 左右）、挤出滚圆法制球形微丸和气浮干燥与包衣制粒（毫米级颗粒）。

微丸制备技术具有如下几个特点：生产能力大，设备费用较低；颗粒直径由孔板决定，容易控制，可以制造 0.3～30mm 的球粒；颗粒的直径大小相同，分散度小；含量均匀；颗粒形状可为球形、柱形及不定形，以球形最好，容易包衣；可根据不同材料的物性，在物料最适合的条件下制粒。球形微丸制粒机具有效率高、原料耗损少、所得产品粒径分布窄、圆度高和表面光滑等优点，可作为医药上制备控释微丸制剂的实效工具，成为发展制剂新品种的有用设备。

超细粉碎技术为以剪切力为主的超细粉碎，特别适用于大部分植物的根茎类、纤维素较多的中药材的粉碎。它把机械粉碎和气流粉碎两者原理结合起来，达到亚微米级的粉碎程度，是当今最先进的超细粉碎方法之一。整个过程实现机电一体化的控制，完全按 GMP 要求进行生产。所开发的草药材的超细产品有人参、珍珠、鹿角、灵芝花粉、益母草等，很有发展潜势。

超临界流体重结晶是继超临界流体用于萃取后有关超临界流体技术研究的又一新领域。超临界流体重结晶与传统重结晶方法的区别在于后者利用温度或热量。而前者则利用压力使溶液由不饱和变为过饱和，从而使物质重结晶析出。因此超临界流体重结晶过程可在近常温的条件下进行，过程适用于热敏性、易氧化、难分离物系的重结晶提纯或制备微细颗粒。超临界流体重结晶技术是近 10 年来国际上正在积极开发、引人注目的新技术。用超临界二氧化碳 CAS 重结晶可把 $\beta_2$-胡萝卜素从其氧化物和几何异构体的混合液中几乎全部分离回收。

超临界流体重结晶过程最大的特点是产生过饱和度的驱动力是压力而不是温度，因此特别适用于某些具生理活性药物的重结晶提纯或制备固体针剂颗粒。国内这方面的研究起步较晚，国外即将走向产业化。在超临界流体重结晶提纯或制备微细颗粒方面的研究取得了一定的进展，如利用超临界二氧化碳 GAS 重结晶胆红素-二甲基亚砜溶液，结晶后的胆红素纯度可从 20% 提高到 90% 以上。超临界流体二氧化碳 GAS 重结晶银杏叶浸膏溶液可使银杏叶制品进一步提纯。

微胶囊包覆技术在我国工业的应用尚在起步阶段，尤其是微胶囊技术基础材料工业和基础研究方面相当薄弱，许多研究仍处实验室规模。由于囊心及囊材物质的多样性，所采用的包覆技术也各不相同，在壁材的选择及制造工艺方面被严格保密，如缓释胶囊康泰克制造工艺。微胶囊技术作为颇具潜力的新技术用于中药的包覆，必将显示强大的生命力，成为我国新一代中成药的关键性高新技术之一。

## 第三节　中药制药方向的课程体系

如何学习好中药制药方向的课程，应对其特点、内涵、目标、知识结构和课程体系进行深入了解。

中药制药其涉及内容分散在各学科之中，如天然药物化学、化工原理、药物制剂、中药制剂等。本专业应用性强、覆盖面广，是连接医药的桥梁。其应用以化工和药学为基础，通过药物提取分离、剂型筛选等单元操作，探索中药制备的共性原理，以达到实现生产化的优化工程技术为目的。这将涉及制药的新技术、新工艺、新设备、新剂型、新辅料、GMP 改造等方面及研究开发、设计、质控等领域。通过专业课程的学习培养具有坚实的中医药理论基础，精通现代制药工程基本理论与基本技术，能在中药生产企业、药物研究等部门从事中药产品研制、生产、应用和管理等方面的高级工程技术人才。

## 一、中医药概论

介绍中医药基本理论，中药的产地与采收、中药炮制、来源、应用以及用法用量等，常用中药的性味、功能主治、临床应用，中药方剂的组方原则，常用中药方剂的组成、配伍及临床应用等。通过学习，了解中医药基本理论，掌握（熟悉）常用的中药及方剂，为学好中药制药及后期相关中药类课程打下基础。

## 二、中药化学与天然药物化学

中药化学与天然药物化学是运用现代科学理论与方法研究天然药物（中药）中化学成分的一门学科。主要研究各类天然药物化学成分（生理活性成分或药效成分）的结构特点、物理化学性质、提取分离方法以及主要类型化学成分的结构鉴定等。介绍天然药物化学的基本知识以及工业化新技术；各主要类型化学成分（生物碱、黄酮、蒽醌皂苷、多糖等）的结构特点、物理化学性质、提取分离方法；天然药物研究与开发等。本课程既是一门专业课程，又是中药制药所必须掌握的基础。

## 三、中药鉴定学与生药学

该课程是应用本草学、植物学、动物学、化学、药理学、中医学和分子生物学等学科理论知识和现代科学技术来研究生药（中药材）的名称、来源、生产、采制、化学成分鉴定、品质评价、临床用途及资源开发与利用等方面的学科。本课程以药用植物知识为基础，学习中医沿用的天然药材，继承传统的鉴别经验，学习现代鉴定方法，掌握生药鉴定的基本理论、基本知识和基本技能，为从事天然药物的真伪鉴别、品种整理、质量评价和开发应用打下基础，以保障临床用药的安全有效。

## 四、中药炮制学

根据中医药的基本理论，按照中药的性质以及调剂、制剂的不同要求，对中药材进行各种加工处理的一项传统制药技术。中药炮制学是专门研究中药炮制的理论、方法（工艺）、规格标准、历史沿革及发展方向的学科。其任务是在继承中药传统炮制技术和理论的同时，应用现代科学技术，对其进行研究、整理，逐步搞清炮制原理、改进和规范炮制工艺、制定质量标准以提高饮片的质量。

## 五、中药制药工程原理

中药制药工程原理是利用数学、物理、化学、物理化学等先修课程的知识来解决制药生产中的实际问题，并为制药工艺学等后续工程类专业课程的学习打下基础。通过这门课程的学习，要使学生系统地获得"三传"的基本概念；各单元操作的原理、典型设备的结构、工艺尺寸计算、设备选型与校核和工程学科的研究方法。培养学生的工程观念、分析和解决单元操作中各种问题的能力。突出课程的实践性，使学生受到利用自然科学的基本原理解决实际工程问题的初步训练，提高学生的定量运算能力、实验技能、设计能力、单元操作的分析与调节能力。

## 六、中药制剂学

中药制剂学是研究药物制剂工业化生产的理论与实践的一门药剂学的分支学科。主要研究药物制剂工业化生产的处方与工艺设计理论、制剂生产单元操作的基本理论和方法、生产技术和设备、质量控制等有关问题。本课程除阐述药剂学的基本内容外，还强化了制剂加工技术，如粉碎、分级、混合、制粒、压片、过滤、灭菌、空气净化等制剂单元操作及设备的研究，吸收融合了材料科学、机械科学、粉体工程学、化学工程学的理论和实践，在新剂型的研究与开发、处方设计、生产工艺技术的研究与改进及提高质量方面发挥着关键作用。

## 七、中药制剂分析

中药制剂分析是运用现代仪器分析知识和方法，系统、全面而且有重点地介绍中药制剂的质量分析方法。尤其是中药制剂定量分析的基本理论和操作技能，具备对中药制剂含量测定，中药制剂质量标准制定的独立分析和解决实际问题的能力。围绕中药制剂的定性鉴别、杂质检查含量测定、中药制剂质量标准的制定，结合一些有代表性的实例进行论述。

## 八、中药制药工艺学

中药制药工艺学是奠定在四大化学（无机化学、有机化学、物理化学、分析化学）、药学、中药学、生物技术、工程学（化工原理、制药工程原理、工程制图、制药仪表设备车间设计）以及药事管理学基础上的一门专业课程，它主要研究、设计和选择安全、经济、先进的中药工业化生产途径和方法，解决中药在生产和工业化过程中的工程技术问题和实施药品生产质量管理规范，同时根据原料药物的理化性质、产品的质量要求和设备的特点，确定高产、节能的工艺路线和工业化的生产过程以及厂房设计与车间布置，实现中药制药生产过程的最优化。

## 九、中药分离工程

中药分离工程是利用中药化学、现代分离技术、工程学等原理对中药中有效成分的提取分离过程进行研究，建立适合于工业化生产的中药提取分离方法，是研究制药工业（过程）中中药分离与纯化的工程技术学科。中药分离工程是制药工程学的一个组成部分，研究内容包括分离技术的基本原理，工艺流程设备及应用等。

## 十、制药设备与工程设计

制药设备与工程设计是与药学、工程学、力学、材料学和经济学等学科密切结合的、涉及面很广的综合性应用学科。通过本课程的学习，学生应掌握常用制药设备的基本结构，对工作原理有基本的认识，能为制药车间综合设计奠定知识储备，能够学会从工程和经济的角度去考虑技术与设备问题，逐步实现由学生到制药工程师的转变。

## 思考题

1. 中药与天然药物有何异同?
2. 中药制药工程的任务是什么?
3. 从实验室过渡到工业生产为什么需要经过中试放大环节?
4. 优良的中药制药生产过程应具备哪些特点?
5. 中药制药工程具体包含哪些方面的研究?
6. 中药有效成分主要有哪些类别?
7. 你认为如何强化中药活性成分的提取?
8. GMP实施主要包括哪些内容?
9. 当前中药制药工程理论研究的重点是什么?
10. 中药制药工程研究要力争在哪些方面有所创新?

## 参考文献

[1] 刘小平.制药工程专业导论[M].武汉：湖北科学技术出版社，2009.
[2] 陈平.制药工艺学[M].武汉：湖北科学技术出版社，2008.
[3] 王沛.制药工艺学[M].北京：中国中医药出版社，2009.
[4] 王沛.制药工程[M].北京：人民卫生出版社，2018.
[5] 匡海学.中药化学[M].北京：中国中医药出版社，2011.
[6] 刘小平.中药分离工程[M].北京：化学工业出版社，2005.
[7] 曹光明.中药制药工程学[M].北京：化学工业出版社，2004.
[8] 张兆旺.中药药剂学[M].北京：中国中医药出版社，2017.
[9] 王沛.制药工程设计[M].北京：中国中医药出版社，2018.

# 第四章 生物制药

【本章学习目标】
1. 了解生物制药的现状、发展前景与生物制药相关的药学理论基础。
2. 熟悉生物药物的分类与基本制备流程。
3. 掌握生物制药的基本制备手段与技术原理。

## 第一节 生物制药的现状与发展前景及分类

### 一、生物技术的发展现状

生物技术（biotechnology）是指以现代生命科学技术为基础，与化学、物理等其他基础学科的原理相结合形成的新兴综合性交叉型学科。通过采用先进工程技术，按照预先设计改造生物体或加工生物原料，以达到某种目的或为人类生产所需产品。其中主要包括基因工程、细胞工程、酶工程和发酵工程。随着技术的进一步发展，近年来又发展形成蛋白质工程和生物化学工程。

生物技术的研究对象从细胞、亚细胞水平扩展到分子水平，从而使生命现象、生命行为、疾病成因等从分子角度研究有了突破性进展，产生出更新换代的生物药剂新产品。从20世纪70年代中期起，与产业革命的发展进程紧密相结合的现代生物技术，率先为人类创业开辟了一条新途径，并在国民经济各个领域中已经显示巨大的生命力和广阔的应用前景。生物技术的发展已经辐射到各行各业，其中包括但不限于动植物新种苗、新产物；涉及医药、治疗、农药、食品、化妆品和其他机能性物质的生产；生物反应器、生物传感器、生物能源；冶金、电子、轻化工生产工艺的改革；涉及整个生物圈和环境净化等重要领域。据有关资料报道，世界人口预计2025年将达到80亿，2050年将达到100亿，为确保这么多人口的用药，必须依靠生物技术生产高效的新药物。

## 二、我国生物技术的发展现状

当今世界，经济发达国家在生物技术上仍处于一定的领先地位，我国在一些生物技术上仍存在"卡脖子"技术壁垒。因此，面对世界新技术革命的挑战，我国高科技发展计划把发展生物技术放在首位，《"十三五"生物产业发展规划》将生物技术产业的重点领域分为七类：生物医药产业、生物医学工程、生物农业、生物制造产业、生物能源产业、生物环保产业以及生物服务产业，结合我国国情，以解决医药中存在的难题，确定将新型药物、疫苗和基因治疗及蛋白质工程等列为关键技术问题。

其中新型药物、疫苗和基因治疗将以基因工程为主体，研究针对乙型肝炎、恶性肿瘤、心血管等疾病的各种基因工程疫苗、多肽药物、导向药物等生物技术产品，并应用基础研究，跟踪国际上新技术的发展，以期在生物技术的一些重要方面达到国际水平，并在某些领域内达到国际先进水平。

而蛋白质工程（protein engineering）目的在于改造天然蛋白质或研制自然界不存在的新型蛋白质，使其具有医用或所愿望的性能。对该类生物技术的研究和开发，将对工、农、医等国民经济各部门的发展产生重要影响。

## 三、生物制药的发展现状与发展前景

生物制药是指利用生物体或生物过程生产药物的技术，是主要讲述生物药物，特别是生物工程相关药物的研制原理、生产工艺、分离纯化、制剂和生物药品分析技术的应用学科。生物药物泛指包括生物制品在内的生物体的初级和次级代谢产物或生物体的某一组成部分，甚至整个生物体用作诊断和治疗疾病的医药品，其中经常会运用到DNA重组技术，主要包括单克隆抗体、疫苗、重组激素/蛋白质、基因治疗、细胞疗法等。生物药物的有效成分在生物材料中浓度较低、分子大、组成和结构复杂，具有严格的空间构象以维持其特定的生理功能，对热、酸、碱、重金属及pH变化和各种理化因素都较敏感，易腐败，注射用药有特殊要求。而且由于生物药物有特殊的生理功能，因此，生物药物不仅要有理化检验指标，更要有生物活性检验指标，这是生物药物生产的关键。

### 1. 生物制药的发展现状

生物药物的发展以1860年巴斯德发现细菌为开始，这为抗生素发现奠定基础。1928年，英国Fleming发明青霉素，这是抗生素时代的开始。1976年，英国医生Jenner发明牛痘疫苗治疗天花，从此用生物制品预防传染病开始并得以肯定。1921年加拿大科学家F. C. Banting和C. Best最初发现并纯化胰岛素用于临床，这是生物制药最具里程碑的事件。1982年，第一个基因工程药物人胰岛素上市。1992年基因工程药物人胰岛素达10种。1983年，日本首先实现紫草细胞工业化培养生产紫草素。

我国的生物制药技术起步较晚，但发展速度却非常快，近几年，天津大学和清华大学相继成功研制紫杉醇细胞发酵生产和提纯方法。我国到目前为止已经研发出一大批生物新药，使得很多传统医药无法处理的遗传性和后天病理性的代谢、免疫、内分泌、心血管以及生殖等疾病能够获得有效治疗。

### 2. 生物制药的发展前景

近年来，以基因工程、细胞工程、蛋白质工程等为代表的现代生物技术发展迅速，采用生物技术生产的药物在发达国家中持续快速增加。目前，大部分发达国家均把生物技术作为发展医药工业的战略重点。

随着我国经济的发展、生活环境的变化、人们健康观念的转变以及老龄化进程的加快等，我国的生物医药产业被看作朝阳产业，发展势头迅猛。

从生物技术的发展方向来看，以下几个领域是未来我国生物制药研究和投资的主要方向：①开发针对神经系统、肿瘤、心血管系统、艾滋病及免疫缺陷等重大疾病的多肽、蛋白质和核酸药物；②选择一批市场前景好的疫苗、诊断用单克隆抗体试剂；③靶向治疗药物，特别是抗肿瘤靶向药物的开发；④人源化单克隆抗体的研究；⑤血液替代品的研究与开发；⑥利用"人类基因组计划"所取得的成果，通过高通量筛选平台技术对中国传统草药有效成分进行筛选，将对发展我国生物药业具有重大意义。

## 四、生物药物的分类

生物药物的分类可以按药物的化学本质和化学特性或原料来源，还可按照生理功能和临床用途等对生物药物进行分类，但通常是按其生物化学性质进行分类。因为生物药物的有效成分一般是比较清楚的，该分类方法有利于比较一类药物的结构与功能的关系、分离制备方法的特点和检测方法的统一等，一般都采用此分类方法。具体类别如下。

**1. 氨基酸及其衍生物类药物**

这类药物包括天然的氨基酸和氨基酸混合物，以及氨基酸衍生物，如谷氨酸、蛋氨酸、赖氨酸、天冬氨酸、苏氨酸等。谷氨酸产量最大，占氨基酸产量的80%，其次为赖氨酸和蛋氨酸。氨基酸衍生物如 N-乙酰半胱氨酸用于咳痰困难，L-多巴（L-胱二羟苯丙氨酸）是治疗帕金森病的最有效药物。

**2. 多肽和蛋白质类药物**

这类药物很受人们关注的是人体内的生理活性因子，如激素、免疫球蛋白和细胞生长因子。生物体内已知的活性多肽主要是从内分泌腺、组织器官、分泌细胞和体液中产生或获得的。有我们熟悉的人胰岛素（用于糖尿病的治疗）、人生长激素（用于儿童生长激素缺乏症的治疗）、组织血纤维蛋白酶（用于急性心肌梗死的治疗）、降钙素（降低血钙）等。

**3. 酶与辅酶类药物**

酶类药物分以下几种：①助消化酶类，如胃蛋白酶、胰酶、凝乳酶、纤维素酶等。②消炎酶类，如溶菌酶、胰蛋白酶、糜蛋白酶、菠萝蛋白酶等。③心血管疾病治疗酶，如弹性蛋白酶、肌肽释放酶、尿激酶、纤溶酶等。④抗肿瘤酶类，如谷氨酰胺酶、蛋氨酸酶、组氨酸酶等。⑤其他酶类，如超氧化物歧化酶（SOD）、DNA 酶、RNA 酶等。辅酶在酶促反应中起着传递氢、电子或基团的作用，对酶的催化反应起着关键决定性作用，如辅酶Ⅰ（NAD）、辅酶Ⅱ（NADP）、黄素单核苷酸（FMN）、黄素腺嘌呤二核苷酸（FAD）、细胞色素 C 等。

**4. 核酸及其降解物和衍生物**

这类药物有核酸（DNA、RNA）、多聚核苷酸、单核苷酸、核苷碱基等。

**5. 多糖类药物**

多糖类药物主要有肝素、硫酸软骨素 A、透明质酸等。这些药物在抗凝、降血脂、抗病毒、增强免疫和抗衰老方面具有较强作用。

**6. 脂类药物**

这类药物包括许多非水溶性的但能溶于有机溶剂的小分子生理活性物质，主要有脂肪和脂肪酸类、磷脂类、胆酸类、卟啉类等。

### 7. 细胞生长因子类药物

细胞因子是体内对动物细胞的生长有调节作用，并在靶细胞上具有特异受体的一类物质。已发现的均为多肽或蛋白质，如神经生长因子（NGF）、表皮生长因子（EGF）、红细胞生成素（EPO）等。

### 8. 生物制品类

从微生物、原虫、动物或人体材料直接制备或用现代生物技术、化学方法制成作为预防、治疗、诊断特定传染病或其他疾病的制剂，统称为生物制品。

## 第二节 基因工程制药

基因工程（gene engineering），又称重组 DNA 技术（DNA recombination），是指将一种或多种供体基因（外源基因）与载体在体外进行拼接重组，然后转入另一种生物体（受体）内，使之按照人们的意愿遗传并表达出新的性状。因此，供体基因（外源基因）、受体、载体称为基因工程的三大要素。

自 1973 年基因工程诞生以来，最先应用基因工程技术并且目前最为活跃的研究领域是医药科学。基因工程技术的飞速发展使人们能够生产出以往难以大量获得的生物活性物质，甚至可以创造出自然界中不存在的全新物质。所以，世界各国竞相投入大量的人力、财力和物力，促进基因工程药物的研究与开发。自 1982 年第一个基因工程药物胰岛素投入市场以来，到目前为止，约有近 50 多种基因工程药物投入市场。

基因工程制药是一项十分复杂的系统工程，可分为上游和下游两个阶段。上游阶段的工作主要在实验室内完成，包括目的基因的分离、DNA 重组体的构建、工程菌的构建；下游阶段是从工程菌的大规模培养一直到产品分离纯化、除菌过滤、半成品的检定、成品的检定、包装、质量控制等。

## 一、目的基因的获得

外源基因主要来源有以下两个方面：

① 从生物基因库（gene library）中分离和纯化。通常是将基因组 DNA 用限制性内切酶产生大小不同的基因片段，与基因载体连接并扩增后，贮存起来成为一个基因库。另一个更有用的是 c-DNA 库，c-DNA 是由真核生物的组织或细胞中提取 m-RNA，通过酶促反应逆转录成 c-DNA，并将双链 c-DNA 和载体连接，然后转化扩增，构建成 c-DNA 库，它含有能转录和转译的序列，更具有实用价值。对于一些原核生物，基因结构比较简单，遗传背景十分清楚的就可以运用遗传学技术直接分离目的基因，如大肠杆菌的乳糖发酵基因就是第一个从生物细胞分离得到的基因。对于一些复杂的真核基因组，多数基因往往是单拷贝存在的，获得这种基因往往采用鸟枪法（shotgun）。

② 化学法或酶法人工合成。如果知道目的基因的核苷酸排列顺序，或者知道目的蛋白质的氨基酸顺序，再按相应的密码子推导出 DNA 的序列后，那么该较小蛋白质或多肽的编码基因就可以用人工化学法合成。

## 二、DNA 重组体的构建

外源基因需要与某种工具重组，然后才能导入宿主细胞中进行克隆和保存或者表达外源 DNA 的遗传信息。这种将外源 DNA 携带进入宿主细胞的工具称为载体。载体通常应具有以下特点：①能在宿主细胞内独立复制；②有选择性标记，易于识别和筛选；③可插入一段较大的外源 DNA，而不影响其本身的复制；④有合适的限制酶切位点便于进行克隆。基因工程制药中常用的载体通常有四大类：质粒、λ噬菌体、M13 噬菌体和黏粒。外源 DNA 片段同载体分子的连接方法，即 DNA 分子体外重组的技术，主要是依赖于核酸限制性内切酶和 DNA 连接酶的作用。连接方法一般有以下三种：①黏性末端-限制性内切酶酶切法；②多聚 dA-dT 或 dG-dC 接尾法；③人工接头（人工黏性末端）。

## 三、工程菌的构建

宿主细胞的选择必须具备使外源 DNA 进行复制的能力，而且还应该能够表达由导入的重组体分子提供的某种表现特征，这样才有利于转化子细胞的选择与鉴定。用于基因表达的宿主细胞一般有两类：第一类为原核细胞，目前常用的有大肠杆菌、枯草芽孢杆菌、链霉菌等；第二类为真核细胞，如酵母、丝状真菌、哺乳动物细胞等。

将外源重组分子导入受体细胞的途径，有以下几种形式：①转化（transformation）指感受态的大肠杆菌细胞捕获和表达质粒载体 DNA 分子的生命过程。其关键因素是用氯化钙处理大肠杆菌细胞，以提高膜的通透性，从而使外源 DNA 分子能够容易进入细胞内部。②转导（transduction）指先将重组的λ噬菌体 DNA 或重组的柯斯载体 DNA 包装成具有感染能力的λ噬菌体颗粒，然后经由在受体细胞表面上的λ噬菌体颗接收器位点，使这些带有目的基因的基因序列的重组体 DNA 注入大肠杆菌寄主细胞。③显微注射，该法适用于高等动植物细胞作为受体的途径。④电穿孔主要适用于以高等动植物细胞作为受体的情况。

工程菌的培养方式有：①表面培养，该方法不但操作烦琐、劳动强度大，而且不适于细菌大量培养；②摇床培养；③发酵罐培养。

## 四、分离纯化与质量控制

基因工程药物的分离纯化一般包括以下几个步骤：①细胞破碎，细胞破碎的方法有机械方法（包括高压匀浆泵法、高压挤压法、超声波法、球磨机法）和非机械方法（主要包括酶解法、化学溶泡法、热处理法、反复冻融法、渗透压冲击法等）。②固液分离，固液分离的方法有离心、膜分离技术和双水相萃取技术等。③目的产物的分离纯化，分离纯化主要依赖于色谱分离方法（包括离子交换色谱、反相色谱、疏水色谱、亲和色谱、凝胶过滤色谱）。

保证基因工程药物的安全、有效是生产企业的首要责任。基因工程药物不同于一般药品，首先它是利用活细胞作为表达系统来制备产品，所获得的蛋白质产品分子量较大，并具有复杂的分子结构；再者，许多基因工程药物都可以参与人体机能的精细调节，在极微量的情况下就会产生显著的效应，任何性质或数量上的偏差，都可能延误病情甚至造成严重危害。因此，对基因工程药物产品进行严格的质量控制就显得十分必要。

基因工程药物质量控制主要包括以下几项要点：产品的鉴定、纯度、活性、安全性、稳定性和一致性。它需要综合生物化学、免疫学、微生物学、细胞生物学和分子生物学等多门学科的理论与技术，才能保证基因工程药物的安全有效。

# 第三节 细胞工程制药

近年来随着细胞生物学、分子生物学、生物化学和基因工程学等一系列学科和技术的发展，原先的细胞培养技术已发展成为一门崭新的学科——细胞工程学（cell engineering）。细胞工程是生物工程的重要组成部分，又称细胞融合技术，是指人为地使两种不同的生物细胞在同一培养器中，用无性的人工方法进行直接融合，产生能够同时表达两个亲本细胞有益性状的杂交细胞的技术。

目前，细胞工程所涉及的主要技术有：动物组织和细胞培养技术、细胞融合技术、细胞器移植和细胞重组技术、体外受精技术、染色体工程技术、DNA 重组技术等。细胞工程的应用也是多方面的。以植物细胞的全能性为基础的植物组织和细胞培养技术已获得多种能分泌和生产重要经济价值的药物和其他产品的细胞株。由杂交瘤细胞生产的单克隆抗体，被称为"生物导弹"，它将在征服人类生命的恶魔——癌症等方面发挥重大作用。例如全球首个靶向基因抗乳腺癌实体药物"赫赛汀"亮相上海，是癌症治疗史上的一个重大突破。"赫赛汀"是历史上第一种治疗实体肿瘤的人源化单克隆抗体药物，迄今已使 5 万余名晚期乳腺癌患者受益。下面将细胞工程分为植物细胞工程制药和动物细胞工程制药来分别论述。

## 一、植物细胞工程制药

人类从植物中得到药物已有很长的历史。随着植物细胞培养、植物基因工程等生物技术的发展，它被赋予了新的内容和广阔的发展前景。我国的中药材是一个具有数千年历史的医药宝库，至今仍在中国和许多国家及地区广为使用。传统药材中，80% 为野生资源，但由于盲目挖掘，不仅使野生资源日益减少，还严重破坏了自然界的生态平衡；人工种植又面临品质退化、农药污染和种子带病等问题。而且，人工种植的药材，活性成分的种类和数量往往因地区及气候不同而异，给品质控制带来许多困难。所以我们必须找到彻底改变这种局面的有效途径。生物技术的兴起为保存和发展我国传统中药材提供了技术支持。自从 1939 年用实验方法培养植物组织成功以来，经过几十年，目前植物细胞培养及其制药技术已发展为一门实验科学，在选材灭菌、接种培养、诱变筛选、固定转化、继代保存、分离测定和大量培养方面已经建立了一整套标准的操作程序。以下介绍一下植物细胞工程的主要步骤。

### 1. 植物材料的准备

用于植物组织培养的外植体，必须是无杂菌材料。如果不除菌，当在培养基中培养时，杂菌微生物就会大量繁殖，从而抑制培养物的生长。实验证明，多种化学试剂均能作为表面灭菌剂使用。最常用的是次氯酸钙、次氯酸钠和氯化汞。植物材料灭菌后，即可进行培养。接种的外植体的形状和大小要根据实验目的及具体情况而定。

### 2. 培养基

培养基是培养细胞生长和发育的营养来源和生存空间，因此选择合适的培养基是培养成功的关键因素。培养基的主要成分有：①水。为了避免水中不纯成分对植物细胞的毒害作用，配制培养基的水必须具有重蒸馏水以上纯度。②无机成分。培养基中大于 0.5mmol/L 浓度的成分称为大量成分，而小于该值的称为微量成分。大量成分包括 6 种主要元素，即

N、P、K、Ca、Mg和S，这些组分对植物细胞的生长是必需的。微量元素包括Fe、Mn、Zn、B、Cu和Mo等。③有机成分。包括碳源、氨基酸、维生素。④生长调节物质。有生长素（吲哚乙酸、萘乙酸等）、细胞激动素、赤霉素和脱落酸。⑤不确定成分混合物。酪蛋白水解物、椰子汁、玉米胚乳、麦芽浸出物、番茄汁、酵母浸出物等。⑥其他物质。包括琼脂、活性炭（为了除去培养细胞产生的影响生长的酚类化合物、氧化物和单宁）。此外，培养基还应具有适宜的pH值（一般灭菌前为5适宜）。

### 3. 培养方式及生物反应器（发酵罐）的设计

培养方式有很多种，可以根据培养的要求加以选择：

① 成批培养　这是一种封闭式的培养系统，培养部分操作时不与外界相通，它有固定的体积，当一种必需的营养成分耗尽时，细胞停止生长。该方法在长春花培养细胞生产蛇根碱中应用。

② 半连续培养　该培养方式是一种具有定时进出物料装置的开放型的成批培养系统。每隔一两天收获一部分培养物，然后加入新鲜培养基，通过调节收获的数量和次数来保持细胞数量的恒定。已有人用此培养方式培养烟草细胞，效果很好。

③ 连续培养　指以一定的速度向发酵罐内添加新鲜培养基，同时以相同的速度流出培养液，从而使发酵罐内的液量维持恒定，微生物在稳态下生长。

生物反应器要满足无菌环境，及各种pH、温度、溶解氧等条件。生物反应器一般分为搅拌式反应器、中空纤维反应器和气升式反应器。其中，搅拌式反应器和中空纤维反应器更适用于植物细胞的大量培养。

## 二、动物细胞工程制药

动物细胞工程主要是应用工程技术的手段大量培养动物细胞或动物本身，以期收获细胞或其代谢产物等。20世纪40年代Carrel和Earle分别建立了鸡胚心肌细胞和小鼠结缔组织L细胞系，令人信服地证明了动物细胞体外培养的无限繁殖力。1975年，Kohler和Milstein巧妙地创立了淋巴细胞杂交瘤技术，获得了珍贵的单克隆抗体，在免疫学领域取得了重大突破。1997年，英国Wilmut领导的小组用体细胞核克隆出了"多莉"绵羊，把动物细胞工程推上辉煌的顶峰。

动物细胞工程的关键技术如下。

### 1. 生产用动物细胞的要求

最早的生物制品法规定，只有从正常组织分离的原代细胞才能用来生产生物制品，如鸡胚细胞、兔肾细胞等，以后放宽至只要是二倍体细胞，即使经过多次传代也可用于生产。但非二倍体细胞是绝对禁止使用的。这种规定实际上极大地限制了细胞的来源和更大规模生产的可能性，因为二倍体细胞的寿命一般不会超过50代。这样限制的原因主要是人们担心异倍体细胞的核酸会影响到人的正常染色体，而有致癌的危险。但随着科学的发展，特别是分子生物学、基因工程的大量实践已经否定了这种假象。

### 2. 生产用动物细胞的获得

用于生产的细胞有三类：①原代细胞，直接取自动物组织、器官，经过粉碎、消化获得的细胞悬液；②细胞株，即从原代细胞经过传代、筛选、克隆，从多种细胞成分的组织中挑选并纯化出某种具有一定特征的细胞；③转化细胞系，这类细胞是通过某个转化过程形成的，它常常由于染色体的断裂变成了异倍体，从而失去了正常细胞的特点，而获得了无限增殖的能力。

### 3. 动物细胞培养基的种类和组成

培养基大致可以分为三类：①天然培养基；②合成培养基；③无血清培养基。无血清培养基的优点是提高了细胞的可重复性，避免了由于血清批次之间差异的影响；减少了由血清带来的病毒、真菌和支原体等微生物污染的危险；供应充足、稳定；细胞产品易于纯化；避免了血清中某些因素对有些细胞的毒性；减少了血清中蛋白对某些生物测定的干扰，便于实验结果的分析。但需要加入一些添加剂如激素和生长因子、结合蛋白、贴附和伸展因子。

### 4. 动物细胞培养的方法和操作方式

动物细胞大规模培养主要有悬浮培养（suspension culture）和贴壁培养（anchorage culture）两种方法。其中，悬浮培养是让细胞自由地悬浮于培养基内生长增殖，它适用于一切种类的非贴壁依赖性细胞，也适用于兼性贴壁细胞；而贴壁培养是必须让细胞贴附在某种基质上生长繁殖，它适用于一切贴壁依赖性细胞，也适用于兼性贴壁细胞。动物细胞培养的操作方式一般分为分批式（batch）操作、补料分批（fed-batch）操作、半连续式（semi-continuous）操作、连续式（continuous）操作和灌流式（perfusion）操作等方式。

## 第四节　发酵工程制药

发酵工程（fermentation engineering）又称微生物工程，它是一门将微生物学、生物化学和化学工程学的基本原理有机结合起来，利用微生物的生长和代谢活动来生产各种有用物质的工程技术。在医药产品中，发酵产品占有特别重要的地位，其产值占医药工业总产值的20%，通过发酵生产的抗生素品种就达200多个。此外，微生物发酵制药目前研究的重点和发展方向还包括应用DNA重组技术和细胞工程技术开发的工程菌或新型微生物来生产治疗或预防心血管疾病、糖尿病、肝炎、肿瘤的新型药物；利用工程菌开发生理活性多肽和蛋白质类药物，如干扰素、白介素、促红细胞生长素等；还利用工程菌研制新型疫苗，如乙肝疫苗、疟疾疫苗、艾滋病疫苗等。

### 一、发酵制药种类

根据微生物的代谢产物类型，可把发酵（fermentation）分为初级代谢产物发酵和次级代谢产物发酵，前者应用于生产氨基酸、核苷酸、维生素、有机酸等，而后者应用于生产抗生素等产品。从供氧的角度，可把发酵分为好氧发酵和厌氧发酵。

### 二、制药微生物的选择和选育

在制药中常用的微生物一般要求易培养、产物转化率和生成率高、产物容易分离提取、发酵液中无毒害成分、遗传性状比较稳定、生产工艺简单等。常见的细菌、放线菌、酵母菌和霉菌在微生物制药中都有应用。

药物高产菌株或分泌新型特效药物菌株的选育，包括自然选育和人工选育两种方法。自然选育方法一般用单菌落分离法，即把生产中应用的菌株制成单细胞悬浮液，接种于适当的培养基上，培养后，挑取在初筛平板上具有优良特征的菌进行复筛，根据实验结果再挑选

2~3株优良的菌进行生产性实验,最后选出目的菌种。诱变育种是指利用诱变剂处理分散而均匀的微生物群体,促进其基因发生突变的育种技术。

## 三、制药微生物发酵的基本特征

把以形成生物量为主的阶段称为微生物的生长阶段,而以药物为主的阶段称为生产阶段。根据菌体生长与产物生成的特征,可把发酵分为菌体生长期、产物合成期和菌体自溶期三个阶段。

(1) 菌体生长期　菌体生长期(cell growth phase)也称发酵前期,是指从接种至菌体达到一定临界浓度的时间,包括延滞期、对数生长期和减速期。菌体的主要代谢是进行碳源、氮源等分解代谢,培养基质不断被消耗,浓度减小;而菌体不断地生长和繁殖,浓度增加;溶氧量不断下降,培养基的pH值也在不断变化。

(2) 产物合成期　产物合成期(product synthesis phase)也称产物分泌期或发酵中期,主要进行代谢产物或目标产物的生物合成。产物量逐渐增加,生产速率加快,直至达到最高峰,随后合成能力衰退。

(3) 菌体自溶期　菌体自溶期(cell autolysis phase)也称发酵后期,菌体衰老,细胞开始自溶,氨基氮含量增加,pH值上升,产物合成能力衰退,生产速率减慢。

## 四、发酵过程主要影响因素

### 1. 温度

温度对微生物的影响是多方面的。首先,温度影响酶的活性。在最适温度范围内,随着温度的升高,菌体生长和代谢加快,发酵反应的速率加快。当超过最适温度范围以后,随着温度的升高,酶很快失活,菌体衰老,发酵周期缩短,产量降低。温度也能影响生物合成的途径。例如,金色链霉菌在30℃以下时,合成金霉素的能力较强,但当温度超过35℃时,则只合成四环素而不合成金霉素。此外,温度还会影响发酵液的物理性质,以及菌种对营养物质的分解吸收等。因此,要保证正常的发酵过程,就需维持最适温度。但菌体生长和产物合成所需的最适温度不一定相同。如灰色链霉菌的最适生长温度是37℃,但产生抗生素的最适温度是28℃。通常,必须通过实验来确定不同菌种各发酵阶段的最适温度,采取分段控制。

### 2. pH

pH能够影响酶的活性,以及细胞膜的带电荷状况。细胞膜的带电荷状况如果发生变化,膜的通透性也会改变,从而有可能影响微生物对营养物质的吸收及代谢产物的分泌。此外,pH还会影响培养基中营养物质的分解等。因此,应控制发酵液的pH。但不同菌种生长阶段和合成产物阶段的最适pH往往不同,需要分别加以控制。在发酵过程中,随着菌体对营养物质的利用和代谢产物的积累,发酵液的pH必然会发生变化。如当尿素被分解时,发酵液中的$NH_4^+$浓度就会上升,pH也随之上升。在工业生产上,常采用在发酵液中添加维持pH的缓冲系统,或通过中间补加氨水、尿素、碳酸铵或碳酸钙来控制pH。目前,国内已研制出检测发酵过程的pH电极,用于连续测定和记录pH变化,并由pH控制器调节酸、碱的加入量。

### 3. 溶解氧

氧的供应对需氧发酵来说是一个关键因素。从葡萄糖氧化的需氧量来看,1mol的葡萄糖彻底氧化分解,需6mol的氧;当糖用于合成代谢产物时,1mol葡萄糖约需1.9mol的氧。因此，好氧型微生物对氧的需要量是很大的，但在发酵过程中菌种只能利用发酵液中的溶解氧，然而氧很难溶于水。在 101.32kPa、25℃ 时，氧在水中的溶解度为 0.26mmol/L。在同样条件下，氧在发酵液中的溶解度仅为 0.20mmol/L，而且随着温度的升高，溶解度还会下降。因此，必须向发酵液中连续补充大量的氧，并要不断地进行搅拌，这样才可以提高氧在发酵液中的溶解度。

### 4. 泡沫

在发酵过程中，通气搅拌、微生物的代谢过程及培养基中某些成分的分解等，都有可能产生泡沫。发酵过程中产生一定数量的泡沫是正常现象，但过多的持久性泡沫对发酵是不利的。因为泡沫会占据发酵罐的容积，影响通气和搅拌的正常进行，甚至导致代谢异常，因而必须消除泡沫。常用的消泡沫措施有两类：一类是安装消泡沫挡板，通过强烈的机械振荡，促使泡沫破裂；另一类是使用消泡沫剂。

### 5. 营养物质的浓度

发酵液中各种营养物质的浓度，特别是碳氮比、无机盐和维生素的浓度，会直接影响菌体的生长和代谢产物的积累。如在谷氨酸发酵中，$NH_4^+$ 浓度的变化会影响代谢途径。因此，在发酵过程中，也应根据具体情况进行控制。

## 五、发酵终点的确定

不同类型的发酵，要求达到的目标不同，因而对发酵终点的判断标准有所不同。一般对原材料成本占整个生产成本主要部分的发酵品种，主要追求提高生产率、得率和发酵系数。如下游提取精制成本占主要部分，以及产品价格比较贵，除了要求高的产率和发酵系数外，还要求高的产物浓度。抗生素发酵中判断放罐的主要指标有抗生素单位、过滤速度、氨基酸、菌丝形态、pH、发酵液的外观及黏度等。

合理的放罐时间是由实验来确定的，就是根据不同的发酵时间所得到产物产量计算出的发酵罐的生产能力和产品成本，采用生产力高而成本低的时间作为放罐时间。具体可参照有关发酵工艺学书籍。

# 第五节　酶工程制药

酶工程（enzyme engineering）是现代生物技术的重要组成部分，是酶学与工程学相互渗透结合、发展而形成的一门新的技术科学；是通过人工操作获得人们所需的酶，并通过各种方法使酶发挥其催化功能的技术过程。

酶工程制药是生物制药的主要技术之一，主要包括药用酶的生产和酶法制药两方面的技术。

酶是生命活动的产物，又是生命活动必不可缺的条件之一，生物体内的各种生化反应都是在酶的催化作用下完成的，一旦酶的生物合成受到影响或酶的活性受到抑制，生物体内正常的新陈代谢将发生障碍而发生各种疾病，此时，若从体外补充所需的酶就可以使代谢障碍解除，起到治疗和预防疾病的效果，这种酶就是药用酶。例如：用于治疗白血病的天冬酰胺酶，用于防辐射损伤的超氧化物歧化酶等。

酶法制药是在一定的条件下利用酶的催化作用，将底物转化为药物的技术过程。例如：用青霉素酰化酶生产半合成抗生素。酶法制药技术主要包括酶的选择与催化反应条件的确定，固定化酶及其在制药方面的应用，酶的非水相催化及其在制药方面的应用等。

# 一、酶的概述

## 1. 酶的分类

酶（enzyme）是由生物体活细胞产生的具有特殊催化功能的一类蛋白质，也被称为生物催化剂。1961年国际生物化学联合会酶学委员会按酶所催化的反应类型将酶分成6大类：①氧化还原酶；②转移酶；③水解酶；④裂合酶；⑤异构酶；⑥合成酶（或连接酶）。

## 2. 酶的催化特性及催化反应的主要影响因素

酶是生物催化剂，具有催化剂的共同性质，可以加快化学反应的速率，但不改变反应的平衡点，在反应前后本身的结构和性质不改变。与非酶催化剂相比，酶具有专一性强、催化效率高和作用条件温和等显著特点。

（1）酶催化作用的专一性强　酶的专一性是指一种酶只能催化一种或一类结构相似的底物进行某种类型的反应。专一性是酶最重要的特性，是酶与其他非酶催化剂最明显的不同之处，也是酶在医药及其他领域广泛应用的基础。

（2）催化作用的效率高　每个酶分子每分钟可以催化1000个左右的底物分子转化为产物，酶催化反应的速率比非酶催化反应的速率高 $10^7 \sim 10^{13}$ 倍。酶催化反应的效率之所以这么高是由于酶催化反应所需的活化能比非酶催化反应所需的活化能低得多。

（3）催化作用的条件温和　由于酶催化作用所需的活化能较低，而且酶是具有催化功能的生物大分子，在高温、高压、极端pH值等条件下，会引起酶的变性失活，所以酶催化作用一般都在常温、常压、pH近乎中性的条件下进行。通过酶的催化作用进行药物等各种化合物的生产，有利于节省能源、减少设备投资、优化工作环境和改善劳动条件。

酶的催化受到诸多因素的影响，其中主要影响因素有底物浓度、酶浓度、温度、pH、激活剂浓度、抑制剂浓度等。

# 二、药用酶的生产技术

药用酶是指具有治疗和预防疾病功效的酶。药用酶的生产是指经过预先设计，通过人工操作而获得所需的药用酶的技术过程。药用酶的生产方法有提取分离法、生物合成法和化学合成法三种。

## 1. 提取分离法

提取分离法是采用各种生化分离技术从动物、植物的组织、器官、细胞或微生物细胞中将酶提取出来，再与杂质分离而获得所需要酶的技术过程。该方法设备比较简单，操作比较方便，是最早采用而且沿用至今的方法。

## 2. 生物合成法

生物合成法是利用微生物（发酵法）、植物或动物细胞的生命活动获得人们所需酶的技术过程。生物合成法具有生产周期短，酶的产率高，不受生物资源、地理环境和气候条件影响等显著特点。但是对生产设备和工艺条件的要求较高，在生产过程中必须进行严格的控制。

### 3. 化学合成法

化学合成法是 20 世纪 60 年代中期出现的新技术。酶的合成要求单体达到很高的纯度，使得合成成本比较高，而且只能合成那些已经搞清楚化学结构的酶，所以化学合成法难以工业化。

## 三、药物的酶法生产

进行药物的酶法生产，首先要确定所需生产的药物的特点，选择好所使用的酶和原料（酶作用的底物），确定酶的应用形式和反应体系，确定并控制好催化反应的条件等。并根据需要采用固定化酶或酶的非水相催化等技术，使药物的生产高效低能耗，进一步提高质量、降低成本。

### 1. 酶的选择与反应条件的确定和控制

（1）酶的选择　酶法制药是在酶的作用下将原料转化为药物的过程，生产过程中应根据欲生产的药物的结构特点、底物的特点、副产物的特点选择使用的酶，并且根据生产要求确定酶的使用形式。

（2）酶催化体系和反应条件确定　酶催化反应体系主要有水溶液反应体系、有机介质反应体系、气相介质反应体系、超有机溶剂介质反应体系、超临界流体介质反应体系、离子液介质反应体系等。在酶法制药过程中，首先要根据底物或者产物的溶解性质和生产的要求选择反应体系。

酶催化反应的各种条件必须根据酶的反应动力学性质确定，主要包括底物浓度、酶浓度、温度、pH、激活剂的温度等。

### 2. 固定化酶及酶的非水相催化技术

（1）固定化酶　固定化酶是指固定在载体上并在一定的空间范围内进行催化反应的酶。固定化酶既保持了酶的催化特性，又克服了游离酶的不足之处。酶经过固定化后稳定性增加，减少温度、pH、溶剂和其他外界因素对酶的活力的影响，可以较长时间地保持高的酶活力；固定化酶可以反复使用或可以连续使用较长时间，提高了酶的利用率，降低成本；固定化酶易于和反应产物分开，有利于产物的分离纯化。因此，固定化酶在药物生产中广泛应用。

（2）酶的非水相催化　酶在非水介质中进行的催化作用称为酶的非水相催化。近 20 多年来，酶在非水介质，特别是有机介质中的催化反应受到重视，发展很迅速。在理论上进行了非水介质中酶的结构与功能、酶的作用机制和酶促动力学等方面的研究，初步建立了非水相酶学（non-aqueous enzymology）的理论体系，并进行了非水介质中特别是有机介质中酶催化作用的应用研究。

### 3. 酶在制药方面的应用

酶在制药方面的应用是利用酶的催化作用将前体药物转变为药物。如用青霉素酰化酶制造半合成抗生素、用天冬氨酸酶生产 L-天冬氨酸等。

## 第六节　蛋白质工程制药

蛋白质工程（protein engineering）也被称为第二代基因工程，是指在基因工程的基础上，结合蛋白质结晶学、计算机辅助设计和蛋白质化学等多学科的基础知识，通过对基因的人工定向改造等手段，达到对蛋白质进行修饰改造拼接以产生能满足人类需要的新型蛋白质的技术。

蛋白质工程药物，顾名思义是指将蛋白质工程的技术方法应用于医药领域得到的医药产品。简单地说，是以已知蛋白质分子的结构及结构与生物功能关系的详细信息为基础，通过设计、构建，对现有蛋白质加以定向改造，或从头设计全新的蛋白质分子，并最终生产出符合人们的设计，可应用于临床的新型多肽药物。所以蛋白质工程药物不同于自然界中的多肽分子，是通过蛋白质工程技术，针对重组天然蛋白质药物存在的缺点，进行新的设计和改造，使其具备更好或新的药理特性，提高药效和减少毒副作用，是新一代基因工程重组药物，在目前生物技术药物中所占比例日益增长，将成为未来的生物制药业发展的重要方向之一。

## 一、蛋白质的结构

1952年丹麦生物化学家Linderstrom-Lang首次提出蛋白质三级结构的概念。其中，一级结构指多肽链中氨基酸的一定的顺序，靠共价键维持多肽链的连接，而不涉及其空间排列；二级结构指多肽链骨架的局部空间结构，不考虑侧链的构象及整个肽链的空间排列；三级结构指整个肽链的折叠情况，包括侧链的排列，也就是蛋白质分子的空间结构或三维结构。1958年英国晶体学家Bernal提出四级结构概念，指蛋白质亚基的排列。

## 二、蛋白质结构与功能的关系

一般来说，蛋白质结构与功能的关系包含两个方面的问题。

（1）蛋白质必须具备特定的功能，在蛋白质肽链中有一些基团对特定功能而言是必需基团，另一些是非必需基团。

（2）在体内，蛋白质分子是如何利用它的特定结构执行特定生物功能的？尽管这个问题所涉及的问题比较广，情况比较复杂，但近几十年来，随着生物化学与分子生物学技术的快速发展，许多蛋白质结构与功能关系的奥妙正在逐步被揭示。例如，蛋白质与神经信号传导关系就是一个很活跃的研究领域。

## 三、蛋白质工程药物研究的基本程序

蛋白质工程药物的设计研究过程见图4-1，首先通过生物信息学进行所研究对象的结构和功能信息的收集分析，然后对其功能相关的结构进行研究和预测并完成分子设计，再通过基因工程改造得到设计产物，并进行相关试验进行验证，根据验证结果进一步修正原初设计，并且往往要经过几次这样的循环才能获得成功。一般可概括为以下五个阶段：

（1）收集待研究蛋白质一级结构、立体结构、功能结构及与相关蛋白质同源性等相关数据，为蛋白质分子设计提供依据和蓝本。

（2）详细分析研究对象蛋白质的结构模型，掌握其立体结构中影响生物活性、稳定性的关键部位。

（3）进行蛋白质分子设计，一般为三类：

① 小范围改造，就是对已知结构的蛋白质进行少数几个残基的替换、部分片段的缺失，来改善蛋白质的性质和功能。

② 较大程度的改造，可以根据需求对来源于不同蛋白质的结构进行拼接组装，或在蛋

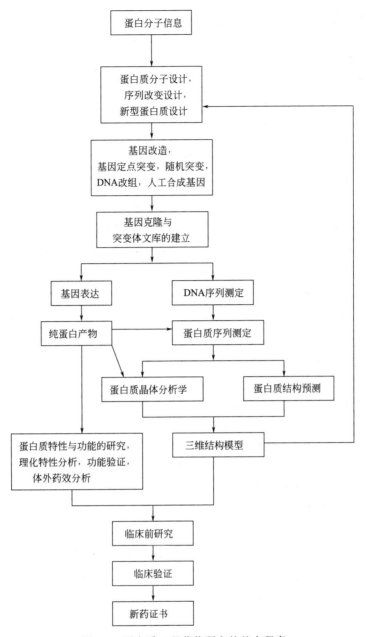

图 4-1 蛋白质工程药物研究的基本程序

白质分子中进行大范围肽链替换、结构域替换，获得集成相应功能的候选分子。

③ 蛋白质从头设计，即从蛋白质分子一级结构出发，设计制造自然界中不存在的全新蛋白质，使之具有特定的空间结构和预期的生物功能。

（4）完成了前期的信息收集整理和分子设计等理论工作后就要回到实验室研究中，利用各种突变技术和基因工程操作技术，根据设计对原始核苷酸序列进行改造，并完成克隆表达，得到可以进一步进行活性研究的产物。

（5）通过实验手段验证设计的分子是否符合要求，并对设计的分子进行结构与功能的评价，收集相关结构信息反馈分子设计中，对设计进行修正。

## 四、蛋白质工程在新药研究中的应用

### 1. 提高药效活性

基因工程重组蛋白药物应用于人体时，可以通过与靶蛋白相互作用触发一系列的细胞内信号传导而发挥效应，或干扰受体-配体相互作用而中和异常表达内源分子。这就需要重组蛋白药物对于靶分子的高亲和力和特异性，而天然蛋白质分子往往无法达到临床应用的要求，于是人们借助于蛋白质工程技术来改造天然的蛋白质先导药物，提高所需的亲和力特异性，达到提高药效、降低用量和副作用的目的。

### 2. 提高靶向性

具有生物疗效的蛋白质分子往往对于多种组织和细胞都有广泛的效应，这种低特异性往往造成临床使用中需要量大，毒副反应严重，疗效差而限制临床的使用。提高效应蛋白的靶向性，使之作用于特定的组织或细胞，可以克服以上缺陷。这类药物主要是针对临床难以治愈肿瘤的治疗。

### 3. 提高稳定性、改善药代动力学特性

重组蛋白药物的有效形式在体内存留时间的长短，极大地影响到使用剂量和疗效。防止蛋白质在体内被迅速降解、延长半衰期，也是蛋白质工程药物要解决的问题之一。

### 4. 提高工业生产效率

一个成功的药品除了具有优良的疗效外还应易于生产获得、成本低廉才能真正地推广应用，造福广大患者。很多蛋白质药物在生产中遇到表达量低、无法糖基化、成本高、纯化复杂等缺点。随着对蛋白质翻译加工、新生肽链折叠以及蛋白质结构在这些过程中的作用等问题的深入研究，人们开始利用蛋白质工程的技术手段，通过改造蛋白质的结构来优化药用蛋白的生产工艺，在不影响功能甚至提高活性的情况下改造天然蛋白质结构，使之易于生产纯化，降低成本而具有临床推广的可行性。

### 5. 降低蛋白质药物引起的免疫反应

生物技术重组蛋白药物存在种的特异性，异种蛋白应用于人体将产生免疫反应，严重时可以致命，所以要求应用于人体的蛋白类药物都是人源的，或者是经蛋白质工程改造而"人源化"的重组蛋白。单克隆抗体药物在初期阶段绝大多数是鼠源的，鼠源的单抗分子在人体内会引起免疫反应而达不到预期的效果甚至产生严重的副反应。为解决这个问题，抗体的人源化成为蛋白质工程研究中的一个重要课题。

### 6. 获得具有新功能的蛋白质分子

机体内某些调控蛋白或高或低地不正常表达是某些疾病的产生原因，通过引入外源拮抗剂抑制高表达的因子，或补充外源类似物补足低表达的分子，是治疗这类疾病的重要手段。通过蛋白质工程技术可以根据已有的信息设计构建与功能筛选，得到这样的类似分子、拮抗分子。目前十分有效的治疗风湿性关节炎的药物 Enbrel（etanercept）就是通过蛋白质工程的方法构建的改良型可溶性 TNF 受体，此分子由 TNF 受体胞外区以二聚体的形式融合于抗体 IgG1 的 Fc 段构成，它对 TNF 的亲和力和在血浆中存在的稳定性比单独的 TNF 受体胞外区有了很大的提高。

### 7. 模拟原型蛋白质分子结构开发小分子模拟肽类药物

血小板生成素（TPO）是作用在巨噬细胞前体至产生血小板的发育阶段上的一种细胞

因子，它可以增加骨髓和脾脏中的巨噬细胞数量以及外周血中血小板含量，可以用于临床放疗、化疗引起的血小板减少症。有人应用 TPO 受体（TPOR）为靶蛋白对噬菌体肽库进行筛选，经过 3~4 轮的筛选，获得 30 个特异地与 TPOR 结合的片段，它们的长度仅为 TPO 的 1/10，但是具有与 TPO 同样的与受体结合并激发受体的能力。其中筛选到的一个高亲和力 14 肽对人的巨噬细胞在体外具有刺激增殖和成熟的作用，对正常小鼠给药时可促进其血小板的数量增加，较对照组高 80%，可望成为有效的血小板促生剂。

蛋白质工程药物最大的优势在于它是创造性而非发现性的产品，它是人们充分发挥了聪明才智对天然药物进行改造的产物，其起效更快、活性更高、毒副作用更小、生产工艺更简便。无论是按传统的路线及蛋白质功能→基因序列→重组表达→药效研究→重组多肽蛋白质药物，还是按照基因序列→重组蛋白→功能药效研究→药物的路线开发的基因组药物，这些源于天然的蛋白质药物都有可能存在不尽完美之处，而人们通过蛋白质工程方法对这些天然药物的改造，将尽可能地得到"最优的"蛋白质工程药物。人类的创造力有无限发展的空间，科技的进步永无止境，未来的蛋白质工程药物将具有无法估量的应用前景。

# 第七节 生物制药方向的课程体系

制药工程专业生物制药方向以培养具备生物制药工程方面的知识，能在医药、生物化工和精细化工等部门从事医药品的生产、科技开发、应用研究和经营管理等方面的技术人才。该专业方向在大学一、二年级主要学习英语、数学、基础化学、机械制图和仪表自动化等课程，大学三、四年级主要学习化工原理、生物化学、微生物与免疫学、药物化学、药理学、药剂学、生物制药工艺学、生化分离工程和制药专业设备等方面的基本理论和基本知识，受到制药工程实验技能、工程设计、计算机应用、科学研究与方法的基本训练，具有对生物医药品的生产、工程设计、天然资源开发利用、生物药品分析检验、新药研制与开发的基本技能。本方向的主干课程为化工原理、生物化学、药物化学、药剂学、药理学、药事管理法规与 GMP、生物制药工艺学和生化分离工程。主干课程分别简介如下。

## 一、生物制药工艺学

制药工艺学是研究药的工业生产过程的共性规律及其应用的一门学科，包括制备原理、工艺路线和质量控制。而生物制药工艺学（biopharmaceutical process）是以生物体和生物反应过程为基础，依赖于生物机体或细胞的生长繁殖及其代谢过程，在反应器内进行生物反应合成过程，进而生产制造出商品化药物。细胞生长和药物生产与培养条件之间的相互关系是过程优化的理论基础。生物制药工艺包括上游过程和下游过程。上游过程是以生物材料为核心，目的在于获得药物，包括药物研发（涵盖菌种或细胞的选育）、培养基的特性与制备、无菌化操作、微生物发酵活细胞培养工艺的检测与监控等，基因工程技术、发酵工程、细胞培养工程等是核心技术。下游过程是以目标药物后处理为核心，包括提取、分离、纯化工艺，产品的检测及质量保证等。

## 二、生化分离工程

生化分离工程（biochemical separation engineering）是指从发酵液、酶反应液或动物细胞培养液中分离、纯化生物产品的过程。它是生物技术转化为生产力所不可缺少的重要环节，其技术进步程度对于保持和提高各国在生物技术领域内的经济竞争力是至关重要的。为突出其在生物技术领域中的地位和作用，常称它为生物技术下游加工过程（downstream processing）。

## 三、生物化学

生物化学（biochemistry）是制药工程、生物工程和环境生物工程专业的重要专业基础课。通过本课程的教学，要使学生系统地掌握蛋白质、核酸、酶、维生素和辅酶的结构、性质和生物学功能；糖、脂类、蛋白质和核酸在体内的代谢过程；生物氧化和体内产生 $H_2O$、$CO_2$、ATP 的过程；遗传信息的储存、传递和调控。

## 四、药理学

药理学（pharmacology）是研究药物与机体（包括病原体）相互作用及规律的科学。主要研究两个方面的内容：一方面研究药物对机体的影响，包括药物的作用机制及对机体组织器官的影响；另一方面研究机体对药物的处置过程，机体如何对药物进行处理，即药物的体内过程。前者称为药物效应动力学（pharmacodynamics），简称药效学；后者称为药物代谢动力学（pharmacokinetics），简称药动学。药理学综合阐述药物的作用机制、药理作用、临床应用、不良反应、药物间相互作用等，为指导临床合理用药提供理论依据，是联系基础医学与临床医学的桥梁科学。药理学的学科任务是要为鉴别药物的活性、阐明药物作用机制、开发新药、发现药物新用途、解释药物间的相互影响，并为探索细胞生理生化及病理过程提供实验资料。学习药理学的主要目的是要理解药物有什么作用、作用机制及如何充分发挥其临床疗效，要理论联系实际了解药物在发挥疗效过程中的因果关系。

## 五、生物医药工程伦理

生物医药工程伦理是自然科学和人文科学相互交叉的学科，通过工程伦理教育和训练，培养学生从伦理道德的视角来审视整体工程活动的自觉意识和行为能力，为将来的工程项目培养能够遵循工程伦理规范、具有伦理决策能力的合格工程类人才。生物医药工程伦理课程内容主要有三部分：生物医药工程行业的职业准则、伦理学基本原则以及典型案例分析和行为规范。生物医药工程伦理的教学目的是让学生树立工程伦理意识；掌握生物医药工程伦理问题的分析方法和技能；熟悉生物医药工程伦理准则的含义，学会把这些伦理准则应用于分析、解答生物医药工程伦理问题。

### 思考题

1. 什么是生物药物？分为哪些类别？
2. 什么是基因工程菌？工程菌构建的基本过程有哪些？
3. 动物细胞培养的方法有哪些？
4. 微生物发酵过程的影响因素有哪些？如何控制？
5. 酶工程制药包含哪些内容？药用酶的生产方法有哪几种？各有何特点？
6. 什么是蛋白质工程药物？研究的基本程序有哪些？
7. 生化药物的特性有哪些？生化制药包含哪些技术内容？

8. 生物制药工艺学及生化分离工程学习的基本内容有哪些?

# 参考文献

[1] 郭勇.生物制药技术[M].北京:中国轻工业出版社,2000.
[2] 李津明.现代制药技术[M].北京:中国医药科技出版社,2005.
[3] 元英进.制药工艺学[M].2版.北京:化学工业出版社,2017.
[4] 吴梧桐.生物制药工艺学[M].北京:中国医药科技出版社,1993.
[5] 李良铸,李明晔.最新生化药物制备技术[M].北京:中国医药科技出版社,2002.
[6] 李淑芬,姜忠义.高等制药分离工程[M].北京:化学工业出版社,2004.
[7] 马清钧.生物技术药物[M].北京:化学工业出版社,2002.
[8] 宋航.制药工程技术概论[M].3版.北京:化学工业出版社,2019.
[9] 宋思扬,楼士林.生物技术概论[M].北京:科学出版社,2003.
[10] 王旻.生物制药技术[M].北京:化学工业出版社,2003.
[11] 熊宗贵.生物技术制药[M].北京:高等教育出版社,2002.
[12] 严希康.生化分离工程[M].北京:化学工业出版社,2003.

# 第五章 药物制剂

【本章学习目标】
1. 初步熟悉药物制剂基本概念。
2. 了解药物制剂设计基础与评价。
3. 了解药物制剂的剂型分类及基本生产工艺。
4. 了解药物制剂新技术和新剂型。

## 第一节 概 述

### 一、基本概念

将各种药物的液体、粉末或结晶（原料药）应用于临床时，必须加工成患者安全方便使用的给药形式（如片剂、颗粒剂、丸剂、胶囊剂、软膏剂、喷雾剂、栓剂等）。这些为了适应治疗或预防的需要而制备的药物应用形式，称为药物剂型，简称剂型（dosage form）。根据药典或国家批准的标准，为适应治疗或者预防的需要而制备的药物应用形式的具体品种，称为药物制剂，简称制剂（preparations）。药剂学（pharmaceutics）是研究药物制剂的基本理论、处方设计、制备工艺、质量控制和合理应用的综合性技术科学。

同一种药物可制成多种剂型，采用不同的途径给药。如对乙酰氨基酚可制成咀嚼片、胶囊、泡腾片供口服给药，还可制成栓剂、注射液、滴剂、凝胶等剂型分别用于腔道给药、注射给药、口服给药、外用给药等途径。同一剂型可包含多种不同的药物，如胶囊中有阿莫西林胶囊、尼莫地平软胶囊、阿奇霉素肠溶胶囊、布洛芬缓释胶囊。同一药物由于剂型不同、采用的给药途径不同，所引起的药物效应也会不同。通常注射药物到达作用部位的时间快、起效快、作用显著。口服制剂经胃肠道吸收再进入血液循环，起效慢，其中的溶液剂较片剂、胶囊通常容易吸收。缓控释制剂作用更为持久和温和。

### 二、剂型的分类及重要性

目前，国内外药典中收载的常用剂型有几十种，一般分类方法如下。

（1）按形态分类，系按物质形态分类的方法，分为液体剂型（如注射剂、溶液剂、合剂、洗剂等）、气体剂型（如气雾剂、喷雾剂等）、固体剂型（如胶囊、片剂、颗粒剂、丸剂等）、半固体剂型（如软膏剂、栓剂、糊剂等）。

（2）按给药途径分类，主要分为经胃肠道给药和非胃肠道给药两种剂型。经胃肠道给药剂型是指经口服进入胃肠道吸收而发挥药效的剂型，常用的有口服片剂、胶囊剂、颗粒剂、散剂、口服液等。非胃肠道给药剂型包括口腔内给药剂型（如口含片、舌下片、口腔喷雾剂）、注射给药剂型（注射剂、输液）、呼吸道给药剂型（气雾剂、吸入粉雾剂、喷雾剂等）、皮肤给药剂型（软膏剂、洗剂、搽剂、巴布剂、喷雾剂）、眼部给药剂型（滴眼剂、眼膏剂、眼膜剂）、鼻黏膜给药剂型（滴鼻剂、鼻用软膏剂、鼻用散剂等）、直肠给药剂型（直肠栓、灌肠剂等）、阴道给药剂型（阴道栓、阴道片、阴道泡腾片等）、耳部给药剂型（滴耳剂、耳用丸剂等）。

（3）按分散系统分类，系利用物理化学的原理来阐明各类制剂特征的分类方法，可分为溶液型（如芳香水剂、溶液剂、糖浆剂、甘油剂、醑剂、注射剂等）、胶体溶液型（如胶浆剂、火棉胶剂、涂膜剂等）、乳剂型（如口服乳剂、静脉注射乳剂等）、混悬型（如合剂、洗剂、混悬剂等）、气体分散型（如气雾剂、粉雾剂）、微粒分散型（如微球制剂、微囊制剂、纳米囊制剂等）、固体分散型（如片剂、散剂、颗粒剂、胶囊剂、丸剂等）。

（4）按制法分类，系根据特殊的原料来源和制备过程进行分类的方法，无法涵盖全部剂型，故不常用。例如，浸出制剂采用浸出方法制备，一般是指中药剂型，如浸膏剂、流浸膏剂、酊剂等；无菌制剂是用灭菌方法或无菌技术制成的剂型，如注射剂、眼用凝胶等。

一般而言，药物对疗效起主要作用，而剂型对疗效起主导作用，如某些药物的不同剂型可能分别是无效、低效、高效或引起毒副作用。剂型的重要性主要体现在以下几个方面。

（1）改变药物作用性质。同一药物制成不同剂型，作用和用途可能完全不同。固体剂型通常比液体剂型的稳定性好，包衣片剂的稳定性高于普通片剂，冻干粉针剂的稳定性优于常规注射剂。硫酸镁制成溶液剂口服给药后起泻下作用，制成注射液具有镇静、镇痉作用。胰岛素注射剂半衰期短、需频繁用药；胰岛素锌晶粒，粒径小于 $2\mu m$ 时作用时间为 $12\sim 14h$，粒径大于 $10\mu m$ 时作用时间为 $30h$。急救用剂型有注射剂、气雾剂，而普通口服制剂如片剂、胶囊剂作用缓慢，缓控释制剂能减少服用次数，适合长期用药。

（2）降低或消除原药的毒副作用。氨茶碱治疗哮喘病有很好的疗效，但治疗窗较窄（有效治疗浓度范围为 $10\sim 20mg/L$），当体内血药浓度高于 $20mg/L$ 时易产生心跳加快等毒副作用。氨茶碱若制成栓剂则可消除毒副作用，若制成缓释、控释制剂能保持平稳的血药浓度，避免血药浓度的峰谷现象，从而降低药物的毒副作用。

（3）发挥定时、定量、定位的作用，提高疗效。比如脂质体、纳米粒、微球等可使药物浓集于肝、脾等器官，起到被动靶向作用。抗肿瘤药物制成靶向制剂，可极大增加肿瘤部位作用效果，减少对其他组织器官的毒副作用。

（4）改善患者的用药依从性。对于阿尔茨海默病患者或者日常服药不方便的患者，缓控释制剂降低了服用次数，大大改善了患者依从性。儿童、老年及吞咽困难的患者难吞服普通的口服片剂，改变成分散片、贴剂或口腔速溶膜剂，可以提高患者的依从性。

## 三、药物制剂的任务与发展

### 1. 药物制剂的主要任务

（1）药剂学基本理论的研究　药剂学基本理论的发展是药剂学发展的基石，可整体提高制剂水平。例如，分子药剂学、计算药剂学、物理药剂学的出现是基本理论发展的体现，对于制剂质量优化和个性化给药设计具有重要意义，粉体学理论对于片剂的生产和质量控制有重要的指导意义，难溶性药物体内吸收机制、物理学新方法和理论的研究与应用大大促进靶向制剂和经皮给药等新型给药系统的不断发展。目前，药剂学基础理论研究还不够完善，仍是药剂学的重要任务之一。

(2) 新剂型和制剂新技术的研发　新剂型的开发可满足高效、速效、低毒、控制药物释放和发挥靶向作用等多方面需求。如抗肿瘤药物虽然对肿瘤细胞的杀伤力很强，但毒性也大，若开发成靶向制剂，可增加对肿瘤细胞靶向作用，降低对正常组织细胞的毒性，从而达到增效减毒的双重作用。制剂新技术包括 3D 打印、口腔速溶技术、纳米技术、微囊化技术、固体分散技术、包合技术等，其中微囊化技术、固体分散技术、包合技术等可改善难溶性药物溶解性和吸收性能，使制剂的质量显著提高，制剂的品种和数量也不断增加。

(3) 新辅料的研发　经皮给药、靶向制剂、缓控释制剂等新型给药系统的发展，对辅料种类和性能的要求越来越高，现有药用辅料无法满足制剂工业发展的需要。药用辅料工业相对比较落后，极大限制了高端制剂的发展。因此，研究与开发新辅料对提高制剂整体水平、开发新剂型具有重要意义。

(4) 制剂生产技术、新机械和新设备的研发　药物制剂的生产取决于适当的制剂机械和设备，创新制剂新机械和设备对于提高制剂生产效率、保证制剂质量、满足个性化定制的要求具有重要意义。例如，高速激光打孔设备的研制成功，使我国的渗透泵式控释片剂实现了工业化生产，缩小了我国缓控释制剂技术与国际先进水平的差距。

(5) 中药新剂型和新技术的研发　在传统中医药理论的指导下，结合现代化药物制剂新技术和新辅料，中药的剂型和品种得到极大的丰富，如中药注射剂、中药栓剂、中药片剂、中药胶囊剂、中药颗粒剂、中药滴丸剂、中药气雾剂等。如何将传统中医药理论与中药新剂型结合，进一步通过剂型改进开发药效确切、服用方便的中药新剂型，是我国未来中药药剂学研究面临的一项长期而艰巨的重要任务。现有中药新剂型有缓控释制剂、速释制剂、中药经皮给药剂型、靶向制剂等，中药新技术包括环糊精包合物技术、固体分散技术、乳化技术等。

(6) 生物技术药物制剂的研发　蛋白质、抗体、核酸、多糖等生物技术药物制剂为疑难病症的治疗提供了新的途径。生物技术药物绝大多数是生物大分子性内源物质，分子量大，药理活性强，剂量小，副作用少，很少产生过敏反应。但生物技术药物普遍存在稳定性很差，体内半衰期短，体内环境下容易失活，也不容易制成口服给药。将生物技术药物制成安全稳定的制剂和使用方便的新剂型应用于临床，具有很大的挑战。

## 2. 药物制剂的发展

约公元前 1552 年，古埃及与古巴比伦王国（今伊拉克地区）的《伊伯氏纸草本》最早记载了一些药物的处方工艺和散剂、硬膏剂、丸剂、软膏剂等剂型。欧洲药剂学起始于公元 1 世纪前后，药剂学鼻祖格林（Galen，公元 131～201 年，罗马籍希腊人）在"格林制剂"中记述了散剂、丸剂、浸膏剂、溶液剂、酒剂、酊剂等剂型，其中多种剂型至今还在使用。欧洲较早的药典有 1498 年由佛罗伦萨学院出版的《佛罗伦萨处方集》和 1546 年由瓦莱利乌斯医生编著的《药方书》。随着科学技术的发展，学科的分工越来越细，新辅料、新工艺和新设备不断出现，以剂型和制备为中心的药剂学成了一门独立学科。19 世纪法国医师 Pravas 首次发明注射器后，人们发现注射给药具有速效、高效的优点。1886 年 Limousin 发明了安瓿，使注射剂得到了迅速发展。1843 年 William Brockedon 首次发明压片机，开始了机械压片的历史。1847 年 Murdock 发明了硬胶囊剂。20 世纪 50 年代，物理化学理论开始应用于药剂学，建立了药物稳定性、溶解理论、流变学、粉体学等剂型形成与制备理论，进一步促进了药剂学的发展。1847 年，德国药师莫尔（Mohr）出版了第一本药物制剂教科书《制剂工艺学》。20 世纪 60～80 年代，体内研究表明药物在体内经历吸收、分布、代谢和排泄过程，药物剂型在一定条件下对药效具有决定性影响，进而推动生物药剂学与药代动力学的发展，为新剂型的开发提供了理论依据。20 世纪 80 年代，临床药剂学使药物制剂向临床质量评定方向前进。20 世纪 80 年代，药物剂型和制剂研究进入给药系统设计。

我国医药遗产极为丰富，中医药的发展历史悠久。古代以草药为主，制备方法多为手工操作，传统剂型有汤、丸、散、膏、丹、酒等。夏商周时期的《五千二病方》《甲乙经》《山海经》中已有汤剂、丸剂、散剂、膏剂及药酒等剂型的记载。东汉张仲景（公元 142～219 年）的《伤寒论》和《金匮要略》中记载有栓剂、洗剂、软膏剂、糖浆剂等 10 余种剂型，并记载了可以用动物胶、炼制的蜂蜜和淀粉糊为黏合剂制成丸剂。中国最早的药典是公元 659 年唐代李赫、苏敬等人编纂的《新修本草》。我国最早官方颁布的成方制剂规范为《太平惠民和剂局方》，收录了处方 788 种，比英国最早的药典早 500 多年。明代著名药学家李时珍（1518～1593 年）的《本草纲目》收载药物 1892 种、剂型 61 种、复方 11096 则。19 世纪后，受国外医药技术影响，国外药剂学理论、技术、设备的引入促进了我国药剂学的发展，丰富了我国医药产品。20 世纪 80 年代后，国内制剂有了飞速发展。近年来，在学习、继承和发扬医药遗产的同时，学习西方药剂学理论和方法，紧跟国际的发展前沿，结合我国药学的实际，在药用辅料、生产技术及设备、新剂型等方面进行了研发，逐渐缩小了与国际水平的差距。激光打孔设备、缓控释新制剂、透皮给药新产品上市，脂质体、微球、纳米粒等靶向、定位给药系统的研究也取得很大进展，多肽类、蛋白质等生物新型给药系统的研究正在深入发展。

药剂学的发展使新剂型在临床应用中向着高效、速效、延长作用时间和减少毒副作用的方向发展，并且使生产制备过程更加顺利、方便。现代药物制剂的发展可分为四个时代，基本反映了制剂发展的阶段性和层次特点。

第一代：传统的片剂、胶囊、注射剂等，约在 1960 年前建立。

第二代：缓释制剂、肠溶制剂等，以药物缓慢释放为目的的第一代药物传递系统（DDS）。

第三代：控释制剂，控制药物释放速度、部位和时间的制剂，为第二代 DDS。

第四代：将药物有目的地输送至特定组织或部位的靶向制剂，为第三代 DDS。

## 四、药物制剂与新药研发

药物作用的效果不仅取决于药物本身的活性，而且还与其进入体内的形式和作用过程密切相关。创新药物的研究投入大、风险大，相当多的候选化合物在药物开发阶段才被发现存在溶解性不好、体内吸收不佳、稳定性差等问题，造成研发工作的中断或延迟，浪费了大量的前期投入。因此，制剂设计的理念和制剂相关的研究，应该贯穿在新药研发的整个进程中。

在药物候选化合物的筛选和优化过程，应对其一些重要的物理化学特性进行表征，包括不同盐型和晶型的溶解度、稳定性等，并结合临床用药需求进行选择。例如，对于一个倾向于口服给药的适应证，优先考虑选择水溶性较好、晶型稳定、吸湿性低及化学稳定性较好的化合物，以利于后期的制剂研究，降低开发风险。

进入制剂开发阶段后,根据市场需求、生产条件、患者顺应性、临床用药习惯选择适宜的处方工艺、给药途径和剂型。服用不方便,患者顺应性差,制剂工艺复杂,成本高等因素,可能影响产品的生产和销售。

确定给药途径和剂型后,进一步设计和筛选合理的处方和工艺,是药剂学研究的主要内容。合理的处方和工艺设计,是药物产品质量的有效保证。"质量源于设计"(quality by design,QbD)理论对具体产品开发提出了更高的要求。在处方和工艺研究中,首先需要确定其中各个关键参数的"设计空间"。为了明确定义这一设计空间,研究者需要对各个影响因素的作用机制及其相互关系开展深入系统的研究,而不是传统意义上的简单检测和筛选。

最后,为了适应特定的临床需求或者更好地满足临床需求,基于已上市药物的新制剂研究,也是制剂设计研究的一项重要内容。一方面,对于现有药物在临床应用中出现的问题,需要通过改良制剂的设计来解决;另一方面,通过申请改进剂型的专利,开发新制剂产品,还可延长药品专利保护期,保持市场占有率。

## 第二节 药物制剂设计基础与评价

### 一、药物制剂设计概述

药物制剂是应用人体前的最后存在形式,其质量直接关系到药物在人体内疗效的发挥。剂型或制剂可影响到药物的安全性、有效性、可控性、稳定性和顺应性。药物制剂设计是根据疾病预防与治疗的临床需求、药物原料的物理化学性质及生物学性质等因素,确定药物的给药途径、剂型,进一步设计和筛选合理的处方与工艺、包装材料和规格,最终形成适合于生产和临床应用的制剂产品。

**1. 药物制剂设计的基本原则**

良好的制剂设计应提高或不影响药物药理活性,减少药物刺激性、毒副作用或其他不良反应,兼备质量可靠、使用方便、成本低廉等优势。药物制剂设计的基本原则主要包括以下五个方面。

(1) 安全性 药物的毒副反应主要来源于药物本身,也与药物制剂的设计有关。药物制剂的设计应能提高药物治疗的安全性(safety),降低毒副作用或刺激性。对机体本身具有较强刺激性的,可通过调整制剂处方和设计合适的剂型降低刺激性。比如,治疗指数低的药物适合设计成缓控释制剂,可在较长时间维持较稳定的血药浓度水平,减小药物浓度峰谷波动,降低毒副作用。为了降低抗肿瘤药物毒副作用,可以设计成靶向制剂,增加药物在肿瘤部位的浓度,降低在正常组织的浓度,达到增效减毒的目的。

(2) 有效性 药物自身活性被认为是发挥疗效的最主要因素,但其作用往往受到剂型因素和给药途径的限制。生理活性很高的药物,如果制剂设计不当,有可能在体内被酶代谢或者降解。药物制剂的设计可从药物本身特点或治疗目的出发,采用制剂的手段克服其弱点,充分发挥其作用,增强药物有效性(effectiveness)。有些药物在胃内易降解失去活性,可以设计成肠溶制剂或者注射剂。

(3) 可控性 药物制剂设计必须做到质量可控,这是药品有效性和安全性的重要保证,也是新药审批的基本要求之一。可控性(controllability)主要体现在制剂质量的可预知性与重现性。质量可控要求剂型、给药途径、制备工艺、分析方法、检测限度的选择要确保制剂质量符合要求。质量源于设计是一种系统化、结构化、基于科学和风险的药品研发方法，是一种对产品、工艺和分析方法进行科学有效管理的重要工具。

（4）稳定性　稳定性（stability）是安全性、有效性的前提和保障，通常指的是原料药或制剂保持物理、化学、生物学和微生物学特性的能力。药品的不稳定包括液体制剂的沉淀、分层，固体胶囊囊壳的吸湿变形，复方制剂中药物间的化学反应，药品贮藏过程中的霉变、染菌等。药物的不稳定性可能导致药物含量降低，产生有毒副作用的杂质，影响产品的有效性和安全性。制剂工艺研究要进行高温、高湿、光照等影响因素考察，考察处方及制备工艺对稳定性的影响，以筛选更为稳定的处方与制备工艺，确定制剂贮藏条件和有效期。

（5）顺应性　顺应性（compliance）指患者或医护人员对所用药物的接受程度，包括制剂的使用方法、外观、大小、形状、色泽、嗅味等多个方面。难以被患者所接受的给药方式或剂型，不利于治疗，比如直径比较大的口服普通片剂不大适合小孩、老人及有吞咽困难的患者服用。长期用药的患者期待给药方便、没有强烈疼痛感或者服用次数少的制剂。对于有给药时间限制的情况，脉冲给药控释制剂更有优势。

**2. 药物制剂设计的主要内容**

药物制剂设计主要包括以下内容。

① 处方前研究。对药物的理化、药理学、药动学等性质有一个较全面的认识。如果某些参数尚未具备而又是剂型设计所必需的，应先进行试验，获得足够的数据以后，再进行处方设计。药物理化性质是药物制剂设计中的基本要素之一，药物的某些理化性质在某种程度上限制了其给药途径和剂型的选择。因此在进行药物的制剂设计时，应充分考虑理化性质的影响，找出该药在制剂研发中重点解决的难点。

② 根据药物的理化性质和临床治疗需要，综合各方面因素，有目的地选择合适的给药途径、剂型，以及适宜的处方、制剂技术或工艺。药物制剂设计的目的是为了满足临床治疗和预防疾病的需要。临床疾病有轻重缓急，种类繁多；有的要求全身给药，有的要求局部用药避免全身吸收，有的要求快速吸收，而有的要求缓慢吸收。因此，针对疾病的种类和特点，要求有不同的给药途径和相应的剂型。

## 二、处方前研究

处方前研究是指在制剂研究阶段，首先对药物的物理、化学、生物学性质等进行一系列研究，为后期研制稳定且具有适宜生物学特性的剂型提供依据。可穿插在新药研究的不同阶段开展，也可在先导化合物优化或确定候选化学物的同时开展一部分处方前研究。药物理化性质是药物制剂设计的基本要素之一，决定了制剂研发的重点，在某种程度上可能会限制药物剂型和给药途径、辅料、制剂技术或工艺的选择。制剂相关药物的基本性质如下。

（1）溶解度　不论通过何种途径给药，绝大部分药物的吸收和起效首先必须形成溶液或者混悬液。药物的溶解度是最重要的理化性质之一。溶解度是指在规定温度和压力下溶质在一定溶剂中达到饱和时溶解的量，一般描述为极易溶解、易溶、溶解、略溶、微溶、极微溶和几乎不溶或不溶。当药物溶解度在微溶以下时，即$<1\%$（10mg/mL），药物易出现吸收问题。对于易溶于水的药物，可以制成各种固体或液体剂型，适合于各种给药途径。对于难溶性药物，不易制成溶液剂和注射剂型，但给予一定条件时（增溶剂、助溶剂、潜溶剂，以

及包合、固体分散等制剂新技术）也可制成溶液剂（包括注射剂）。但必须注意药物的重新析出及由此带来的不良反应。

（2）解离常数　解离常数（$pK_a$）对于制剂溶解度、稳定性、吸收、分布、代谢、疗效和刺激性等影响很大。因为大部分药物是有机弱酸或弱碱，存在解离型和非解离型两种形式。不同pH下，两种形式比例不同，解离型较难穿过生物膜，非解离型可有效通过类脂性生物膜。对于一些在水中难溶的可解离药物，可采用改变pH或者制成合适的盐的方法来解决溶解度和稳定性问题，进而可制成液体制剂。

（3）油/水分配系数　药物分子要先穿透生物膜才能进入体内发挥疗效，生物膜相当于类脂屏障，屏障作用与被转运分子的亲脂性有关。油/水分配系数（partition coefficient，$P$）是分子亲脂特性的度量，在药剂学研究中主要用于预见药物在组织的渗透或吸收难易程度。分配系数代表药物分配在油相（常用正辛醇，类生物膜脂层）和水相中的比例。$P \to 1$最易透过生物膜吸收。

（4）熔点　熔点（melting point）是药物的特性参数之一，跟纯度有关，对某些剂型和制剂的设计具有指导意义，如栓剂、透皮制剂、低熔点物质的制备工艺等。对一般（有机）药物而言，熔点升高，溶解性下降，但有利于药物的加工和稳定性；熔点降低，溶解性和透过性增强，加工和稳定性降低。

（5）多晶型　多晶型（polymorphism）是指同一化合物具有两种或者以上的空间排列和晶胞参数，形成多种晶形的现象。多晶型物质化学成分相同，但内部物理晶格结构不同，在宏观上表现出不同的性状、熔点、密度、溶解度、溶出速度和化学稳定性等，从而决定药物的吸收速度和药效。多晶型可导致药物制剂的稳定性、有效性等发生改变，如软膏剂中的结晶的变化和形成，混悬剂结晶的长大和转型，溶液剂中稳定态结晶的沉淀析出等问题。在制剂生产与贮藏过程中，如果受到光照、温度、湿度或外力的影响，晶型之间可能发生转变，造成药学性质及药效的变化。

（6）溶出度和溶出速率　溶出度是指药物从片剂等固体制剂在规定溶剂中溶出的速度和程度，溶出速率则描述了溶出的快慢程度。溶出过程包括两个连续的阶段：溶质分子从固体表面溶解，形成饱和层；溶质分子通过饱和层和溶液主体之间形成扩散，在对流作用下进入溶液主体。一个固体化合物的溶出速率主要取决于在水或者其他水性溶剂中的溶解度，也受粒度、晶型、pH值、辅料、溶出介质等因素的影响。提高溶出速度和溶解度的方法有：减小粒径，增大溶出表面积；成盐；采用固体分散、包合技术或者纳米技术增溶。

（7）吸湿性　吸湿性（hygroscopicity）指固体表面能从周围环境空气中吸附水分的现象。通常采用临界相对湿度（CRH）来评价粉末吸湿达到平衡时的相对湿度，CRH越小则越容易吸湿。吸湿程度取决于药物理化性状和环境相对湿度。一般将生产及贮藏环境相对湿度控制在CRH以下防吸湿，对于吸湿性强的药物或制剂可采用CRH值大的物料作为防湿性辅料和内包材，或者采用包衣或者微囊包裹技术加以解决。

（8）粉体学性质　粉体学性质主要包括粒子形状、大小、粒度分布、粉体密度、附着性、流动性、润湿性、表面积、孔隙率、可压性等。粉体学性质影响药物及制剂的性状、流动性、含量、溶解度、溶出速度、分散均一性及各种加工性质。粉体学研究药物本身的粉体性质及改变粉体性质的方法及技术，如微粉化、表面改性、辅料配伍、设备、粉体加工过程理论等。直接压片制备片剂对原料和辅料的粉体学性质要求较湿法制粒压片高，可通过选择适宜的填充剂、崩解剂、润滑剂改变或改善主药的粉体性质，从而提高药物制剂的可压性和质量稳定性。

（9）稳定性 按照流通需求，药物制剂的有效期一般要求 2 年以上。影响稳定性的因素主要包括：处方（辅料）、工艺和包装（条件）、环境（热、氧、光、水分、pH 等）。一般来说，固体制剂稳定性优于液体制剂，包衣制剂的稳定性强于未包衣制剂，包装可改善环境因素的影响。

（10）辅料的配伍特性 辅料与药物应具有很好的生物相容性，辅料对药物的配伍变化应考虑物理、化学和疗效等方面。对于固体制剂，可将药物与辅料混合放置于高湿、高温、强光等恶劣环境中一段时间，然后进行差示扫描量热分析（DSC）、红外光谱分析（IR）。对于辅料对液体制剂的影响，通常考察不同 pH、含氧和无氧、金属离子、热等条件下药物的降解情况。

## 三、药物的生物药剂学及药物动力学

### 1. 生物药剂学

生物药剂学主要研究药物及其剂型体内过程（吸收、分布、代谢、排泄），阐明剂型因素、机体生物因素与药效（疗效、毒性和副作用）间关系，是评价制剂处方工艺、质量控制、合理用药的手段之一。广义的剂型因素是指药物理化特性，剂型和给药方法，辅料种类、性质及用量，药物配伍及相互作用，制剂工艺、操作和贮存条件等。生物因素主要指种属、种别、性别、年龄、遗传、生理和病理等。

### 2. 药物的膜转运与吸收机制

膜转运（membrane transport）是指药物通过生物膜（或细胞膜）的现象。生物膜是细胞外表面质膜和各种细胞器亚细胞膜的总称，含有膜脂、蛋白质和少量多糖，为双分子层结构，具有流动性、不对称性和半透性的特点。

药物在吸收部位通过生物膜屏障转运进入循环系统。跨膜转运途径主要包括细胞通道转运和细胞旁路通道转运两种，主要转运机制有被动转运、载体媒介转运和膜动转运三种。被动转运是指药物由高浓度侧通过细胞膜扩散到低浓度侧的转运过程，大多数药物属于被动转运。载体媒介转运是指借助生物膜上的载体蛋白，使药物透过生物膜而被吸收，包括促进扩散和主动转运。膜动转运是指通过细胞膜主动变形，将药物摄入细胞内（胞饮或者吞噬），或从细胞内释放到细胞外（胞吐）的转运过程。药物通过生物膜的转运机制见表 5-1。

表 5-1 药物通过生物膜的转运机制

| 分类 | 浓度梯度 | 能量 | 载体 | 饱和现象 | 竞争抑制现象 | 部位和结构特异性 | 示例 |
|---|---|---|---|---|---|---|---|
| 被动转运 | 顺 | 无 | 无 | 无 | 无 | 无 | 大多数药物 |
| 主动转运 | 逆 | 需 | 需 | 有 | 有 | 有 | 有机酸、碱；钠、钾离子等 |
| 促进扩散 | 顺 | 无 | 需 | 有 | 有 | 有 | 高度极性物质：季铵盐等 |

### 3. 药物的吸收、分布、代谢和排泄

药物通过各种途径（血管内给药除外）进入体内，都要经过吸收过程。吸收是药物从用药部位进入体循环的过程，这个过程受吸收部位解剖学和生理学性质的影响，不同剂型与给药方法可能有不同的体内过程。分布是指药物从给药部位入血后，由循环系统转运至各脏器

组织的过程。影响分布的因素有血液循环速度与血管通透性、药物与血浆蛋白的结合及药物的相互作用、药物和组织亲和力（选择性分布）、药物理化性质、生物屏障（血脑、胎盘屏障）。药物在吸收过程或进入体循环后，受机体酶以及体液环境的作用，化学结构发生改变的过程称代谢或生物转化。药物原型或代谢产物排出体外的过程称排泄。代谢与排泄过程药物被清除，合称为消除。

影响药物吸收、分布、代谢和排泄的有生理、药物、剂型等因素。影响吸收的生理因素主要涉及消化系统、循环系统和疾病因素。消化系统中胃肠液的pH、酶、胆酸盐可促进、降低吸收或使药物失效。循环系统中胃肠血流速度、肝首过效应和肝肠循环很大程度影响药物在体内的吸收和效果。如肝首过效应，透过胃肠道生物膜吸收的药物经肝门静脉入肝后，在肝药酶作用下药物可产生生物转化，因此造成药物代谢、降解或者失活。疾病经常造成胃肠道生理功能的紊乱从而影响药物吸收。影响代谢的主要因素是生理因素和剂型因素，不同给药途径，药物在体内代谢行为有区别。药物性质影响药物排泄，极性强的药物经胆汁排泄多。

### 4. 药物动力学

药物动力学（pharmacokinetics）是应用动力学原理与数学处理方法，定量研究药物在生物体内动态变化规律的一门学科。药物动力学已成为药剂学最主要和最密切的基础，推动着药剂学的蓬勃发展。基本概念有隔室模型、血药浓度-时间曲线、速率常数、半衰期、平均滞留时间、清除率、生物利用度与生物等效性。设定体内药物转运在隔室间进行，这个隔室无生理和解剖学意义，仅依药物分布速度划分。研究结果可用于指导制剂的设计和评价、给药途径的选择、剂量调整或间隔时间给药方案优化等。在新剂型设计时，需依据临床用药要求，参考药物体内动态变化规律，如控释制剂、缓释制剂、靶向制剂、速效制剂、择时给药系统等新剂型，药物进入机体后的药物动力学行为是否具有控释、缓释、速释特征，药物分布是否具有靶向特征等，已成为这些新剂型研究成功与否的重要评价指标。

用药物动力学参数进行生物利用度与生物等效性研究已经成为最常用的制剂质量评价方法。生物利用度是指药物被吸收进入体循环的速率和程度，根据参比制剂不同分为绝对生物利用度和相对生物利用度。绝对生物利用度是以静脉给药制剂（通常认为静脉给药制剂的生物利用度为100%）为参比制剂所获得的试验制剂中药物吸收进入体循环的相对量，通过比较非静脉给药的试验制剂与静脉注射的参比制剂，反映了给药途径对药物吸收的影响。相对生物利用度是以非静脉给药的制剂为参比制剂获得的药物活性成分吸收进入体循环的相对量，是同一药物不同制剂之间的比较，考察剂型、处方和制备工艺等对体内吸收的影响。生物等效性是指在同样试验条件下同一种药物的不同制剂吸收速率和程度没有统计学差异。

## 四、药物的药理和毒理特性

### 1. 药理特性

药理学研究，是指利用生物体（整体动物、麻醉动物、离体器官、组织、细胞或微生物培养等）在严格控制的实验条件下，观察药物的疗效及药动学等，包括主要药效学研究、一般药理学研究、药代动力学研究三方面。

药物效应动力学简称药效学，是研究药物的生化、生理效应及机制以及剂量与效应之间的关系，其目的是确定新药预期用于临床防、诊、治的疗效，确定新药的作用强度，阐明新药的作用部位和机制，发现预期用于临床以外的广泛药理作用。药效学包括的内容有药物作用基本类型、药物作用的选择性、药物作用的量效关系、药物的治疗作用与不良反应、药物的作用机制。选择合适的给药途径时应考虑药物的理化性质、体内转化过程以及临床应用的需要等，尽量采用拟推荐临床应用的给药方法，如该方法在动物身上无法实施时，应说明，改用其他方法，如特殊部位的贴剂及腔道给药等。

广义的一般药理学（general pharmacology）是指对主要药效学作用以外进行的、广泛的药理学研究，包括安全药理学（safety pharmacology）和次要药效学（secondary pharmacody-namic）研究。一般药理学研究的目的主要包括以下几个方面：确定药物可能关系到人的安全性的非期望药理作用；评价药物在毒理学和临床研究中所观察到的药物不良反应和病理生理作用；研究所观察到的和推测药物不良反应机制。

非临床药代动力学研究是通过动物体内外和人体外的研究方法，揭示药物在体内的动态变化规律，获得药物的基本药代动力学参数，阐明药物的吸收、分布、代谢和排泄的过程和特点。非临床药代动力学研究在新药研究开发的评价过程中起着重要作用。在药效学和毒理学评价中，药物或活性代谢物浓度数据及其相关药代动力学参数是产生、决定或阐明药效或毒性大小的基础，可提供药物对靶器官效应（药效或毒性）的依据。在药物制剂学研究中，非临床药代动力学研究结果是评价药物制剂特性和质量的重要依据，为设计和优化临床研究给药方案提供有关参考信息。在评价的过程中注意进行综合评价，分析药代动力学特点与药物的制剂选择、有效性和安全性的关系，为药物的整体评价和临床研究提供更多有价值的信息。

**2. 毒理特性**

了解药物毒理学特性对于制剂设计很重要，比如胃刺激性药物可以设计成肠道给药，对于治疗指数低、毒性大的药物，可以设计成缓控释制剂或者纳米靶向制剂。

毒理学研究，即药物非临床安全性评价，简称安全性研究，系指为评价药物安全性，在实验室条件下，用实验系统进行的各种毒性试验，包括急性毒性试验、长期毒性试验、特殊毒性试验、局部毒性试验、免疫原性试验、药物依赖性试验、毒代动力学试验及其他与评价药物安全性有关的试验。其中实验系统是指用于毒性试验的动物、植物、微生物以及器官、组织、细胞、基因等。一般认为新药的安全性研究分为三个阶段：第一阶段进行急性毒性试验（又称单次给药的毒性试验），第二阶段进行长期毒性试验（又称反复给药的毒性试验），第三阶段进行特殊毒性试验，包括生殖毒性试验、遗传毒性试验、致癌试验及制剂的其他安全性评价。制剂的安全性试验包括：异常毒性试验、过敏试验、热原试验、卫生学检查、溶血性试验和降压物质检查等。新药的安全性评价意义在于能够经过试验找出药物的毒性剂量，确定安全剂量范围，发现毒性反应，找出毒性靶器官，研究毒性反应是否可逆，并寻找毒性反应的解救措施。

## 第三节 药物制剂及基本生产工艺

### 一、液体制剂

液体制剂系指药物以一定形式分散在适宜的介质中制成的以供内服或外用的液体形态的

制剂，按照分散系统可分为均相液体制剂和非均相液体制剂。均相液体制剂主要有低分子溶液剂和高分子溶液剂。低分子溶液剂系指小分子药物分子或离子状态分散在溶剂中形成的均相的可供内服或外用的液体制剂，有溶液剂、芳香水剂和糖浆剂等。高分子溶液剂系指高分子化合物溶解于溶剂中制成的均相液体制剂，属于热力学稳定体系，具有荷电性、高渗透压、聚结特性和胶凝性等特点。非均相液体制剂包括溶胶剂、乳剂和混悬剂等。

(1) 溶液剂　溶液剂系指药物溶解于溶剂中所形成的澄明液体制剂。溶液剂的溶质一般为不挥发性的化学药物，溶剂多为水，也可用不同浓度乙醇或油为溶剂。溶液剂的制备方法主要有溶解法和稀释法两种。

① 溶解法　包括药物的称量—溶解—过滤—质量检查—包装等步骤。具体方法：取处方总量 1/2～3/4 量的溶剂加入药物，搅拌使其溶解，过滤，加溶剂至全量。制得的药物溶液应及时检查、分装、密封、贴标签及进行外包装。

② 稀释法　先将药物制成高浓度溶液，再用溶剂稀释至所需浓度即得。用稀释法制备溶液剂时应注意浓度换算，挥发性药物的浓溶液在稀释过程中应注意挥发损失，以免影响浓度的准确性。

(2) 芳香水剂　芳香水剂系指芳香挥发性药物的饱和或近饱和水溶液。芳香挥发性药物多数为挥发油。芳香水剂应澄明，必须具有与原有药物相同的气味，不得有异臭、沉淀和杂质。芳香水剂浓度一般都很低，可矫味、矫嗅和做分散剂使用。芳香水剂多数易分解、变质，所以不宜大量配制和久贮。

(3) 糖浆剂　糖浆剂系指含药物的浓蔗糖水溶液，供口服用。糖浆剂中的药物为化学药物或者药材的提取物。由于蔗糖和芳香剂能掩盖某些药物的苦味、咸味及其他不适嗅味，容易服用，尤其受儿童欢迎。糖浆剂应澄清，含糖量应不低于 45%，在贮存期间不得有酸败、异嗅、产生气体或其他变质现象。含药材提取物的糖浆剂允许含少量轻摇即散的沉淀。糖浆剂的制备方法有溶解法和混合法。

① 溶解法　包括热溶法和冷溶法。热溶法系将蔗糖溶于沸纯化水中，继续加热使其全溶，降温后加入其他药物，搅拌溶解、过滤，再通过过滤器加纯化水至全量，分装，即得。冷溶法系将蔗糖溶于冷纯化水或含药的溶液中制备糖浆剂的方法。

② 混合法　系将含药溶液与单糖浆均匀混合制备糖浆剂的方法，适合于制备含药糖浆剂，具有方法简便、灵活、可大量配制等优点。

(4) 溶胶剂　溶胶剂 (sols) 系指固体药物的微细粒子分散在水中形成的非均相分散体系，又称疏水胶体溶液。溶胶剂中分散的微细粒子在 1～100nm 之间，胶粒是多分子聚集体，有极大的分散度，属热力学不稳定体系。溶胶剂的制备如下：

① 机械分散法　胶体磨是制备溶胶剂的常用设备。将药物、溶剂以及稳定剂从加料口处加入胶体磨中，胶体磨以 10000r/min 的转速高速旋转，将药物粉碎到胶体粒子范围制成溶胶剂。

② 胶溶法　亦称解胶法，是将聚集起来的粗粒又重新分散的方法。

③ 超声分散法　利用 20000Hz 以上超声波所产生的能量使分散粒子粉碎成溶胶剂的方法。

(5) 混悬剂　混悬剂 (suspensions) 系指难溶性固体药物以微粒状态分散于分散介质中形成的非均匀的液体制剂。主要质量评价指标为微粒大小、沉降容积比、絮凝度、重新分散性、$\zeta$ 电位和流变学特性等项目，具体评价方法参照《中国药典》。混悬剂制备过程中应尽量使微粒的粒径小而均匀，以求获得稳定的混悬剂。制备方法分为分散法和凝聚法。

① 分散法 是将粗颗粒的药物粉碎成符合粒径要求的微粒,再分散于分散介质中制得混悬剂的方法。

② 凝聚法 包括物理凝聚法和化学凝聚法。物理凝聚法是将分子或离子状态分散的药物溶液加入另一分散介质中凝聚成混悬液的方法。化学凝聚法是用化学反应法使两种药物生成难溶性药物的微粒,再混悬于分散介质中制备混悬剂的方法。

## 二、无菌制剂

在临床治疗实践中,有些药物需要直接注入人体血液系统和特定器官组织,或直接用于黏膜和创口等特定部位,如注射剂、眼用制剂等。这类制剂除了要做到制备工艺稳定,质量可控外,还应该使产品在使用前始终处于无菌状态,以保证药物的安全使用。这类制剂通常称为灭菌制剂或无菌制剂,主要分为注射剂、眼用制剂、植入型制剂、局部用外用制剂和手术用制剂等几类。

### 1. 注射剂

注射剂(injections)系指药物与适宜的溶剂或分散介质制成的供注入体内的溶液、乳状液或混悬液及供临用前配制或稀释成溶液或混悬液的粉末或浓溶液的无菌制剂。参照《中国药典》,注射剂要进行异物检查、细菌内毒素或热原检查、无菌检查和pH测定等质量评定。

(1) 注射剂的特点 ①药效迅速,注射剂以液体状态直接注射入人体组织、血管或器官内,吸收快,作用迅速。②适用于不宜口服的药物和口服困难的患者。③准确局部定位给药并且可产生长效作用。④较其他液体制剂耐贮存,依从性较差,注射疼痛,需专业人员及相应的注射器和设备。⑤价格昂贵,质量要求高。

(2) 注射剂的制备 注射剂制备的工艺过程分为水处理、容器处理、药液配制、灌装和封口、灭菌与检漏等。

① 水处理 制备注射剂时,首先对原水(自来水等)进行处理,分别得到纯化水和注射用水。

② 容器处理 注射剂容器一般使用由硬质中性玻璃制成的安瓿。按药典要求对容器进行检查、洗涤、干燥与灭菌。

③ 药液配制 在药液配制前要进行投料计算确定用量,然后选择配液用具并进行处理,根据药物的性质选择浓配法或稀配法进行配制。

④ 灌装和封口 注射液的灌封包括灌装注射液和封口两步,灌注后应立即封口,以免污染,工业化生产多采用全自动灌封机。

⑤ 灭菌与检漏 注射剂在灌封后都需要进行灭菌,灭菌后应立即进行安瓿的漏气检查,将不合格产品剔除。

⑥ 灯检、印字和包装

### 2. 输液

输液(infusions)是指由静脉滴注输入体内的大剂量注射液,一次给药在100mL以上。它是注射剂的一个分支,通常包装在玻璃或塑料的输液瓶或袋中,不含防腐剂或抑菌剂。按照《中国药典》规定,对输液要进行可见异物与不溶性微粒检查,热原与无菌检查,含量、pH及渗透压检查来确保产品的质量。

(1) 输液的分类

① 电解质输液 用以补充体内水分、电解质,纠正体内酸碱平衡等。

② 营养输液　用于不能口服吸收营养的患者。
③ 含药输液　含有治疗药物的输液。

(2) 输液的制备

① 输液的配制　配液必须用新鲜注射用水，应选用优质注射用原料。输液的配制可根据原料质量好坏，分别采用稀配法和浓配法。其操作方法与注射液的配制相同。

② 输液的过滤　同注射剂一样先预滤，然后用微孔滤膜精滤，反复进行过滤至滤液澄明合格为止。

③ 输液的灌封　输液灌封由药液灌注、盖胶塞和轧铝盖三步连续完成。药液维持50℃为好。目前多用旋转式自动灌封机、自动翻塞机、自动落盖轧口机完成整个灌封过程。

④ 输液的灭菌　灌封后的输液应立即灭菌，以减少微生物污染繁殖的机会，通常采用热压灭菌。

### 3. 注射用无菌粉末

注射用无菌粉末（sterile powder for injection）又称粉针，临用前用灭菌注射用水、生理盐水等溶解后注射，适用于在水中不稳定的药物，特别是对湿热敏感的抗生素及生物制品。

注射用无菌粉末的质量要求除应符合《中国药典》对注射用原料药物的各项规定外，还应符合：①粉末无异物，配成溶液后可见异物检查合格；②粉末细度或结晶度应适宜，便于分装；③无菌、无热原。

制备工艺：注射用无菌粉末依据生产工艺不同，可分为注射用无菌粉末直接分装制品和注射用冻干无菌粉末制品。前者是将已经用灭菌溶剂法或喷雾干燥法精制而得的无菌药物粉末在无菌条件下分装而得，常见于抗生素药品，如青霉素；后者是将灌装了药液的安瓿进行冷冻干燥后封口而得，常见于生物制品，如辅酶类。

### 4. 眼用制剂

眼用制剂（ophthalmic preparations）系指直接用于眼部疾病的无菌制剂，可分为眼用液体制剂、眼用半固体制剂、眼用固体制剂等。眼用液体制剂也可以固态形式包装，另备溶剂，在临用前配成溶液或混悬液。

(1) 滴眼剂　滴眼剂（eye drop）系指由药物与适宜辅料制成的无菌液体制剂，可分为水性或油性溶液、混悬液或乳状液。

(2) 洗眼剂　洗眼剂（eye lotions）系指由药物制成的无菌澄明水溶液，供冲洗眼部异物或分泌液，中和外来化学物质的眼用液体制剂。

(3) 眼用液体制剂的制备

① 药物性质稳定的眼用制剂的工艺流程如图5-1所示。

② 主药不耐热的品种，全部无菌操作法制备。

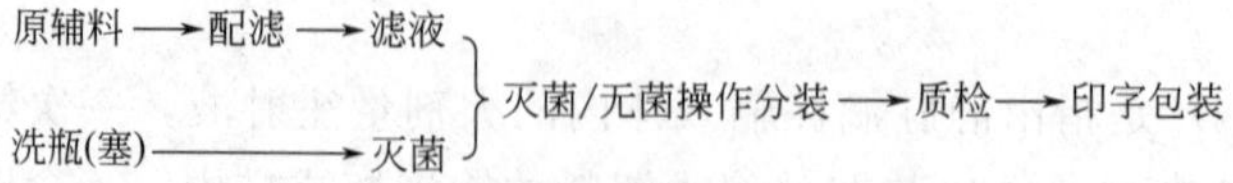

原辅料 → 配滤 → 滤液
　　　　　　　　　　　}灭菌/无菌操作分装 → 质检 → 印字包装
洗瓶(塞) → 灭菌

图5-1　滴眼剂制备工艺流程图

## 三、固体制剂

固体制剂（solid preparations）是以固体状态存在的剂型总称。常用的固体剂型有散剂、片剂、胶囊剂、颗粒剂、滴丸剂、膜剂等。

**1. 散剂**

散剂（powders）系指药物与适宜的辅料经粉碎、均匀混合制成的干燥粉末状制剂。散剂是古老的传统剂型之一，在化学药品（西药）中的应用不多，但在中药制剂中仍有广泛的应用。散剂的质量检查有粒度、外观均匀度、干燥失重、水分、装量、装量差异、溶化性、重量差异、无菌、微生物限度等检查项目（参见《中国药典》）。

（1）散剂的特点　①散剂的粒径小，比表面积大，起效快；②外用散剂的覆盖面积大，可同时发挥保护和收敛作用；③制备工艺简单，剂量易于控制，便于婴幼儿服用；④贮存、运输、携带比较方便。

（2）散剂的制备　散剂是由药物粉末与辅料直接混合而成的，制备工艺简单，具体方法如下：

① 物料的前处理　一般情况下，粉碎前将固体物料进行处理，如果是化学药品，将原料进行充分干燥；如果是中药，则要进行洗净、干燥、切割或初步粉碎后等供粉碎之用。

② 粉碎　粉碎主要降低固体药物的粒度，有利于各组分混合均匀，并且可改善难溶性药物的溶解度。粉碎设备有球磨机、冲击式粉碎机和流能磨等，应根据物料的性质适当地选择粉碎设备。

③ 筛分　筛分对提高物料的流动性和均匀混合具有重要影响。当物料的粒径差异较大时，会造成流动性下降，并且难以混合均匀。常用的筛分设备有振荡筛分仪和旋振动筛。

④ 混合　混合操作以含量的均匀一致为目的。规模化生产时多采用容器固定型和容器旋转型混合机。

⑤ 分剂量、包装与保存　分剂量的方法有目测法、重量法和容量法等，规模化生产时多采用容量法进行分剂量。散剂应采用不透性包装材料并密闭贮存，含挥发性药物或易吸潮药物的散剂应密封贮存。

**2. 颗粒剂**

颗粒剂（granules）系指原料药物与适宜的辅料混合制成的具有一定粒度的干燥颗粒状制剂。颗粒剂可分为可溶颗粒（通称为颗粒）、混悬颗粒、泡腾颗粒、肠溶颗粒、缓释颗粒和控释颗粒。颗粒剂的质量检查除主药含量、外观外，还规定了粒度、干燥失重、水分（中药颗粒）、溶化性、重量差异、微生物限度等检查项目（参见《中国药典》）。

（1）与散剂相比，颗粒剂具有以下特点：①飞散性、附着性、团聚性、吸湿性等均较小；②多种成分混合后用黏合剂制成颗粒，可防止各种成分的离析；③贮存、运输方便；④可以对颗粒剂进行包衣。

（2）颗粒剂的制备。首先将药物进行前处理，即粉碎、过筛、混合，然后制粒。混合前的操作完全与散剂的制备相同，制粒是颗粒剂的标志性单元操作。制粒方法分两大类，即湿法制粒与干法制粒，其中湿法制粒最为常用。具体步骤如下：

① 制软材　将药物与适宜的辅料混合均匀后，加入适当的黏合剂制软材。

② 制粒　通常采用传统的挤出制粒法制备湿颗粒。近年来流化床制粒、搅拌制粒等现代制粒技术可应用于颗粒剂的制备中。

③ 干燥　制得的湿颗粒应立即进行干燥防止结块或受压变形。常用的干燥方法有厢式

干燥法、流化床干燥法等。

④ 整粒与分级　将干燥后的颗粒通过筛分法进行整粒和分级，一方面使结块、粘连的颗粒散开，另一方面获得均匀颗粒。

⑤ 质量检查与分剂量　将制得的颗粒进行含量检查与粒度测定等，按剂量装入袋中。

### 3. 片剂

片剂（tablets）系指原料药物与适宜的辅料制成的圆形或异形的片状固体制剂。片剂主要以口服片剂为主，另有口腔黏膜用片剂、外用片剂等。片剂的质量检查主要对片剂的外观性状、重量差异、崩解时限、溶出度或释放度、含量均匀度等进行检查（参见《中国药典》）。

片剂的制备是将粉状或颗粒状物料在模具中压缩成形的过程。其方法主要有 4 种。由于制粒是改善物料的流动性、压缩成形性的有效方法之一，因此制粒压片法是传统而基本的制备方法。

① 湿法制粒压片法　湿法制粒压片法是将物料经湿法制粒干燥后进行压片的方法。湿法制粒有压缩成形性良好、粒度均匀、流动性及耐磨性强等优点。

② 干法制粒压片法　干法制粒压片法是将物料干法制粒后进行压片的方法。干法制粒时需添加干黏合剂，以保证片剂的硬度或脆碎度合格。常用的干黏合剂有甲基纤维素、羟丙甲纤维素、微晶纤维素等。

③ 直接压片法　直接压片法是粉末不经过制粒过程直接把药物和所有辅料混合均匀后进行压片的方法，适用于对湿、热不稳定的药物。

④ 半干式颗粒压片法　半干式颗粒压片法是将药物粉末和预先制好的辅料颗粒（空白颗粒）混合后进行压片的方法。该法适用于对湿、热敏感，而且压缩成形性差的药物。不利之处在于空白颗粒与药物粉末存在粒度差异，不易混匀，容易分层。

### 4. 胶囊剂

胶囊剂（capsules）系指药物（或加有辅料）充填于空心硬质胶囊或密封于软质囊材中的固体制剂。根据胶囊剂的溶解与释放特性，可分为硬胶囊（通称为胶囊）、软胶囊（胶丸）、缓释胶囊、控释胶囊和肠溶胶囊。胶囊剂的质量检查主要对外观、水分、崩解时限等进行质量检查（参见《中国药典》）。

（1）胶囊剂的特点　①可掩盖药物的不良嗅味，提高药物稳定性。②可使药物在体内迅速起效。③可使液态药物固体剂型化，服用、携带方便。④可延缓或定位释放药物。

（2）胶囊剂的制备

① 硬胶囊剂的制备

a. 填充物料的制备。若纯药物粉碎至适宜粒度就能满足硬胶囊剂的填充要求，即可直接填充。

b. 填充与套合囊帽。将物料装填于空胶囊后套合胶囊帽。目前多使用锁口式胶囊，密闭性良好，不必封口；对于装填液体物料的硬胶囊须封口。

② 软胶囊剂的制备　常用滴制法和压制法制备软胶囊。

a. 滴制法。常用具双层滴头的滴丸机。囊壁（胶液）与药液分别在双层滴头的外层与内层以不同速度流出，使定量的胶液将定量的药液包裹后，滴入与胶液不相混溶的冷却液中，逐渐冷却，凝固成软胶囊。

b. 压制法。将囊壁（胶液）先制成薄厚均匀的胶带，再将药液置于两个胶带之间，用钢板模或旋转模压制成软胶囊的一种方法。

③ 肠溶胶囊剂的制备　肠溶胶囊剂的制备方法分两种：a.使胶囊内部的填充物具有肠溶性，如将药物与辅料制成颗粒或小丸后用肠溶材料包衣，然后填充于胶囊而制成肠溶胶囊剂；b.通过肠溶包衣法，使胶囊壳具有肠溶性质。

### 5. 滴丸剂

滴丸剂（dripping pills）系指原料药物与适宜的基质加热熔融混匀，滴入不相混溶、互不作用的冷凝介质中制成的球形或类球形制剂。主要对外观、重量差异、溶散时限等进行质量检查（参见《中国药典》）。

（1）滴丸剂的特点　①设备简单，操作方便，生产效率高；②工艺条件易于控制，质量稳定；③可使液态药物固体化；④吸收迅速、生物利用度高。

（2）滴丸剂的制备工艺　一般采用滴制法制备，常用的冷凝液包括液状石蜡、植物油、二甲硅油和水等。应根据基质的性质选用冷凝液，并根据滴丸与冷凝液相对密度的差异选用不同的滴制设备。在制备过程中保证滴丸圆整成形、丸重差异小。合格的关键是选择适宜基质，确定合适的滴管内外口径，滴制过程中保持恒温，滴制液液压恒定，及时冷凝等。

## 四、半固体制剂

半固体制剂以软为特征，在轻度的外力作用或在体温下易于流动和变形，使用时便于挤出，并均匀涂布，常用于眼部、皮肤、鼻腔、阴道、肛门等部位的外用给药系统。

### 1. 软膏剂

软膏剂（ointments）系指药物与适宜基质均匀混合制成具有适当稠度的半固体外用制剂。软膏剂具有润滑皮肤、保护创面和局部治疗作用，广泛应用于皮肤科和外科一些疾病的治疗。某些药物能通过皮肤吸收进入体循环，产生全身治疗作用。

（1）特点　软膏剂具有热敏性和触变性，热敏性是遇热熔化而流动，触变性是施加外力时黏度降低，静止时黏度升高，不利于流动。这使软膏剂能在长时间内紧贴、黏附或铺展在用药部位，既可以起局部治疗作用，也可以起全身治疗作用。

（2）制备工艺　软膏剂的制备，按照形成的软膏类型、制备量及设备条件不同，采用的方法也不同。

溶液型或混悬型软膏常采用研磨法或熔融法。乳剂型软膏常在形成乳剂型基质过程中或在形成乳剂型基质后加入药物，称为乳化法。

① 研磨法　基质为油脂性的半固体时，可直接采用研磨法（水溶性基质和乳剂型基质不宜用）。一般在常温下将药物与基质等量递加混合均匀。此法用于小量制备，且药物为不溶于基质者。

② 熔融法　大量制备油脂性基质时，常用熔融法。特别适用于含固体成分的基质，先加温熔化高熔点基质后，再加入其他低熔点成分熔合成均匀基质。然后加入药物，搅拌均匀冷却即可。药物不溶于基质，必须先研成细粉筛入熔化或软化的基质中，搅拌混合均匀，使其无颗粒感。常用三滚筒软膏机，使软膏充分研磨、膏体细腻均匀。

③ 乳化法　将处方中的油脂性和油溶性组分一起加热至80℃左右成油溶液（油相），另将水溶性组分溶于水后一起加热至80℃成水溶液（水相），使温度略高于油相温度，然后将水相逐渐加入油相中，边加边搅拌至冷凝，最后加入水、油均不溶解的组分，搅匀即得。

## 2. 眼膏剂

眼膏剂（eye ointments）系指药物与适宜基质（一般为油脂性基质）均匀混合，制成的无菌溶液型或混悬型膏状的眼用半固体制剂。眼用乳膏剂系指药物与乳剂型基质制成的无菌眼用半固体制剂。眼膏剂应检查粒度、金属性异物、无菌、装量、装量差异、局部刺激性等项目。

（1）特点 眼膏剂较一般滴眼剂在眼中保留时间长，疗效持久，并能减轻眼睑对眼球的摩擦，有助于角膜损伤的愈合。由于用于眼部，眼膏剂中的药物必须极细，基质必须纯净。眼膏剂均匀、细腻，易涂布于眼部，对眼部无刺激性，无细菌污染。

（2）制备工艺 眼膏剂的制备与一般软膏剂的制备基本相同，但必须在净化条件下进行，一般可在净化操作室或净化操作台中配制。所用基质、药物、器械与包装容器等均应严格灭菌，以避免污染微生物而致眼睛感染的危险。用于眼部手术或创伤的眼膏剂不得加抑菌剂或抗氧剂。

## 3. 凝胶剂

凝胶剂（gels）系指药物与能形成凝胶的辅料制成溶液、混悬或乳状型的稠厚液体或半固体制剂。凝胶剂按分散系统分为单相凝胶和双相凝胶。双相凝胶是由小分子无机药物胶体小粒以网状结构存在于液体中，具有触变性，如氢氧化铝凝胶。局部应用的有机化合物形成的凝胶剂系指单相凝胶，又分为水性凝胶和油性凝胶。凝胶剂应检查粒度、装量、无菌和微生物限度等项目。

（1）特点 水性凝胶：①高分子基质物理交联形成的网络结构，网络中充满不能自由流动的溶剂，表现出弹性或黏弹性的半固体性质；②对温度等外界条件敏感，温度升高呈液体，冷至一定温度又会可逆地形成凝胶；③具有溶胀性、脱水收缩性、触变性、黏合性；④具有易涂展、舒适感、无油腻、易洗除，能吸收组织渗出液，不妨碍皮肤的正常生理作用的性质，具有一定的保水作用而促进药物透皮作用，但润滑作用差，易失水和霉变。两相凝胶：药物胶体小粒子均匀分散于高分子网状结构的液体中，具有触变性。

（2）水凝胶剂的一般制法 药物溶于水者常先溶于部分水或甘油中，必要时加热，其余处方成分按基质配制方法制成水凝胶基质，再与药物溶液混匀加水至足量搅匀即得。药物不溶于水者，可先用少量水或甘油研细，分散，再混于基质中搅匀即得。

## 4. 栓剂

栓剂（suppositories）系指将药物和适宜的基质制成的具有一定形状供腔道给药的固体状外用制剂。栓剂在常温下为固体，具有适宜的硬度和韧性，无刺激性，引入腔道后，在体温条件下应能熔融、软化或溶解，易与分泌液混合，逐渐释放药物产生局部作用或全身作用。栓剂因使用腔道不同而有不同的名称，如肛门栓、阴道栓、尿道栓、喉道栓、耳用栓和鼻用栓等。栓剂的外观应光滑、无裂缝，不起霜或变色，纵切面观察应混合均匀。

栓剂的制法一般有冷压法与热熔法两种，可按基质的性质和制备的数量选择制法，常用的为热熔法。

① 冷压法（cold compression method）系用制栓机制备。先将药物与基质置于冷容器内，混合均匀，然后装于制栓机的圆筒内，通过模型挤压成一定的形状。

② 热熔法（fusion method）将计算量的基质锉末在水浴上加热熔化（勿使温度过高），将药物加入混合，使药物均匀分散于基质中。然后倾入已冷却并涂有润滑剂的栓模中，至稍

溢出模口为度，冷却，待完全凝固后，用刀削去溢出部分。开启模型，推出栓剂，晾干，包装即得。

## 五、气雾剂、喷雾剂与吸入粉雾剂

气雾剂、喷雾剂和吸入粉雾剂将药物雾化，通过皮肤、口腔、鼻腔、阴道、呼吸道等多种途径给药，可起到局部或全身的治疗作用。

### 1. 气雾剂

气雾剂（aerosols）系指药物溶液、乳状液或混悬液与适宜的抛射剂共同装封于具有特制阀门系统的耐压容器中，使用时借助抛射剂的压力将内容物呈雾状喷出，用于肺部吸入或直接喷至腔道黏膜、皮肤及空间消毒的制剂。气雾剂由药物、抛射剂和附加剂组成，具体检查方法参见《中国药典》。

气雾剂具有速效和定位作用，药物密闭于容器内可增加药物的稳定性，保持药物清洁无菌；使用方便，可避免药物在胃肠道的破坏和肝脏首过作用，可以用定量阀口准确控制剂量，对创面的机械刺激性小。但气雾剂存在生产成本较高、抛射剂刺激性、遇热或受撞击后易发生爆炸、抛射剂渗漏导致失效等问题。

气雾剂的制备方法如下：

① 溶液型气雾剂　将药物溶于抛射剂中形成的均相分散体系。为配制澄明溶液，常在抛射剂中加适量乙醇或丙二醇作潜溶剂，使药物和抛射剂混溶成均相溶液，喷射后抛射剂汽化，药物成极细的气雾，主要用于吸入治疗。

② 混悬型气雾剂　将不溶于抛射剂的药物以细微粒状分散于抛射剂中形成的非均相体系。常需加入表面活性物质作为润湿剂、分散剂和助悬剂，以便分散均匀并稳定。

③ 乳剂型气雾剂　由药物、抛射剂与乳化剂等形成的乳剂型非均相分散体系。当乳剂经阀门喷出后，分散相中的抛射剂立即膨胀汽化，使乳剂呈泡沫状态喷出，故称泡沫气雾剂。

### 2. 喷雾剂

喷雾剂系指不含抛射剂，借助手动泵的压力将内容物以雾状等形态释出的制剂。按使用方法分为单剂量和多剂量喷雾剂，按分散系统分为溶液型、乳液型和混悬型。溶液型喷雾剂药液应澄清，乳液型喷雾剂乳滴在液体介质中应分散均匀，混悬型喷雾剂应将药物细粉和附加剂充分混匀而制成稳定的混悬剂。由于喷雾剂的雾粒粒径较大，不适用于肺部吸入，多用于舌下、鼻腔黏膜给药。配制喷雾剂时，可按药物的性质添加适宜的附加剂，如溶剂、抗氧剂、表面活性剂等。所加入附加剂应对呼吸道、皮肤或黏膜无刺激性、无毒性。烧伤、创伤用喷雾剂应采用无菌操作或灭菌。

### 3. 吸入粉雾剂

吸入粉雾剂系指微粉化药物或与载体胶囊、泡囊或多剂量贮库形式，采用特制的干粉吸入装置，由患者主动吸入雾化药物至肺部的制剂，亦称为干粉吸入剂。根据吸入部位的不同，可分为经鼻吸入粉雾剂和经口吸入粉雾剂。吸入粉雾剂由药物、附加剂和给药装置组成。主要有含量均匀度和装量差异、排空率、每瓶总吸次和每吸主药含量、雾滴（粒）分布、微生物限度检查，具体检查方法参见《中国药典》。吸入粉雾剂中药物到达肺部后直接进入体循环，发挥全身作用，药物吸收迅速，无肝脏首过效应，无胃肠道刺激或降解作用。

# 第四节 药物制剂新技术和新剂型

## 一、固体分散技术、包合技术和 3D 打印药物技术

### 1. 固体分散技术

固体分散体（solid dispersion）系指药物呈分子、亚稳定型、无定形、胶体、微晶或微粉等状态高度分散在水溶性、难溶性或者肠溶性等载体材料中形成的一种固态物质。固体分散体是一种制剂中间体，再添加辅料，进一步制备成片剂、胶囊剂、微丸、滴丸剂、颗粒剂等。固体分散技术是将药物制成固体分散体所采用的制剂技术。

主要特点：①控制药物释放，实现药物的速释、缓释、定位释放；②增加难溶性药物的溶解、溶出以及口服吸收和生物利用度；③增加稳定性，掩盖不良气味和刺激性，也可使液体药物固体化。

存在问题：①载药量小；②物理稳定性差，贮存时容易出现固体分散体的硬度变大、析出晶体等老化现象；③制备过程中采用高温或大量使用有机溶剂，工业化生产困难。

常用制备方法：熔融法、溶剂法、溶剂-熔融法、喷雾（冷冻）干燥法和机械分散法。

### 2. 包合技术

包合物是药物被全部或部分包入另一种物质的分子腔中而形成的独特形式的络合物，由具有包合作用的外层分子（主分子）和被包合在内的小分子物质（客分子）组成。主要包合材料为环糊精及其衍生物。药物被包合后，可改善溶解度，提高稳定性，防止挥发性成分挥发，掩盖药物不良气味，降低药物刺激性及毒副作用，有助于液体药物粉末化。常用制备方法有饱和水溶液法、研磨法、冷冻干燥法和喷雾干燥法。

### 3. 3D 打印药物技术

3D 打印是一种基于数字模型文件的快速立体成型技术，具有操作简便、弹性好、重复性高、通用性强、可满足个体化需求等优势，将医疗器械与药物制剂成型结合实现药械一体化，可应用于药物递送系统。3D 打印药物具有个性化的药方、独特的剂量和更复杂的药物释放的特点，主要 3D 技术有选择性激光烧结、光固化成型、喷墨成型、熔融沉积成型、半固体挤出成型等。2015 年，全球首个 3D 打印技术制备的处方药 SPRITAM（左乙拉西坦）速溶片经美国食品药品监督管理局（FDA）批准上市，用于癫痫患者部分性发作、肌阵挛发作和原发性全身发作。

## 二、微粒制剂

微粒制剂（微粒给药系统，microparticle drug delivery system，MDDS）是指药物或与适宜载体（一般为生物可降解材料），经过一定的分散包埋技术制得具有一定粒径（微米级、亚微米级或者纳米级）的球状或胶囊状微粒组成的固态、液态或气态药物制剂。微球（囊）可使液态药物固体化，掩盖不良气味与口味，提高药物的溶解度、稳定性和生物利用度，或减少复方药物配伍变化，降低不良反应，或延缓药物释放、提高靶向性。

微球和微囊的主要制备方法有物理化学法、物理机械法和化学法。物理化学法包括有相分离法-凝聚法（单凝聚法、复凝聚法）、溶剂-非溶剂法、改变温度法、液中干燥法、沉淀

法等。物理机械法有喷雾干燥法、喷雾冷凝法、流化床包衣法、多孔离心法、超临界流体法、锅包衣法等。化学法是指单体或者高分子在溶液中发生聚合反应或缩合反应,如界面缩聚法、辐射交联法等。

### 三、调释制剂

调释制剂,系指与普通制剂相比,通过技术手段调节药物的释放速率、释放部位或释放时间的一大类制剂。调释制剂可分为缓释、控释和迟释制剂等,主要为口服,也有皮下埋植、眼内用药等其他途径。调释制剂在临床具有重要意义,可减少服药次数,实现药物定位释放,增强疗效,减少用药的总剂量,提高患者依从性,降低药物对胃部的刺激和毒副作用,提高药物的稳定性。缺点在于对剂量、时间、给药方案调节的灵活性降低,生产成本高,不是所有的药物都适合制备成缓释制剂。

缓释制剂系指在规定的释放介质中,按要求缓慢地非恒速释放药物,与相应的普通制剂比较,给药频率减少一半或有所减少,且能显著增加患者依从性的制剂。控释制剂系指在规定的释放介质中,按要求缓慢地恒速释放药物,与相应的普通制剂比较给药频率减少一半或有所减少,血药浓度比缓释制剂更加平稳,且能显著增加患者依从性的制剂。迟释制剂系指在给药后不立即释放药物的制剂,包括肠溶制剂、结肠定位制剂和脉冲制剂等。肠溶制剂系指在规定的酸性介质(pH 1.0～3.0)中不释放或几乎不释放药物,而在要求的时间内于pH 6.8磷酸盐缓冲液中大部分或全部释放药物的制剂。结肠定位制剂系指在胃肠道上部基本不释放、在结肠内大部分或全部释放的制剂,即一定时间内在规定的酸性介质与pH 6.8磷酸盐缓冲液中不释放或几乎不释放,而在要求的时间内,于pH 7.5～8.0磷酸盐缓冲液中大部分或全部释放的制剂。脉冲制剂系指不立即释放药物,而在某种条件下(如在体液中经过一定时间或一定pH值或某些酶作用下)一次或多次突然释放药物的制剂。

调释制剂主要种类有骨架型、膜控型、渗透泵型、微丸型和脉冲式等。骨架型是指药物与一种或多种惰性固体骨架材料通过压制或融合等特定工艺制成的固体制剂(片、微丸、微球、颗粒剂等),药物分散在多孔或无孔的材料中缓慢释放。膜控型主要通过包衣膜控制药物释放,渗透泵型是利用渗透压原理控制药物在体内恒速释放。现有产品中亲水凝胶骨架品种最多,多数可用常规生产设备及生产工艺制备,机械化程度高、产量大。渗透泵型释药速度不容易受胃肠蠕动、pH、胃排空时间等因素影响,是比较理想的一类控释制剂,但生产技术难度较大。

### 四、经皮吸收制剂

经皮吸收制剂,又称经皮给药系统(transdermal drug delivery systems,TDDS)或经皮治疗系统(transdermal therapeutic systems,TTS),系指通过完整皮肤给药,使药物通过表皮由真皮内的毛细血管吸收进入全身循环,实现治疗或预防疾病的一类制剂。广义是指具有全身作用的凝胶剂、膏剂、巴布剂、涂剂和气雾剂等,一般是指如经皮贴剂等新型经皮给药制剂。经皮吸收制剂一般由药物及附加剂、控释材料、压敏胶、背衬材料及保护膜组成,主要分为膜控释型(复合膜型、充填封闭型)和骨架扩散型(聚合物骨架型、胶黏剂骨架型)。

优点:①可避免口服给药可能发生的肝首过效应及胃肠道灭活,减少胃肠给药的副作用;②可维持恒定的最佳血药浓度或生理效应,延长有效作用时间,减少用药次数;③方便患者自主用药,可通过改变给药面积调节给药剂量,也可以随时停止用药。

存在问题：①受皮肤角质层阻滞，药物吸收率低，吸收速度慢；②药物受分子量、溶解性和剂量的限制，因此多数药物不适应或不能达到治疗效果，如对皮肤有刺激性和致敏性的药物；③要防止因处理不当造成的制剂结构破坏，否则会因药物浓度过大或者吸收过快而产生副作用或者严重后果。

## 五、靶向制剂

### 1. 概述

靶向制剂又称靶向给药系统（targeting drug delivery system，TDDS），是指采用载体将药物通过循环系统浓集于或接近靶器官、靶组织、靶细胞或细胞内结构的一类给药系统。具有高效低毒的特点，利用载体最大限度将药物运送到作用部位，增强作用部位药物浓度，达到增效目的，同时降低其他部位药物浓度实现减毒作用，特别适应药理作用强烈的药物，如抗肿瘤药物。

分类：按照靶向原理分为被动靶向制剂〔乳剂、脂质体、微球（囊）、纳米粒（囊）〕、主动靶向制剂（配体或者受体修饰、前体药物、大分子复合物）和物理化学靶向制剂（磁性、栓塞、pH值敏感、热敏感、光敏感靶向制剂）。按照药物分布水平分为一级靶向制剂（靶向组织或者器官）、二级靶向制剂（靶向细胞）和三级靶向制剂（靶向细胞内）。按照给药途径分为注射和非注射给药靶向制剂。

### 2. 脂质体

脂质体（liposomes）是指将药物用类脂质双分子层包封成的微小囊泡，为研究最广泛、技术最成熟的靶向给药系统。脂质体是以磷脂为膜材，并加入胆固醇等附加剂组成，为磷脂双分子层结构，内部是水相。

主要特点：①主要构成材料磷脂和胆固醇是细胞膜的天然组成成分，生物相容性好。②脂质体经修饰可满足不同粒径、循环时间、靶向性、稳定性、载药要求，在体内可被巨噬细胞作为异物吞噬，浓集在肝、脾、淋巴系统等组织器官中，产生靶向性和长效作用（缓释性），降低药物毒性。③脂质体能包封药物，进而改善一些易降解或者失活药物的稳定性。

分类：按照结构类型可分为单室脂质体、多室脂质体、多囊脂质体；按照结构性能可分为普通脂质体和特殊性能脂质体（长循环脂质体、靶向脂质体、前体脂质体、热敏脂质体、pH敏感脂质体、光敏感脂质体等）；按照荷电性可分为中性脂质体、负电荷脂质体及正电荷脂质体。

制备方法：薄膜分散法、逆向蒸发法、主动包封法、注入法和复乳法等。

### 3. 纳米粒、固体脂质纳米粒和纳米乳

纳米粒（nanoparticles）是指药物或与载体辅料经纳米化技术分散形成的粒径小于500nm的固体粒子。纳米粒可修饰成长循环纳米粒、免疫纳米粒、磁性纳米粒、生物黏附纳米粒，具有较好的物理稳定性，粒径较小，载药量大，较易制备，还具有缓释、靶向、保护药物、提高疗效和降低毒副作用等特点。

固体脂质纳米粒（solid lipid nanoparticles，SLN）系指采用生物相容的天然或者合成脂质为材料，将药物包裹或者内嵌于脂质核中，制成粒径大小10～200nm的固态胶粒给药系统。制备方法有熔融-匀化法、冷却-匀化法、乳化沉淀法和纳米乳法。

纳米乳（nanoemulsion）是由水相、油相、乳化剂和助乳化剂组成的，粒径为50～100nm，热力学稳定、透明或半透明的液体载药系统。纳米乳从结构上可分为水包油型纳米

乳（O/W）、油包水型纳米乳（W/O）以及双连续相型纳米乳（B.C）。

#### 4. 聚合物胶束

聚合物胶束（polymeric micelles）是由两亲性嵌段高分子载体材料在水中自组装包埋药物形成的粒径小于500nm的胶束溶液。聚合物胶束属于热力学和动力学稳定的胶体，兼顾增溶和药物载体功能，载药能力强，可包封水溶性、两亲性和脂溶性药物，可缓控释药物，具有主动和被动靶向性等特点。

#### 5. 其他靶向制剂

磁性靶向制剂（magnetic drug delivery systems）是指将药物与磁性物质共同包载在载体中，在体外磁场的作用下，引导药物在体内定向移动和定位集中的制剂，包括磁性胶囊、磁性微球、磁性纳米粒、磁性乳剂和磁性脂质体等。磁性靶向制剂由磁性材料、骨架材料、药物和其他成分组成，通用磁性物质有$Fe_3O_4$纯铁粉、磁铁矿、铁钴合金等。

栓塞靶向制剂主要适用于中晚期不能手术的癌症，原理是通过选择性地动脉插管将含药栓塞微球、微囊、脂质体等输送到靶组织或靶器官，并在靶区形成栓塞，阻断对靶区的血液和营养供应，使靶区的肿瘤细胞"饿死"，同时更多地将药物滞留于靶区，可显著提高抗肿瘤疗效，降低全身的毒副作用。

前体药物（prodrug）是由活性药物衍生而成的体外药理惰性物质，在体内经化学反应或者酶反应，使活性的母体药物再生而发挥其治疗作用。

## 第五节  药物制剂方向的课程体系

药物制剂方向课程设置以药剂学（工业药剂学）或药物制剂工程为主线，相关分支学科为辅，围绕药物制剂的基本理论、设计与开发、质量控制和合理使用，构建以药物制剂研发与生产、制剂厂房与车间工艺设计等工程能力为核心的课程体系。学习者必须具有较好的化学、数学、工程基础和一定的生物学、医学基础，以及药物分析、药理学等专业知识。

### 一、药剂学

药剂学（pharmaceutics）是药学、制药、制剂专业的主干课程，为培养具有新药研发能力的创新型药学人才提供重要支撑。该课程涵盖基本药物剂型研究（基本剂型设计与生产、质量控制的理论和实践知识）、药剂学基本理论（药物制剂稳定性、生物药剂学与药物动力学、物理药剂学等）、药物制剂的新技术与新剂型（新剂型、新辅料、分子药剂学）等内容，为学生从事剂型与制剂的设计与质量控制、临床合理用药、新剂型和新品种的研究探讨等方面工作打下良好基础。

### 二、工业药剂学

工业药剂学（industrial pharmacy）是研究药物制剂在工业生产中的基本理论、生产制备技术、生产设备和质量管理的一门综合性应用技术学科，是药学、制药、制剂专业的主干课程之一。其基本任务是研究和设计如何将药物设计、生产成品质优良、安全有效的制剂，以满足临床治疗与预防的需要。通过学习，培养学生具有药物剂型和制剂的设计、制备和生产以及质量控制、合理应用等方面的理论知识和专业技能，了解新剂型、新技术、新材料的发展趋势和前沿，为从事药物制剂的研发、工业化生产、新制剂开发等工作奠定基础。

## 三、生物药剂学与药物动力学

生物药剂学与药物动力学（biopharmaceutics and pharmacokinetics）是药学类专业的主要专业课程，主要研究药物与制剂的性质对药物体内过程的影响，要求学生掌握生物药剂学与药物动力学基本理论、研究方法，熟悉药物及其制剂在体内过程，为新药开发、药物递送研究、合理用药提供更加科学的依据。生物药剂学与药物动力学在内容上有所区别。生物药剂学是一门研究药物及其剂型在体内吸收、分布、代谢、排泄过程，阐明剂型因素、机体生物因素与药物疗效之间相互关系的科学。药物动力学是应用动力学原理与数学处理方法，定量地阐述及研究药物以不同途径或剂型进入机体后吸收、分布、代谢、排泄等过程的动态变化规律。

## 四、物理药剂学

物理药剂学（physical pharmacy）是运用物理化学的基本原理、方法和手段研究药剂学中有关剂型、制剂的处方设计、制备工艺、质量控制等内容的一门理论学科，是剂型和制剂设计的理论基础，是推动药物新剂型、新技术发展及应用的重要动力。其主要内容是应用物理化学原理研究和解释药物制剂制备、贮存过程中存在的内在规律，包括溶解度、稳定性、流变学、粉体学、胶体化学、表面化学、化学动力学、热力学等基本原理。

## 五、药用高分子材料学

药用高分子材料学（polymer science in pharmaceutics）是研究各种药用高分子材料的合成、结构和性能。该学科吸收高分子物理、高分子化学和聚合物工艺学的有关内容，为新剂型设计和新剂型处方提供新型高分子材料和新方法。在聚合物原理和特性以及各种合成的和天然的功能性聚合物的结构、性能和应用等方面，对创造新剂型、新制剂和提高制剂质量起着重要的支持和推动作用，对于培养学生从事药物制剂生产、研究有重要参考价值。

## 六、临床药剂学

临床药剂学（clinical pharmacy）是以患者为对象，研究合理、有效、安全用药等与临床治疗学紧密联系的一门学科，亦称临床药学。主要研究内容有临床用制剂和处方的研究、药物制剂的临床研究和评价、药物制剂生物利用度研究、药物剂量的临床监控、药物配伍变化及相互作用的研究等。

## 思考题

1. 药剂学研究的主要任务是什么？简述药剂学的进展。
2. 剂型、制剂、药剂学的概念是什么？
3. 简述药物剂型的重要性。
4. 简述药物剂型的分类及各分类方法的优缺点。
5. 常见固体制剂包括哪些剂型？简述其生产工艺。
6. 药物制剂新技术和新剂型有哪些？各有何特点？

7. 药物新型给药系统热点研发领域有哪些？你对哪种感兴趣？为什么？

8. 药剂学的分支学科有哪些？试分别解释各学科的定义。

## 参考文献

[1] 崔福德. 药剂学 [M]. 7版. 北京：人民卫生出版社，2011.

[2] 潘卫三，杨星钢. 工业药剂学 [M]. 北京：中国医药科技出版社，2019.

[3] 郑俊民. 药用高分子材料学 [M]. 北京：中国医药科技出版社，2009.

[4] Alfred N Martin，Pilar Bustamant. Physical Pharmacy [M]. Lippincott Williams & Wilkins，1993.

[5] 宋航. 制药工程技术概论 [M]. 3版. 北京：化学工业出版社，2019.

[6] 陆彬. 药物新剂型与新技术 [M]. 2版. 北京：人民卫生出版社，2005.

[7] 国家药典委员会. 中华人民共和国药典 [S]. 北京：中国医药科技出版社，2020.

[8] Sarah J Trenfield，Alvaro Goyanes，Richard Telford，et al. 3D printed drug products: Non-destructive dose verification using a rapid point-and-shoot approach [J]. International Journal of Pharmaceutics，2018，549 (1-2)：283-292.

[9] Liu X Y，Yuk H，Lin S T，et al. 3D printing of living responsive materials and devices [J]. Advanced Materials，2018，30 (4)：170482.1-9.

[10] Goyanes A，Wang J，Buanz A，et al. 3D printing of medicines: Engineering novel oral devices with unique design and drug release characteristics [J]. Molecular Pharmacology，2015，12 (11)：4077-4084.

# 第六章 制药工程设计

【本章学习目标】
1. 掌握制药工程设计相关的基础知识。
2. 熟悉制药工程设计的概念、程序及主要设计内容。
3. 了解制药工程各主要设计内容的设计任务、原则、方法及成果。
4. 了解GMP与制药工程设计相关性,具有工程设计概算意识。

## 第一节 概 述

### 一、制药工程设计概念

制药工程设计是一门运用药学、工程学及其相关理论和工程技术进行策划设计,实现药品规模与规范生产的理论与实践相结合的综合性学科。制药工程设计的研究内容就是如何组织、规划并实现药物的大规模工业化生产,其最终成果是建设一个质量优良、生产高效、运行安全、环保达标的规范药物生产企业。

一个药物在实验室研究成功后,如何进行大规模工业化生产,制药工程设计就是实现实验室产品向工业产品转化的过程开发的必经重要阶段。制药工程设计就是将经过小试研究、中试开发的药物生产工艺经一系列单元反应和单元操作进行组织,设计出一个生产流程具有合理性、技术装备具有先进性、设计参数具有可靠性、工程经济具有可行性的一个成套工程装置或一个制药生产车间,然后在规定的地区经过厂房建造,布置各类生产设备,配套一些公用工程,最终使这个工厂按照预定的设计期望顺利开车投产。

制药工程设计既包括新产品的实验室小试转变为中试直至工业化规模生产,也包括现有生产工艺及设备的技术革新与改造。因此,大到建设一个完整的现代化医药基地,小到改造药厂的一个具体工艺或设备都是制药工程设计的工作范围。

## 二、制药工程设计基本程序及主要内容

制药工程设计是制药企业建设的一个重要组成部分,是有一定的规范程序可以遵循的。制药工程项目设计的基本程序如图 6-1 所示,一般包括三个阶段:设计前期工作阶段、设计中期工作阶段和设计后期工作阶段。

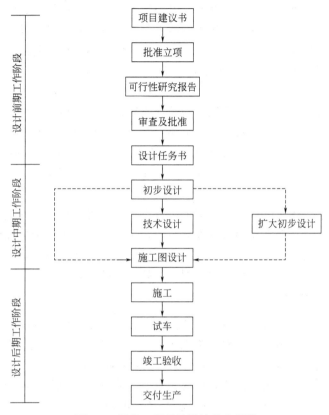

图 6-1 制药工程项目设计基本程序

**1. 设计前期工作阶段**

该阶段的工作目的主要是对项目建设进行全面分析,对项目的社会和经济效益、技术可靠性、工程的外部条件等进行研究。该阶段的主要工作内容有项目建议书、可行性研究报告和设计任务书。

项目建议书是投资决策前对项目的轮廓设想,主要说明项目建设的必要性,同时也对项目建设的可行性进行初步分析,是全面开展可行性研究的依据。

可行性研究报告则是投资前期,对拟建项目在技术、工程、经济和外部协作条件等方面是否合理可行,进行全面分析、认证及方案比较。可行性研究报告是设计前期工作中最重要的内容,是项目决策的依据。

设计任务书是根据可行性研究报告及上级主管部门批复文件编制的工程建设大纲,以明确项目建设的要求,是确定建设项目和建设方案的基本文件,也是进行工程设计、编制设计文件的主要依据。

**2. 设计中期工作阶段**

该阶段是根据已批准的设计任务书(或可行性研究报告)开展设计工作,通过技术手段

把设计任务书和可行性研究报告的构思和设想变为工程现实。一般按工程的重要性、技术的复杂性,将设计工作分为三段设计、两段设计或一段设计。目前我国的制药工程项目,多采用两段设计,包括初步设计与施工图设计。

(1) 初步设计　初步设计的主要任务就是根据批准的设计任务书,确定全厂性设计原则、设计标准、设计方案和重大技术问题,如总工艺流程、生产方法、工厂组成、总图布置、水电气的供应方式和用量、关键设备及仪表选型、全厂储运方案、消防、劳动安全与工业卫生、环境保护及综合利用以及车间或单体工程工艺流程和各专业设计方案等。编制出初步设计文件与概算。初步设计和总概算经上级主管部门审查批准后是确定建设项目的投资额、编制固定资产投资计划、组织主要设备订货、进行施工准备以及编制施工图设计的依据。

初步设计主要内容如下:①设计依据和设计原则;②建设规模和产品方案;③生产方法和工艺流程;④物料衡算和能量衡算;⑤主要工艺设备选择说明;⑥工艺主要原材料及公用系统;⑦生产分析控制;⑧车间及设备布置;⑨仪表及自动控制;⑩原、辅材料及成品储运;⑪工作制度及车间定员;⑫公用工程;⑬土建;⑭安全与环保;⑮节能;⑯工程技术经济等。

(2) 施工图设计　初步设计文件报请上级批准后,便可开展施工图设计。

施工图由文字说明、表格和图纸三部分组成,主要为施工提供依据和服务。施工图主要包括以下内容:①图纸目录;②管道及仪表流程图;③土建建筑及结构图;④设备布置及安装图;⑤设备一览表;⑥管道布置及安装图;⑦管道及管道特性表等。

**3. 设计后期工作阶段**

项目建设单位在具备施工条件后通常依据设计概算或施工图预算制定标底,通过招、投标的形式确定施工单位。施工单位根据施工图设计编制施工预算和施工组织计划。项目建设单位、施工单位和设计单位对施工图进行会审,设计部门对设计中一些问题进行解释和处理。设计部门派人参加现场施工过程,以便了解和掌握施工情况,确保施工符合设计要求,同时能及时发现和纠正施工图中的问题。施工完后进行设备的调试和试车生产,设计人员(或代表)参加试车前的准备工作以及试车生产工作,向生产单位说明设计意图并及时处理该过程中出现的设计问题。当试车正常后,建设单位组织施工和设计等单位按工程承建合同、施工技术文件及工程验收规范组织验收。待工厂投入正常生产后,设计部门还要注意收集资料、进行总结,为以后的设计工作、该厂的扩建和改建提供经验。

# 第二节　制药工程设计

## 一、厂址选择与厂区布局

### 1. 厂址选择

药品生产企业应有与生产品种和规模相适应的足够面积和空间的生产建筑、辅助建筑和设施。

药厂厂址选择是在拟建地区范围内,根据拟建工程项目所必须具备的条件,结合制药工业的特点,进行调查和勘测,并通过多方案比较,选择项目建设具体位置,编制厂址选择报告。

厂址选择是工程项目进行设计的前提。厂址选择的好坏，不仅关系到工程项目的建设速度、投资数量和建设质量，而且关系到项目建成后的经济效益、社会效益和环境效益，并对国家和地区的工业布局和城市规划有着深远的影响。

药厂厂址选择的基本原则如下：

(1) 符合国家和地区的规划要求　选择厂址时，要贯彻执行国家的方针、政策，遵守国家的法律、法规，符合国家区域经济发展规划、国土开发与管理有关规定。

(2) 满足制药工业对环境的特殊要求　药品是一种特殊商品，为保证药品质量，药品生产必须在严格控制的洁净环境中生产。一般工业区应设在城镇常年主导风向的下风向，但药厂则应设在工业区的上风位置，厂址周围应有良好的卫生环境，无有害气体、粉尘等污染源，也要远离车站、码头等人流、物流密集的区域。若是选址阶段不注重室外环境的污染因素，虽然事后可以依靠洁净室的空调净化系统来处理从室外吸入的空气，但势必会加重过滤装置的负担，并为此而付出额外的设备投资、长期维护管理费用和能源消耗。若是室外环境好，就能相应减少净化设施的费用，所以选择药厂厂址时一定要注意环境情况。

(3) 协调处理好各种关系　选择厂址时，要从全局出发，统筹兼顾，协调处理好城市与乡村、生产与生态、工业与农业、生产与生活、近期与远期发展等关系。

(4) 做好环境保护和资源综合利用　保护生态环境是我国的一项基本国策，药企必须对所产生的污染物进行综合治理，不得造成环境污染。从排放的废弃物中回收有价值的资源，开展综合利用，也是保护环境的一个积极措施。

(5) 具备基本的生产条件　药厂的运行与其他工厂是相同的，厂址所在地的水、电、气、原材料等生产资料应供应方便，交通运输与通信应畅通、便捷，自然地形应整齐、平坦，便于工程建设、给排水与交通运输。

(6) 节约用地与长远发展　我国人口众多，人均可耕地面积远远低于世界平均水平。选择厂址时要尽量利用荒地、坡地及低产地，少占或不占粮田、林地。厂区的面积、形状和其他条件既要满足现有生产工艺合理布局的要求，又要留有一定的发展余地。

在上述选址原则基础上，厂址选择程序一般包括调研阶段、实地勘察阶段和编制报告三个阶段。厂址选择报告报上级主管部门批准后，则可最终确定厂址的具体位置。

**2. 厂区布局设计**

一般药厂包含：①主要生产车间（制剂车间、原料药车间等）；②辅助生产车间（机修、仪表等）；③仓库（原料、辅料、包装材料、成品库等）；④动力（锅炉房、压缩空气站、变电所等）；⑤公用工程（水塔、冷却塔、泵房、消防设施等）；⑥环保设施（污水处理、绿化等）；⑦全厂性管理设施和生活设施（厂部办公楼、中心质检室、食堂、医院、宿舍、运动场等）；⑧运输、道路设施（车库、道路等）。

药厂的总图布置要满足生产、安全、发展规划等三个方面的要求，具体布置时应考虑以下原则和要求：

(1) 一般在厂区中心布置主要生产区，将辅助车间布置在它的附近。

(2) 生产性质相类似或工艺流程相联系的车间要靠近或集中布置。

(3) 生产厂房应考虑工艺特点和生产时的交叉污染。例如，兼有原料药物和制剂生产的药厂，原料药生产区布置在制剂生产区的下风侧；青霉素类生产厂房的设置应考虑防止与其他产品的交叉污染。

(4) 办公、质检、食堂、仓库等行政、生活辅助区布置在厂前区，并处于全年主导风向的上风侧或全年最小频率风向的下风侧。

（5）车库、仓库、堆场等布置在邻近生产区的货运出入口及主干道附近，应避免人、物流交叉，并使厂区运输便捷顺直。

（6）锅炉房、冷冻站、机修、水站、配电等有严重空气噪声及电污染源的应布置在厂区主导风向的下风侧。

（7）动物房应符合国家药品监督管理局《实验动物管理条例》等有关规定，布置在僻静处，并有专用排污和空调设施。

（8）危险品库应设于厂区安全位置，并有防冻、降温、消防等措施，麻醉产品、剧毒药品应设专用仓库，并有防盗措施。

（9）考虑工厂建筑群体的空间处理及绿化环境布置，符合当地城镇规划要求。

（10）考虑企业发展需要，留有余地（即预留扩建生产区），近期建设与远期发展相结合，以近期为主。

药厂总图布置应做到：总体布置要紧凑有序；遵照项目规划要求，充分考虑厂址周边环境，做到功能分区明确，人、物分流，合理用地；注意各部分的比例适当，如占地面积、建筑面积、生产用房面积、辅助用房面积、仓储用房面积、绿化面积；合理确定建筑物之间的距离。厂房平面布置应符合《建筑设计防火规范》和 GMP 的要求；建筑立面设计简洁、大方，充分体现医药行业卫生、洁净的特点和现代化制药企业的建筑风格。

## 二、工艺流程设计

### 1. 工艺流程设计的意义

工艺流程设计一般包括试验工艺流程设计和生产工艺流程设计。本书主要讨论生产工艺流程设计。

生产工艺流程设计是制药车间工艺设计的核心，其目的是通过图解的形式，表示出在生产过程中，由原、辅料制得成品过程中物料和能量发生的变化及流向，以及表示出生产中采用哪些药物制剂加工过程及设备（主要是物理过程、物理化学过程及设备），为进一步进行车间布置、管道设计和计量控制设计等提供依据。

### 2. 工艺流程设计的主要任务

（1）确定生产全流程的组成　全流程包括由药物原料、制剂辅料、溶剂及包装材料制得合格产品所需的加工工序和单元操作，以及它们之间的顺序和相互联系。需要注意的是，制剂生产中剂型不同，工艺流程不同；即使相同剂型，如果生产设备不同，工艺流程也可能不同。

（2）确定工艺流程中工序划分及其对环境的卫生要求（如洁净度）

（3）绘制工艺流程框图（工艺流程示意图）

（4）确定载能介质的技术规格和流向　制剂工艺常用的载能介质有水、电、汽、冷、气（真空或压缩）等。

（5）确定生产控制方法　流程设计要确定各加工工序和单元操作的空气洁净度、温度、压力、物料流量、分装、包装量等检测点，显示计量器具和仪表以及各操作单元之间的控制方法（手动、机械化或自动化），以保证按产品方案规定的操作条件和参数生产符合质量标准的产品。

（6）确定安全技术措施　根据生产的开车、停车、正常运转及检修中可能存在的安全问题，制定预防、制止事故的安全技术措施，如报警装置、防毒、防爆、防火、防尘、防噪等措施。

(7) 绘制带控制点的工艺流程图（简称工艺流程图）

(8) 编写工艺操作规程　根据生产工艺流程图编写生产工艺操作说明书，阐述从原、辅料到产品的每一个过程和步骤的具体操作方法。

### 3. 工艺流程设计的原则

工艺流程设计中通常要遵循以下原则：

(1) 保证产品质量符合规定的标准；

(2) 尽量采用成熟、可靠、先进的技术和设备；

(3) 满足 GMP 要求；

(4) 尽可能减少能耗与"三废"排放；

(5) 生产易操作，易控制；

(6) 具有良好的经济效益；

(7) 确保安全生产。

### 4. 工艺流程设计的基本程序

制药工艺流程设计进行的基本程序如下。

(1) 对选定的生产方法进行工程分析及处理　对选定生产方法的中、小试实验工艺报告或工厂实际生产工艺及操作控制数据进行工程分析，在确定产品、产品方案（品种、规格、包装方式）、设计规模、生产制度（年工作日、日工作班次、班生产量）及生产方法的条件下，将产品的生产工艺过程按剂型类别和制剂品种要求分解成若干操作单元，并确定每个操作单元的生产环境、洁净级别、主要生产设备的工艺技术参数和载能介质的技术规格。

(2) 绘制工艺流程示意图　生产工艺流程示意图是用来表示生产工艺过程的一种定性的图纸。在生产路线确定后，物料计算前设计给出。工艺流程示意图一般有工艺流程框图和工艺流程简图两种表示方法。工艺流程框图是以方框或圆框、文字和带箭头的线条的形式定性地表示由原料变成产品的生产过程（如图 6-2 所示）；工艺流程简图则由物料流程和设备组成（如图 6-3 所示）。

(3) 绘制物料流程图　工艺流程示意图完成后，开始进行物料衡算，再将物料衡算结果注释在流程中，即成为物料流程图。

(4) 绘制带控制点的工艺流程图　带控制点的工艺流程图是指各种物料在一系列设备内进行操作，最后变成所需要产品的流程图。工艺流程图绘制后，就可进行车间布置和管道及仪表自控设计。根据车间布置和管道及仪表自控设计结果，绘制带控制点的工艺流程图。

### 5. 工艺流程设计的成果

初步设计阶段工艺流程设计的成果包括工艺流程框图、初步设计阶段带控制点的工艺流程图和工艺操作说明，施工图设计阶段的工艺流程设计成果主要是施工图阶段的带控制点工艺流程图，即管道仪表流程（piping and instrument diagram，PID）图。两者的要求和深度不同，施工阶段的带控制点流程图是根据初步设计的审查意见，并考虑到施工要求，对初步设计阶段的带控制点工艺流程图进行修改完善而成。两者都要作为正式设计成果编入设计文件中。

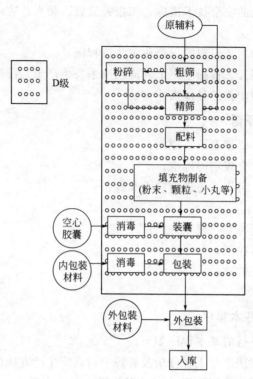

图 6-2　某硬胶囊剂生产工艺流程框图

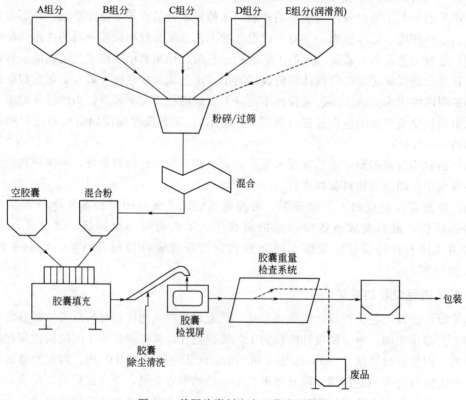

图 6-3　某硬胶囊剂生产工艺流程简图

## 三、物料与能量衡算

### 1. 物料衡算

(1) 物料衡算的基本方法　物料衡算是制剂工艺设计的基础，根据所需要设计项目的年产量，通过对全过程或者单元操作的物料衡算计算，可以得到单耗、副产品量以及输出过程中物料损耗量以及"三废"生成量等，使设计由定性转向定量。

物料衡算是车间工艺设计中最先进行的一个计算项目，其结果是后续的能量衡算、设备工艺设计与选型、确定原材料消耗定额、进行管路设计等各单项设计的依据，因此物料衡算结果的正确与否直接关系整个工艺设计的可靠程度。为使物料衡算能客观地反映出生产实际状况，除对实际生产过程要做全面而深入的了解外，还必须要有一套系统而严密的分析、求解方法。

物料衡算是以质量守恒定律为基础。简单地讲，它是指"在一个特定物系中，进入物系的全部物料质量必定等于离开该系统的全部产物质量加上消耗掉的和积累起来的物料质量之和"，用式（6-1）表示为：

$$\Sigma G_1 = \Sigma G_2 + \Sigma G_3 \tag{6-1}$$

式中，$G_1$ 为输入的物料量；$G_2$ 为输出的物料量；$G_3$ 为物料的损失。

(2) 物料衡算的步骤

① 收集与计算所必需的基本数据　在计算前，要尽可能收集足够的合乎设计实际的准确数据，通常称为原始数据。这些数据是整个计算的基本数据与基础。

原始数据的收集根据不同计算性质来确定。若进行设计计算，则依据设定值，如年产量100t诺氟沙星工艺设计一年以250d计等，这些数据则为设定值。若对生产过程进行测定性计算，则要严格依据现场实际数据，这些数据包括物料投料量、配料比、转化率、选择性、总收率、回收套用量等。当某些数据不能精确测定或欠缺时，可在工程设计计算允许的范围内借用、推算或假定。

另外，还需要收集相关的物性数据，如流体的密度、原料的规格（主要指原料的有效成分和杂质含量、气体或者液体混合物的组成等）、临界参数、状态方程参数、萃取或水洗过程的分配系数、塔精馏过程的回流比、结晶过程的饱和度等。

② 根据给定条件画出流程简图　确定衡算的物系，画出示意流程图。表示出所有的物料线（主物料线、辅助物料线、次物料线），将原始数据（包括数量和组成）标注在物料线上，未知量也同时标注。绘制物料流程图时，着重考虑物料的种类和走向，输入和输出要明确，通常主物料线为左右方向，辅助和次物料线为上下方向（图6-4）。

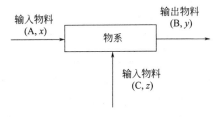

图6-4　物料平衡流程简图

注：A、B、C分别表示物料的各类；$x$、$y$、$z$分别表示物料的浓度

③ 选择物料计算基准　对于间歇式操作的过程，常采用一批原料为基准进行计算。对

于连续式操作的过程,可以采用单位时间产品数量或原料量为基准进行计算。

④ 列出物料平衡表 主要包括输入和输出的物料平衡表(表 6-1);原、辅材料消耗一览表(表 6-2)、"三废"排量表(表 6-3)。消耗定额是指每吨产品或以一定量的产品(如每千克针剂、每万片药片等)所消耗的原材料量;而消耗量是指以每年或每日等时间所消耗的原材料量。计算制剂车间的消耗定额及消耗量时应把原料、辅料及主要包装材料一起算入。

表 6-1 物料平衡表

| 进料量 | | | 出料量 | | |
|---|---|---|---|---|---|
| 进料物料名称 | 进料物质量/kg | 进料物含量/% | 出料物料名称 | 出料物质量/kg | 出料物含量/% |
|  |  |  |  |  |  |

表 6-2 原、辅材料消耗一览表

| 序号 | 材料名称 | 单位 | 规格 | 成品消耗定额 | 每小时消耗量 | 每年消耗量 | 备注 |
|---|---|---|---|---|---|---|---|
|  |  |  |  |  |  |  |  |

表 6-3 "三废"排量表

| 序号 | 名称 | 特性和成分 | 单位 | 每吨产品排出量/kg | 每小时排量/kg | 每年排量/t | 备注 |
|---|---|---|---|---|---|---|---|
|  |  |  |  |  |  |  |  |

⑤ 绘制物料流程框图 物料流程框图(图 6-5)是物料衡算计算结果的一种表示方式,它最大的优点是简单清楚,查阅方便,并能表示出各物料在流程中的位置和相互关系。

## 2. 能量衡算

药物生产所经过的系列单元操作都必须满足一定的工艺要求,如严格控制温度、压力等条件,因此如何利用能量的传递和转化规律,以保证适宜的工艺条件,是工业生产中重要的问题。

能量衡算是以热力学第一定律为依据,对生产过程或设备的能量平衡进行定量的计算,计算过程中要供给或移走的能量。能量是热能、电能、化学能、动能、辐射能的总称,制药生产中最常用的能量形式为热能,因此制药工程设计常将能量衡算称为热量衡算。

(1) 能量衡算的目的和意义

① 在过程设计中,进行能量衡算,可以决定过程所需要的能量,从而计算出生产过程的能耗指标,以便对工艺设计的多种方案进行比较,以选定先进的生产工艺。

② 能量衡算的数据是设备选择与计算的依据。热量衡算经常与设备选型和计算同时进行,物料衡算完毕,先粗算设备的大小和台数,粗定设备的基本形式和传热形式,如与热量衡算的结果相矛盾,则要重新确定设备的大小和形式,或在设备中加上适当的附件部分,使设备既能满足物料衡算的要求又能满足热量衡算的要求。

③ 能量衡算是组织、管理、生产、经济核算和最优化的基础。在工厂生产中,有关工厂能量的平衡,将可以说明能量利用的形式及节能的可能性,找出生产中存在的问题,有助于工艺流程和设备的改进以及制定合理的用能措施,达到节约能源、降低生产成本的目的。

(2) 能量守恒的基本方法 能量衡算的主要依据是能量守恒定律。进行能量衡算工作,必须具有物料衡算的数据以及所涉及物料的热力学物性数据,如反应热、溶解热、比热容、相变热等。

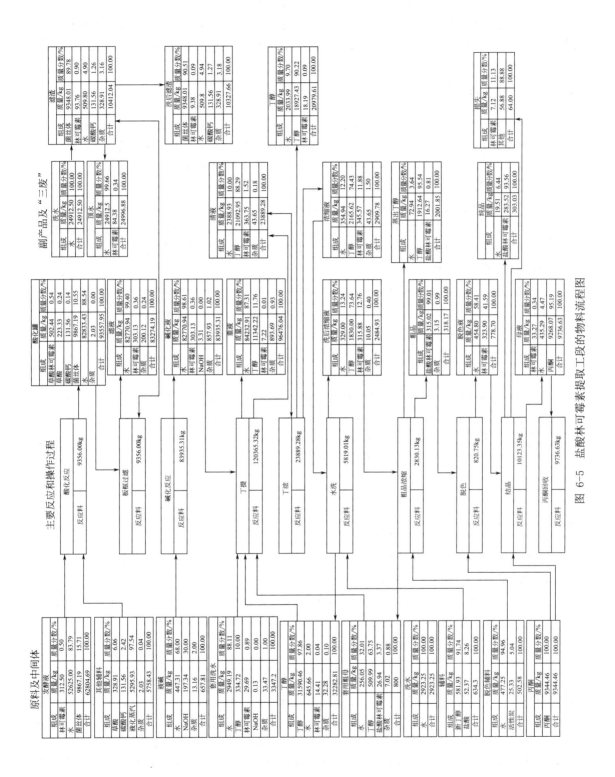

图 6-5 盐酸林可霉素提取工段的物料流程图

能量守恒定律的一般方程式可写为：
$$输出能量＝输入能量＋生成能量－消耗能量－积累能量$$

能量存在的形式有多种，如势能、动能、电能、热能、机械能、化学能等，各种形式的能量在一定条件下可以互相转化，但其总的能量是守恒的。在药品生产过程中热能是最常用的能量表现形式。

## 四、设备选型与设计

在设备选用时，按照标准化的情况，将设备分为标准设备（即定型设备）和非标准设备（即非定型设备）。标准设备是一些设备厂家成批成系列生产的设备，可以现成买到。标准设备可从产品目录、样本手册、相关手册、期刊广告和网上查到其规格和牌号。

非标准设备则是需要专门设计的特殊设备，是根据工艺要求，通过工艺及机械计算进行设计，然后提供给有关工厂进行制造。选择设备时，应尽量选择标准设备。只有在其他情况下，才按工艺提出的条件去设计制造设备，而且在设计非标准设备时，对于已有标准图纸的设备，设计人员只需根据工艺需要确定标准图图号和型号即可，不必自己设计，以节省非标准设备施工图的设计工作量。

**1. 工艺设备选型的基本原则**

要注意根据工艺结合 GMP 要求选择设备类型，工艺设备选型时要满足以下几项要求。

（1）设备结构设计要求　实际上 GMP 在进行设备清洗灭菌验证时，最常见的取样部位就是接触物料最多的部位及最不易清洁的部位（如高速混合制粒机内侧壁、顶盖、内壁、搅拌桨、制粒刀等）。因此设备设计应注意以下几个方面。

① 在药物制备中，设备结构应有利于物料的流动及清洗等。设备内的凹凸槽、棱角等部位应尽可能采用大的圆角等，以免挂带和阻滞物料。这对固定的、回转的容器及药机上的盛料、输料结构具有良好的自卸性和原位清洗（CIP）、原位灭菌（SIP）具有重要意义。此外，设备内表面及设备内工作的零件表面上尽可能不涉及有台、沟，避免采用螺栓连接的结构。

② 要着重注意药机的非主要部分结构的设计。如某种安瓿的隧道干燥箱，未考虑排玻璃屑，矩形箱底的四角积满玻璃屑，与循环气流形成污染，只能大修才能清除。

③ 与药物接触的构件都应有不附着物料的高光洁度。

④ 润滑剂、清洗剂等都不得与药物相接触，为避免掉入、渗入等，应采取如下措施：a. 对药物的阻隔；b. 对润滑部分的阻隔。

⑤ 制药设备在使用中有不同程度的散尘、散热及散废气、水、汽等，要消除主要应从设备本身设计加以解决。散尘在粉体机械中常见，应配有捕尘机构；散热散湿的应有排气通风装置，散热的还要有保温结构。

（2）设备材质、外观和安全要求

① 材质　GMP 规定制造设备的材料不得对药品性质、纯度、质量产生影响，其所用材料需要有安全性、可辨别性和使用强度。因而在材料选用中应考虑与药物等介质接触时，在腐蚀性等环境条件下不发生反应、不释放微粒、不易附着或吸湿。

② 外观　GMP 对外观提出了达到易清洗、易灭菌的要求。对外观的要求集中在：a. 与药物生产操作无直接关系的机构，尽可能设计成内置式。即设备外部、台面设计仅安排操作的部分，传动等部分内置。b. 尽量采用包覆式结构。将复杂的机体、管线等用板材包起来，包覆层还有其他功能，如防水密封。对经常开启的应设计成易拆快装的包层结构。

③ 安全保护功能　药物有热敏、吸湿、挥发、反应等不同的性质，不注意这些特性易造成药物品质的改变，这也是选设备时应注意的。因而产生了防尘、防水、防过热、防爆、防渗入、防静电、防过载等保护功能。并且还要考虑非正常情况下的保护，如高速运转设备的紧急制动；高压设备的安全阀；无瓶止灌、自动废弃、卡阻停机、异物剔除等。安全保护功能的设计应提倡应用仪表、电脑来实现设备操作中的预警、显示、处理等。

(3) 对公用工程的要求　生产设备的运行需要电力、压缩空气、纯化水、蒸汽等动力，它们是通过与设备的接口来实现运行的。这种关系对设备本身乃至一个系统都有着连带影响。接口问题对设备的使用以及系统的影响程度是不应低估的，如设备气动系统的气动阀前无压缩气过滤装置，阀极易被不洁气体污物堵塞而产生设备控制故障。通常工程设计中设备选型在前，故设备的接口又决定着配套设施，这就要求设备接口及工艺连线设备要标准化，在工程设计中要处理好接口关系。

### 2. 工艺设备的选型步骤

(1) 定型设备选择步骤　工艺设备种类繁多、形状各异，不同设备的具体计算方法和技术在各种有关化工、制药设备的书籍、文献和手册中均有叙述。对于定型设备的选择，一般可分为如下四步进行。

① 通过工艺选择设备类型和设备材料。
② 通过物料计算数据确定设备大小、台数。
③ 所选设备的检验计算，如过滤面积、传热面积、干燥面积等的校核。
④ 考虑特殊事项。

(2) 非定型设备设计内容　工艺设备应尽量在已有的定型设备中选择，这些设备来源于各设备生产厂家，若选不到合适的设备，再进行设计。非定型设备的工艺设计是由工艺专业人员负责，提出具体的工艺设计要求即设备设计条件提交单，然后提交给机械设计人员进行施工图设计。设计图纸完成后，返回给工艺人员核实条件并会签。设备设计条件提交单一般要求包括如下内容：设备示意图，技术特性指标，管口表，设备的名称、作用和使用场所，其他特殊要求。

### 3. 工艺设备的安装

工艺设备的安装一般要满足下述要求。

① 洁净室内只设置必要的工艺设备。尽可能采用新型设备（有自净能力的设备），尽量减少清净面积，洁净级别也不宜大面积提高。这样，可以降低投资和能耗。易造成污染的工艺设备应布置在靠近排风口位置。设备尽量不采用基础块，必须设置时，采用可移动砌块水磨石光洁基础块。

② 合理考虑设备起吊、进场运输路线。门窗留孔要能容纳进场设备通过，必要时把间隔墙设计成可拆卸的轻质墙。

③ 除传送带本身能连续灭菌（如隧道式灭菌设备）外，传送带不得在 A、B 级洁净区与低级别洁净区之间穿越。

当设备跨越安装不违反 GMP 规定时，也应采取密封的隔断装置证明达到不同等级的洁净要求。

④ 不同洁净等级房间之间的物料如采用传送带传递时，传送带不宜穿越隔墙，而宜采取相应的技术措施或在传递窗两边分段输送。

⑤ 吊装孔位置布置在电梯井道旁侧，每层吊装孔布置在同一垂线位置上。

⑥ 吊装孔不宜开得过大（一般控制在 2.7m 以内），对外形尺寸特别大的设备吊装时，可采用安装墙或安装门，一般宜布置在车间内走廊的终端。若电梯能满足所有设备的搬运，则不设吊装孔。

⑦ 为了方便设备的清洁、检修及可能的更换，制剂车间的设备安装固定应尽可能做成非永久性固定。有些制药厂对设备的安装固定采用可移动的砌块式基础安装方式，即设备与混凝土基座以地脚螺栓固定后，将混凝土基座与地坪间以弹性材质铺垫，这样既可移动设备又可减轻设备的震动影响。这种方法值得注意的是，不可使设备的操作高度影响到操作人员的正常工作。另外，根据经验，也可以在设计时，在设备基础定位的建筑板面上预埋钢板，此钢板与建筑地面平齐，在此预埋钢板上，根据设备底座地脚螺栓位置焊接螺栓，将设备就位后，再以弹簧垫圈及螺栓紧固。

## 五、车间布置设计

车间布置设计既要考虑车间内部的生产、辅助生产、管理和生活的协调，又要考虑车间与厂区供水、供电、供热和管理部分的呼应，使之成为一个有机整体。

### 1. 车间布置设计的目的和重要性

车间布置设计的目的是对厂房配置和设备排列作出合理的安排。车间布置设计是制药工艺设计的一个重要环节，也是工艺专业向其他非工艺专业提供开展车间设计的基础资料之一。有效的车间布置设计将会使车间内的人、物料和设备在空间上实现最合理的组合，以降低劳动成本，减少事故发生，增加地面可用空间，提高原材料利用率，改善工作条件，促进生产发展。一个布置不合理的车间，基建时工程造价高，施工安装不便；车间建成后又会带来生产和管理问题，造成人流和物流紊乱，设备维护和检修不便等问题，同时也埋下了较大的安全隐患。因此，车间布置设计时应遵守设计程序，按照布置设计的基本原则，进行细致而周密的考虑来进行。

### 2. 车间布置设计的步骤和内容

车间布置设计一般分为初步设计阶段与施工图设计阶段两个阶段。

（1）初步设计阶段　初步设计阶段的车间布置设计是在工艺流程设计、物料衡算、热量衡算和工艺设备设计之后进行的。设计程序如下：

① 收集布置设计需要的条件和资料

a. 直接资料。包括车间外部资料和车间内部资料。

车间外部资料包括：设计任务书；设计基础资料，如气象、水文和地质资料；本车间与其他生产车间和辅助车间等之间的关系；工厂总平面图和厂内交通运输。

车间内部资料包括：生产工艺流程图；物料计算资料，包括原料、半成品、成品的数量和性质，废水、废物的数量和性质等资料；设备设计资料，包括设备简图（形状和尺寸）及其操作条件，设备一览表（包括设备编号、名称、规格形式、材料、数量，设备空重和装料总重，配套电机大小、支撑要求等）；物料流程图和动力（水、电、汽等）消耗等资料；工艺设计部分的说明书和工艺操作规程；土建资料，主要是厂房技术设计图（平面图和剖面图）、地耐力和地下水等资料；劳动保护、安全技术和防火防爆等资料；车间人员表（包括行政管理人员、技术人员、车间分析人员、岗位操作工人和辅助工人的人数，最大班人数和男女的比例）；其他资料。

b. 设计规范和规定。车间布置设计应遵守国家有关劳动保护、安全和卫生等规定，这些规定以国家或主管业务部门制定的规范和规定形式颁布执行，定期修改和完善。

② 初步设计及设计内容

a. 根据生产过程中使用、产生和储存物质的火灾危险性按相关规定确定车间的火灾危险类别；按照生产类别、层数和防火分区内的占地面积确定厂房的耐火等级。

b. 按《药品生产质量管理规范》确定车间各工序的洁净等级。

c. 在满足生产工艺、厂房建筑、设备安装和检修、安全和卫生等项要求的前提下，确定生产、辅助生产、生活和行政部分的布局；确定车间场地与建（构）筑物的平面尺寸和高度；确定工艺设备的平、立面布置；确定人流和管理通道，物流和设备运输通道；安排管道电力照明线路，自控电缆廊道等。

③ 初步设计成果　初步车间布置设计的最终成果是车间布置图和布置说明。车间布置图作为初步设计说明书的附图，它包括下列各项：各层平面布置图；各部分剖面图（或立面布置图）；附加的文字说明；图框；图签。布置说明作为初步设计说明书正文的一章（或一节）。

(2) 施工图设计阶段　初步设计经审查通过后，需对初步设计进行修改和深化，进行施工图设计。它与初步设计的不同之处是：①施工图设计的车间布置图表示方法更详尽，不仅要表示设备的空间位置，还要表示出设备的管口以及操作台和支架等。②施工图设计的车间布置图只作为条件图纸提供给设备安装及其他设计工种，不编入设计正式文件。由设备安装工种完成的安装设计，才编入正式设计文件。

**3. 车间总体布置**

(1) 制药厂房形式

① 厂房组成形式　根据生产规模和生产特点，按照厂区面积、厂区地形和地质等条件考虑厂房的总体布置，厂房组成形式有"集中式"和"单体式"。"集中式"是指组成车间的生产、辅助生产和生活行政部分集中安排在一栋厂房中。"单体式"是指组成车间的一部分或几部分相互分离并分散布置在几栋厂房中。生产规模较小，车间中各工段联系紧密，生产特点（主要指防火、防爆等级和生产毒害程度等）无显著差异，厂区面积小，地势平坦，在符合《建筑设计防火规范》和《工业企业设计卫生标准》的前提下，可采取集中式。生产规模较大，车间各工段生产特点差异显著，厂区平坦地形面积较小，可采用单体式。

② 厂房的层数　工业厂房有单层、双层或单层和多层结合的形式。这几种形式主要根据工艺流程的需要综合考虑占地和工程造价等因素，具体选用。厂房的高度，主要取决于工艺设备布置、安装和检修要求，同时也要考虑通风、采光和安全要求。

③ 厂房平面和建筑模数制　厂房的平面形状和长宽尺寸，既要满足工艺的要求，又要考虑土建施工的可能性和合理性。厂房的平面应该力求简单，从而可使工艺设备布置具有很多的可变性和灵活性，有利于建筑定型化和施工机械化。因此，车间通常采用长方形、L形、T形、M形等，尤以长方形为多。这些形状，从工艺要求上看，有利于设备布置，能缩短管线，便于安装，有较多可供自然采光和通风的墙面；从土建上看，占地较节省，有利于建筑构件的定型化和机械化施工。同时，还有利于设计规范化。

厂房的宽度、长度和柱距，除非特殊要求，单层厂房应尽可能符合建筑模数制的要求，这样可利用建筑上的标准预制构件，节约建筑设计和施工力量，加速设计和施工进度。

(2) 制药车间一般组成　制药车间一般由生产部分（一般生产区及洁净区）、辅助生产部分和生活行政部分组成。

辅助生产部分包括物料净化用室、原辅料外包装清洁室、包装材料清洁室、灭菌室、称量室、配料室、设备容器具清洁室、清洁工具洗涤存放室、洁净工作服洗涤干燥室、动力室（真空泵和压缩机室）、配电室、分析化验室、维修保养室、通风空调室、冷冻机室、原料/辅料和成品仓库等。

生活行政部分由人员净化用室（包括雨具存放间、管理间、换鞋室、存外衣室、盥洗室、洁净工作服室、空气吹淋室等）和生活用室（包括办公室、会议室、厕所、淋浴室与休息室等）组成。

(3) 制药车间的特点　制药工业包括原料药工业和制剂工业。原料药作为特殊精细化学品，生产过程属于化学工业的范畴，在车间布置设计上与一般化工车间具有共同特点。但制药产品（原料药及制剂）还是一种防治人类疾病、增强人体体质的特殊商品，必须保证药品的质量。所以，原料药生产的成品工序（精制、干燥、包装工序）与制剂生产的灌封、制粒、干燥、压片等工序的新建、改造必须符合《药品生产质量管理规范》，这是药品生产特殊性的方面。

(4) 制药车间设计的一般原则　设计的一般原则有：①车间布置设计应按工艺流程合理布置，布置合理紧凑，有利于生产操作，并能保证对生产过程进行有效的管理。②车间布置设计要防止人流、物流之间的混杂和交叉污染，要防止原材料、中间体、半成品的交叉污染和混杂。做到人流、物流协调，工艺流程协调，洁净级别协调。③车间应设有相应的中间储存区域和辅助房间。④厂房应有与生产量相适应的面积和空间，建设结构和装饰要有利于清洗和维护。⑤车间内应有良好的采光、通风，按工艺要求可增设局部通风。

(5) 制药车间洁净分区　按照GMP，可将制剂车间分为两个区，即一般生产区、洁净区（A、B、C和D级）。

车间洁净度的细分：

① 一般生产区　无洁净级别要求的房间所组成的生产区域。它包括注射剂车间的纯水制备、安瓿粗洗、消毒、灯检、包装；输液的纯水制备、洗涤（玻璃瓶、胶塞、膜）、盖铝盖、轧盖、灭菌、灯检、包装；无菌粉针和冻干的胶塞粗洗、包装；片剂的洗瓶、外包装等。

② 洁净区　根据剂型的不同，具体工序的洁净级别如下。

a. D级的有：片剂生产除洗瓶和外包装外的工艺过程；胶囊生产的全过程；口服药的洗瓶、调配、灌装、加盖；最终能热压灭菌的注射剂调配工段、洗瓶工段的粗洗；非无菌原料药的精制、烘干、包装等。

b. C级的有：最终能热压灭菌的注射剂瓶子的精洗、烘干、储存工段；最终不能热压灭菌注射剂的调配室、粗滤、瓶子的清洗；大输液的稀配、粗滤、灌装、瓶、盖、膜的精洗，加薄膜、盖塞；滴眼剂的灌封；无菌粉针、冻干的原料外包装消毒、洗瓶、胶塞精洗、轧盖；无菌原料药的玻璃瓶精洗等。

c. B级的有：最终不能热压灭菌注射剂（包括冻干产品及粉针）的瓶子的烘干、储存；针剂的精滤、灌装、封口、玻璃瓶的冷却；输液的精滤、灌装、盖塞、瓶塞膜的精洗；冻干制剂的无菌过滤、分装、加盖；粉针原料检查、玻璃瓶冷却、原料调配、过筛、混粉、分装、加盖；无菌眼药膏、药水的调配和灌封室；无菌原料药生产的过滤、结晶、分离、干燥、过筛、混粉、包装；血浆制品的粗分室、精分室等。

d. 局部A级有：无菌检验；菌种接种工作台；无菌生产用薄膜过滤器的装配；输液的精滤、灌装、放膜、盖塞；冻干制剂的无菌过滤、灌装、冻干、加塞；无菌粉针的玻璃瓶冷却、分装、盖塞；无菌原料药的瓶冷却、过筛、混粉、装瓶；血制品的冻干室、血浆的粗分工作台、精分工作台等。

以上洁净分区是根据 GMP 的规定制定的，也有不少药厂根据各自的标准制定了高于上述分区的要求，如有的厂将片剂车间的洁净度列于 C 级，将非无菌原料药的精制、烘干、包装等洁净度列于 C 级。应该注意要根据实际需要制定标准，不必无限制提高标准，因提高标准将增加能耗、提高成本。

### 4. 车间设备布置

车间设备布置一般需遵循下列基本要求。

（1）满足 GMP 的要求

（2）满足工艺要求

① 必须满足生产工艺要求是设备布置的基本原则，即车间内部的设备布置应尽量与工艺流程一致，并尽可能利用工艺过程使物料自动流送，避免中间体和产品有交叉往返的现象。

为此，一般可将计量设备布置在最高层，主要设备（如反应器等）布置在中层，储槽及重型设备布置在最低层。

② 在操作中相互有联系的设备应布置得彼此靠近，并保持必要的间距。这里除了要照顾到合理的操作地位、行人的方便、物料的输送外，还应考虑在设备周围留出堆存一定数量原料、半成品、成品的空地，必要时可作一般的检修场地。如附近有经常需要更换的设备，就须考虑设备搬运通道应该具备的最小宽度，同时还应留有车间扩建的位置。

③ 设备的布置应尽可能对称，相同或相似设备应集中布置，并考虑相互调换使用的可能性和方便性，以充分发挥设备的潜力。

④ 设备布置时必须保证管理方便和安全。关于设备之间的距离，设备与墙壁之间的距离以及运送设备的通道和人行道的标准都有相关规范，设计时应予遵守。

（3）满足建筑要求

① 在可能的情况下，将那些在使用上、操作上可以露天化的设备，尽量布置在厂房外面，这样可以大大节约建筑物的面积和体积，减少设计和施工的工作量，对节约基建投资具有很大意义。但是，设备露天化必须考虑该地区自然条件和生产操作的可能性。

② 在不影响工艺流程的原则下，将较高的设备集中布置，可简化厂房的立体布置，避免由于设备高低悬殊造成建筑体积的浪费。

③ 笨重的设备或在生产中会产生很大震动的设备，如压缩机、巨大的通风机及离心机等尽可能布置在厂房的底层。这些设备应避免设置于操作台上，在个别场合必须布置在二、三楼时，应将设备安置在梁的上侧（尽量避免这种方案）。

④ 设备穿孔必须避开主梁。

⑤ 操作台必须统一考虑，避免零乱重复，以节约厂房类构筑物所占用的面积。

⑥ 厂房出入口、交通道路、楼梯位置都要精心安排，便于通行。

（4）满足安装和检修要求

（5）满足安全和卫生要求

（6）设备的露天布置　设备露天或半露天（如无墙有屋顶的框架构筑物）布置是大型制药企业发展的方向之一，它的优点是节约建筑面积和土建工程量。缺点是受气候影响大，操作条件差，设备养护要求高，自控要求高。对于制药车间，应结合生产工艺的可能和地区的气候条件具体考虑。

## 六、管道布置设计

在药品生产中，各种液体物料以及水、蒸汽等载能介质通常采用管道来输送，管道是制药生产中必不可少的重要部分，在整个工程投资中占有重要的比例。管道布置是否合理，不仅影响工厂基本建设投资，而且与装置建成后的生产、管理、安全和操作费用密切相关。因此，管道设计在制药工程设计中占有重要的地位。

管道设计是在车间布置设计完成之后进行的。在初步设计阶段，设计带控制点工艺流程图时首先要选择和确定管道、管件及阀件的规格和材料，并估算管道设计的投资；在施工图设计阶段，还需确定管沟的断面尺寸和位置，管道的支承间距和方式，管道的热补偿与保温，管道的平、立面位置及施工、安装、验收的基本要求。

### 1. 管道布置设计依据

进行管道布置设计，一般需要依据下述材料进行设计：

(1) 工艺管道及仪表流程图（PID 图）；
(2) 公用工程系统流程图；
(3) 设备平面布置图和立面布置图；
(4) 设备的样本或详细安装图；
(5) 建（构）筑物平、立面布置图；
(6) 工程设计规范、管道等级表；
(7) 设备一览表；
(8) 其他技术参数（如水源、蒸汽压力和空气压力等）。

### 2. 管道布置的一般原则

(1) 总管集中布置原则　总管路尽可能集中布置，并靠近输送负荷比较大的一边。

(2) 操作点集中原则　一台设备常常有许多接管口，连接有许多不同的管线，而且可能分布于上下、左右、前后不同层次的空间之中。如果将一排位于同一轴线的设备的各种管路的操作点统一布置在一个操作平面上，不但布置美观，而且方便操作，避免出错。

(3) 方便生产原则　根据工艺管道及仪表流程图（PID 图），结合装置的特点，考虑操作、安装、生产及维修的需要，合理布置管路，做到方便生产，整齐美观。

### 3. 洁净厂房内的管道布置

洁净厂房内的管道布置除应遵守一般车间管道布置的有关规定外，还应遵守如下布置原则。

(1) 洁净厂房的管道应布置整齐，引入非无菌室的支管可明敷，引入无菌室的支管不能明敷。应尽量缩短洁净室内的管道长度，并减少阀门、管件及支架数量。

(2) 洁净室内公用系统主管应敷设在技术夹层、技术夹道或技术竖井中，但主管上阀门、法兰和螺纹接头不宜设在技术夹层、技术夹道或技术竖井内，而吹扫口、放净口和取样口则应设置在技术夹层、技术夹道或技术竖井外。

(3) 从洁净室的墙、楼板或硬吊顶穿过的管道，应敷设在预埋的金属套管中，套管内的管道不得有焊缝、螺纹或法兰。管道与套管之间的密封应可靠。

(4) 穿过软吊顶的管道，不应穿过龙骨，以免影响吊顶的强度。

(5) 排水主管不应穿过有洁净要求的房间，洁净区的排水总管顶部应设排气罩，设备排水口应设水封装置，以防室外空间井污气倒灌至洁净区。

（6）有洁净要求的房间应尽量少设地漏。若设置地漏，应采用带水封、格栅和塞子的全不锈钢内抛光的洁净室地漏。

（7）管道、阀门及管件的材质既要满足生产工艺要求，又要便于施工和检修。管道的连接方式常采用安装、检修和拆卸均较为方便的卡箍连接。

（8）纯水、注射用水及各种药液的输送常采用不锈钢管或无毒聚乙烯管。引入洁净室的各支管宜用不锈钢管。输送低压液体物料常用无毒聚乙烯管，这样既可观察内部料液的情况，又有利于拆装和灭菌。

（9）输送无菌介质的管道应有可靠的灭菌措施，且不能出现无法灭菌的"盲区"。输送纯水、注射用水的主管宜布置成环形，以避免出现"盲管"等死角。

（10）洁净室内的管道应根据其表面温度及环境状态（温度、湿度）确定适宜的保温形式。热管道保温后的外壁温度不应超过40℃，冷管道保冷后的外壁温度不能低于环境的露点温度。此外，洁净室内管道的保温层应加金属保护外壳。

**4. 管道布置设计内容**

管道布置设计一般包括以下内容：

（1）选择管材　管材可根据被输送物料的性质和操作条件来选取。适宜的管材应具有良好的耐腐蚀性能，且价格低廉。

（2）管路计算　根据物料衡算结果以及物料在管内的流动要求，通过计算，合理、经济地确定管径是管道设计的一个重要内容。对于给定的生产任务，流体流量是已知的，选择适宜的流速后即可计算出管径。

管子的壁厚对管路投资有较大的影响。一般情况下，低压管道的壁厚可根据经验选取，压力较高的管道壁厚应通过强度计算来确定。

（3）选择管件阀门　管件是管与管之间的连接部件，可用于延长管路、连接支管、堵塞管道、改变管道直径或方向等。阀门是管路系统的重要组成部件，流体的流量、压力等参数均可用阀门来调节或控制。

（4）管道布置设计　根据施工阶段带控制点的工艺流程图以及车间设备布置图，对管道进行合理布置，并绘出相应的管道布置图是管道设计的又一重要内容。

（5）管道绝热设计　多数情况下，常温以上的管道需要保温，常温以下的管道需要保冷。保温和保冷的热流传递方向不同，但习惯上均称为保温。

管道绝热设计就是为了确定保温层或保冷层的结构、材料和厚度，以减少装置运行时的热量或冷量损失。

（6）管道支架设计　为保证工艺装置的安全运行，应根据管道的自重、承重等情况，确定适宜的管架位置和类型，并编制出管架数据表、材料表和设计说明书。

（7）编写设计说明书　在设计说明书中应列出各种管子、管件及阀门的材料、规格和数量，并说明各种管道的安装要求和注意事项。

**5. 管道布置设计的成果**

管道布置设计的成果主要包括：①管道布置平面图；②管道布置立面图；③管道布置三维模型；④管道布置材料一览表；⑤管道布置设计说明书。

## 七、辅助系统设计

制药企业除生产车间外，尚需要一些辅助设施，例如以满足全企业生产正常开工的机修车间；满足各监控部门、岗位对企业产品质量定性定量监控的仪器/仪表车间；锅炉房、变电室、给排水站、动力站等动力设施；厂部办公室、食堂、卫生所、托儿所、体育馆等行政生活建筑设施；厂区人流、物流通道运输设施；绿化空地、兴建花坛及围墙等美化厂区环境的设施；控制生产场所空气中的微粒浓度、细菌污染及适当的温度、湿度，防止影响产品质量的空气净化系统以及仓库等。辅助设施设计的原则是以满足主导产品生产能力为基础，既要综合考虑全厂建筑群落布局，又要注重实际与发展相结合。以下主要介绍制药企业辅助设计中的净化空调系统、电气系统、给排水系统的设计。

**1. 净化空调系统的设计**

（1）净化空调在制药工程中的作用与目的　《药品生产质量管理规范》（GMP）中的一个核心内容就是洁净空调技术，它是实施 GMP 的一个必要条件，是控制洁净室内严格要求的尘埃粒子数及菌落个数的首要措施。因此净化空调技术在制药工程中的目的就是保证洁净室内的空气洁净度达到规定的级别，气流组织、温（湿）度、静压差、新风量等满足 GMP 的要求，从而创造药品生产所需的空气环境，它是药品质量的重要保证之一。

（2）净化空调系统主要设计依据　净化空调工程设计首先要确定设计依据，其中包括设计规范、规定、技术措施，建设单位的要求，工艺、土建专业提供的条件图和技术说明，地理环境和室外气象资料、洁净区应控制的设计参数等。这些是进行设计的基础。

主要的设计规范、规定、技术措施如下：

《药品生产质量管理规范》（GMP）、《洁净厂房设计规范》（GB 50073—2013）、《工业建筑供暖通风与空气调节设计规范》（GB 50019—2015）、《建筑设计防火规范》（GB 50016—2014）。

（3）净化空调系统设计任务及设计流程　净化空调系统设计任务及设计流程如下。

① 收集设计所需资料和条件，了解工艺生产剂型和过程，洁净区级别及范围，室内空气参数，排风除尘点，设备发热量等情况。

② 根据已知条件和工艺技术要求确定洁净区内各房间的换气次数、压差和气流流向；根据生产工艺要求确定洁净区内温（湿）度参数后，通过房间的冷热负荷计算出初步的送风量，再按换气次数计算，确定每个房间的送风、排风、回风及保持房间正压所需风量，在两个送风量中取大值，并进行风量平衡。

③ 对产生粉尘的设备、房间设置有效的捕尘装置，防止粉尘交叉污染。对于产生大量湿热的设备、房间进行排热排湿的热平衡计算。

④ 根据设计依据及计算结果，结合实际情况确定设计方案，并向相关专业提出净化空调和通风所需的技术条件和要求。

⑤ 根据确定的设计方案，以及相关规范、技术措施进行设计文件的编制和绘图工作。

⑥ 整理计算书、设计条件、参数等资料形成存档文件。

（4）净化空调系统的节能措施　节能是国家可持续发展战略中的重要政策。洁净空调是一种初始投资大、运行费用高、能耗多的工程项目，其与能源、环保等方面的关系尤为突出。随着我国 GMP 药厂洁净室建设规模迅速发展与扩大，从药厂净化空调系统设计上采取有力措施降低能耗，节约能源，既响应国家节能政策，又可提高企业社会经济效益，一举多得，势在必行。

① 减少冷热源能耗　采取适宜的措施减少冷热源能耗，可达到节能和降低生产成本的双重目的。具体措施包括确定适宜的室内温（湿）度、选用必要的最小新风量和采用热回收装置、利用二次回风节省热能以及加强对工艺热设备、风管、蒸汽管、冷热水管及送风口静

压箱的绝热等措施。

② 减少输送动力能耗　采取适宜的措施减少净化空气的送风量以及减少空调系统的传输阻力等。

### 2. 制药工厂电气系统设计

（1）配电系统　制药工业厂房的用电负荷等级和供电要求应根据现行国家标准《供配电系统设计规范》（GB 50052）和生产工艺要求确定。主要生产工艺设备由专用变压器或专用低压馈电线路供电，有特殊要求的工作电源宜设置不间断电源。净化空调系统用电负荷、照明负荷应由变电所专线供电。制药工业厂房的消防用电设备的供配电设计应按现行国家标准《建筑设计防火规范》（GB 50016）规定执行。

（2）照明系统　众多实践已表明，工厂和车间里良好的照明对于提高产量和质量十分有效。良好的照明会增加员工的舒适度和安全度，减小错误率，并能刺激员工发挥出良好的状态。因此，出色的照明对于企业的生产运作起着间接却又十分重要的作用。

根据《洁净厂房设计规范》规定：

① 洁净室内照明光源，宜采用高效荧光灯，工艺有特殊要求或照度值达不到设计要求时，也可采用其他形式光源。

② 洁净室内一般照明灯具为吸顶明装；如灯具嵌入顶棚暗装时，其安装缝隙应该有可靠的密封措施。

除常规照明外，一般洁净厂房内还需设置备用照明以及供人员疏散逃生、消防用的应急照明。

（3）其他电气系统　由于制药工业厂房洁净区采用无窗的密闭性结构，内设净化空调系统，故应该设置火灾自动报警系统，以防止和减少火灾危害，保护人身和财产安全。火灾自动报警系统的设计参照《建筑设计防火规范》（GB 50016）及《火灾自动报警系统设计规范》（GB 50116）。

制药工业厂房应根据工艺生产要求设置静电防护措施。洁净室的净化空调系统，应采取防静电接地措施。洁净室内可能产生静电危害的设备、流动液体、气体或粉体管道应采取防静电接地措施，其中有爆炸和火灾危险场所的设备、管道应符合现行国家标准《爆炸危险环境电力装置设计规范》（GB 50058）的有关规定。

制药工业厂房的防雷接地系统设计应符合现行国家标准《建筑物防雷设计规范》（GB 50057）的规定。

制药工业厂房内应设置与厂内外联系的通信装置，厂房生产区与其他工段的联系，宜设生产对讲电话。

制药工业厂房根据生产管理和生产工艺特殊需要，宜设置闭路电视监控系统。

### 3. 制药工厂给排水系统设计

（1）设计任务及要求　给排水设计在制药工程设计中的任务有如下几点。

① 了解工艺过程、工艺参数及工艺对本专业的技术要求。

② 收集各工艺用水点及用水特性如水量、水质、水温、水压、用水时段等参数。

③ 分类列出各工艺用水点的水量，并计算出同类用水量的大小。

④ 依据对工艺专业所提技术要求的收集，以及对建筑专业的复核后的工艺图纸及建筑图纸，结合现场条件，确定合理的给水方案及排水方案。

⑤ 依据确定的给排水方案，并结合本专业的有关技术规范进行设计工作，可按照有关

的可行性研究阶段、初步设计阶段、扩大初步设计阶段及施工图设计阶段的不同要求进行设计文件的编写（绘图）工作。

⑥ 依据对设计全过程的掌握，结合设计中的计算参数，编写正确合理的计算书，形成归档文件。

(2) 主要设计规范　给排水在制药工程设计中需要遵循的国家规范如下：
《建筑设计防火规范》(GB 50016—2014)、《洁净厂房设计规范》(GB 50073—2013)、《建筑灭火器配置设计规范》(GB 50140—2019)、《建筑给水排水设计规范》(GB 50015—2019)、《室外给水设计规范》(GB 50013—2018)、《室外排水设计规范》(GB 50014—2006)。

(3) 设计过程

① 收集资料与熟悉资料　设计阶段的前期是收集资料与熟悉资料的过程。需要收集的主要资料包括以下几方面。

a. 图纸资料。如工艺平面布置图、工艺设备布置图、工艺流程图、工艺设备基础图、工艺设备接管位置图等。

b. 表格资料。如工艺设备用水要求，应包含水量、水压、水温、水质、用水时间、排水情况（如水量、水温、水质），要特别注意有无循环水使用及高温水排放等问题。

c. 文字资料。如车间工艺生产的技术要求、生产纲领、生产班制、人员配制以及其他特定要求。

② 分析资料与掌握资料　经过前一阶段对要设计的项目有了初步的了解，面对收集来的大量资料，需整理与分析，使之能成为设计的基础资料，资料分析过程主要如下。

a. 车间概况分析。应对工艺及建筑专业提供的图纸资料进行分析，确定其生产类别，继而再对工艺的生产洁净级别、供水点位置、标高、排水点位置、标高、使用循环水的设备位置、疏散通道、安全出口位置等工艺平面布置形式进行梳理，为确定最终的给排水布置方案打下基础。

b. 用水资料分析。制药工业的用水量较其他一般行业大，设计时应分析工艺用水的几个因素，包括用水量的大小、水质（制药企业的用水水质常有饮用水、纯水、注射用水等几种，每种水质在国家规范及药典中都有详细的规定指标）、水温、水压、用水时间等因素。

c. 文字资料的分析。对文字资料的分析，主要是要分析工艺专业提出的各专业技术要求。工艺专业提出的设计基础资料中有车间设计的纲领（即生产规模）、生产班制、人员配置、技术等级等，设计前要认真地分析上述资料，这些都是设计工作中最基本的参数。

③ 编写设计文件　通过上述资料分析，获得第一手设计资料，对照有关设计规范就可以编写设计文件了。相关文件包括：给排水水量计算表，给排水方案设计说明，给排水设备选型依据及设备选型表，用水量平衡图，车间给排水平面图，给排水总平面图等。

## 八、GMP 与制药工程设计

### 1. GMP 简介

"GMP" 是英文 good manufacturing practice 的缩写，中文的意思是"良好作业规范"或是"优良制造标准"，是一种特别注重在生产过程中实施对产品质量与卫生安全的自主性管理制度。它是一套适用于药品、食品等行业的强制性标准。

药品 GMP 要求药品生产企业应具备良好的生产设备，合理的生产过程，完善的质量管理和严格的检测系统，确保最终产品的质量（包括食品安全卫生）符合法规要求。GMP 是药品生产和质量管理的基本准则,适用于药品制剂生产的全过程和原料药生产中影响成品质量的关键工序。大力推行药品 GMP,是为了最大限度地避免药品生产过程中的污染和交叉污染,降低各种差错的发生,是提高药品质量的重要措施。

历经多年修订,我国目前实施的药品 GMP 版本为《药品生产质量管理规范》(2010 年修订),于 2011 年 3 月 1 日起施行。新版药品 GMP 共 14 章、313 条,内容包括:总则,质量管理,机构与人员,厂房与设施,设备,物料与产品,确认与验证,文件管理,生产管理,质量控制与质量保证,委托生产与委托检验,产品发运与召回,自检,附则。新建药品生产企业、药品生产企业新建(改、扩建)车间均应符合新版药品 GMP 的要求。GMP 理念贯穿于制药工程项目设计的全过程之中。

**2. GMP 与空气洁净技术**

医药洁净厂房的改造或兴建,是实施 GMP 的重要内容和物质保证。而空气洁净技术是获得洁净厂房和保证洁净厂房洁净级别的主要手段。遵循 GMP 要求合理设计空调净化系统是制药工程设计的重要一环。

现行 GMP(2010 年版)规定无菌药品生产所需的洁净区可分为 A、B、C、D 四个级别。洁净厂房内空气的洁净等级见表 6-4。

表 6-4 洁净厂房内空气的洁净等级

| 洁净度等级/级 | 悬浮粒子浓度限值/(粒/m³) | | | | 微生物监测的动态标准 | | | |
|---|---|---|---|---|---|---|---|---|
| | 静态 | | 动态 | | 浮游菌/(cfu/m³) | 沉降菌($\phi$90mm)/(cfu/4h) | 表面微生物 | |
| | $\geqslant 0.5\mu m$ | $\geqslant 5.0\mu m$ | $\geqslant 0.5\mu m$ | $\geqslant 5.0\mu m$ | | | 接触($\phi$55mm)/(cfu/碟) | 5 指手套/(cfu/手套) |
| A | 3520 | 20 | 3520 | 20 | <1 | <1 | <1 | <1 |
| B | 3520 | 29 | 352000 | 2900 | 10 | 5 | 5 | 5 |
| C | 352000 | 2900 | 3520000 | 29000 | 100 | 50 | 25 | — |
| D | 3520000 | 29000 | 不做规定 | 不做规定 | 200 | 100 | 50 | — |

注:1. 表中各数值均为平均值;
2. 单个沉降碟的暴露时间可以少于 4h,同一位置可使用多个沉降碟连续进行监测并累积计数。

A 级:高风险操作区,如灌装区、放置胶塞桶和与无菌制剂直接接触的敞口包装容器的区域及无菌装配或连接操作的区域,应当用单向流操作台(罩)维持该区的环境状态。单向流系统在其工作区域必须均匀送风,风速为 0.36~0.54m/s(指导值)。应当有数据证明单向流的状态并经过验证。

在密闭的隔离操作器或手套箱内,可使用较低的风速。

B 级:指无菌配制和灌装等高风险操作 A 级洁净区所处的背景区域。

C 级和 D 级:指无菌药品生产过程中重要程度较低操作步骤的洁净区。

**3. GMP 与设备选型设计**

GMP 对药厂设备提出如下原则要求:

(1)设备的设计、选型、安装、改造和维护必须符合预定用途,应当尽可能降低产生污染、交叉污染、混淆和差错的风险,便于操作、清洁、维护,以及必要时进行的消毒或灭菌。

(2)应当建立设备使用、清洁、维护和维修的操作规程,并保存相应的操作记录。

(3) 应当建立并保存设备采购、安装、确认的文件和记录。

GMP在设备的设计和安装方面,提出如下具体要求:

(1) 生产设备不得对药品质量产生任何不利影响。与药品直接接触的生产设备表面应当平整、光洁、易清洗或消毒、耐腐蚀,不得与药品发生化学反应、吸附药品或向药品中释放物质。

(2) 应当配备有适当量程和精度的衡器、量具、仪器和仪表。

(3) 应当选择适当的清洗、清洁设备,并防止这类设备成为污染源。

(4) 设备所用的润滑剂、冷却剂等不得对药品或容器造成污染,应当尽可能使用食用级或级别相当的润滑剂。

(5) 生产用模具的采购、验收、保管、维护、发放及报废应当制定相应操作规程,设专人专柜保管,并有相应记录。

此外,GMP还对设备在实际使用过程中的维护和维修、使用和清洁、校准提出了系列具体要求。

### 4. GMP与洁净厂房设计

GMP要求洁净厂房的设计遵循以下原则。

(1) 厂房的选址、设计、布局、建造、改造和维护必须符合药品生产要求,应当能够最大限度地避免污染、交叉污染、混淆和差错,便于清洁、操作和维护。

(2) 应当根据厂房及生产防护措施综合考虑选址,厂房所处的环境应当能够最大限度地降低物料或产品遭受污染的风险。

(3) 企业应当有整洁的生产环境;厂区的地面、路面及运输等不应当对药品的生产造成污染;生产、行政、生活和辅助区的总体布局应当合理,不得互相妨碍;厂区和厂房内的人、物流走向应当合理。

(4) 应当对厂房进行适当维护,并确保维修活动不影响药品的质量。应当按照详细的书面操作规程对厂房进行清洁或必要的消毒。

(5) 厂房应当有适当的照明、温度、湿度和通风,确保生产和储存的产品质量以及相关设备性能不会直接或间接地受到影响。

(6) 厂房、设施的设计和安装应当能够有效防止昆虫或其他动物进入。应当采取必要的措施,避免所使用的灭鼠药、杀虫剂、烟熏剂等对设备、物料、产品造成污染。

(7) 应当采取适当措施,防止未经批准人员的进入。生产、储存和质量控制区不应当作为非本区工作人员的直接通道。

(8) 应当保存厂房、公用设施、固定管道建造或改造后的竣工图纸。

在此原则基础上,GMP对厂房生产区、仓储区、质量控制区、辅助区皆作出了具体要求。其中,GMP对厂房生产区做如下具体要求。

(1) 为降低污染和交叉污染的风险,厂房、生产设施和设备应当根据所生产药品的特性、工艺流程及相应洁净度级别要求合理设计、布局和使用,并符合下列要求:

① 应当综合考虑药品的特性、工艺和预定用途等因素,确定厂房、生产设施和设备多产品共用的可行性,并有相应评估报告。

② 生产特殊性质的药品,如高致敏性药品(如青霉素类)或生物制品(如卡介苗或其他用活性微生物制备而成的药品),必须采用专用和独立的厂房、生产设施和设备。青霉素类药品产尘量大的操作区域应当保持相对负压,排至室外的废气应当经过净化处理并符合要求,排风口应当远离其他空气净化系统的进风口。

③ 生产β-内酰胺结构类药品、性激素类避孕药品必须使用专用设施（如独立的空气净化系统）和设备，并与其他药品生产区严格分开。

④ 生产某些激素类、细胞毒性类、高活性化学药品应当使用专用设施（如独立的空气净化系统）和设备；特殊情况下，如采取特别防护措施并经过必要的验证，上述药品制剂则可通过阶段性生产方式共用同一生产设施和设备。

⑤ 用于上述第②～④项的空气净化系统，其排风应当经过净化处理。

⑥ 药品生产厂房不得用于生产对药品质量有不利影响的非药用产品。

（2）生产区和储存区应当有足够的空间，确保有序地存放设备、物料、中间产品、待包装产品和成品，避免不同产品或物料的混淆、交叉污染，避免生产或质量控制操作发生遗漏或差错。

（3）应当根据药品品种、生产操作要求及外部环境状况等配置空调净化系统，使生产区有效通风，并有温度、湿度控制和空气净化过滤，保证药品的生产环境符合要求。

洁净区与非洁净区之间、不同级别洁净区之间的压差应当不低于10Pa。必要时，相同洁净级别的不同功能区域（操作间）之间也应当保持适当的压差梯度。

口服液体和固体制剂、腔道用药（含直肠用药）、表皮外用药品等非无菌制剂生产的暴露工序区域及其直接接触药品的包装材料最终处理的暴露工序区域，应当参照"无菌药品"附录中D级洁净区的要求设置，企业可根据产品的标准和特性对该区域采取适当的微生物监控措施。

（4）洁净区的内表面（墙壁、地面、天棚）应当平整光滑、无裂缝、接口严密、无颗粒物脱落，避免积尘，便于有效清洁，必要时应当进行消毒。

（5）各种管道、照明设施、风口和其他公用设施的设计和安装应当避免出现不易清洁的部位，应当尽可能在生产区外部对其进行维护。

（6）排水设施应当大小适宜，并安装防止倒灌的装置。应当尽可能避免明沟排水；不可避免时，明沟宜浅，以方便清洁和消毒。

（7）制剂的原辅料称量通常应当在专门设计的称量室内进行。

（8）产尘操作间（如干燥物料或产品的取样、称量、混合、包装等操作间）应当保持相对负压或采取专门的措施，防止粉尘扩散、避免交叉污染并便于清洁。

（9）用于药品包装的厂房或区域应当合理设计和布局，以避免混淆或交叉污染。如同一区域内有数条包装线，应当有隔离措施。

（10）生产区应当有适度的照明，目视操作区域的照明应当满足操作要求。

（11）生产区内可设中间控制区域，但中间控制操作不得给药品带来质量风险。

## 九、安全生产与环境保护设计

### 1. 安全生产设计

安全生产是为预防生产过程中发生人身、设备事故，形成良好劳动环境和工作秩序而采取的一系列措施和活动。"安全第一，预防为主"是我国的安全基本方针。制药企业中需要考虑的安全要素包括：防火、防爆、防尘、防毒、防雷击、防静电、防辐射、防机械损伤等。

（1）防火　火灾是原料药生产企业中常见的危害，在原料药合成生产或药材提取分离纯化过程中，大多会用到乙醇等易燃易爆物品，较易发生着火事故。药厂设计时常用的防火措施包括：

① 按火灾危险性等级设计相应的厂房耐火等级。
② 杜绝明火并设计明显的防火区域和防火标志。
③ 完善消防设施并配备相适应的消防通信工具。

(2) 防爆　爆炸是制药企业危险性较大的危害，其破坏作用主要来源于爆炸过程中产生的冲击波。爆炸主要有两种类型，源于压力容器的物理性爆炸和可燃物的化学性爆炸。常用的防爆措施包括：

① 设计防爆厂房　合理设计厂房结构，设计防火防爆泄压措施，包括防火防爆墙、泄压墙、防爆门斗等，并配置相应的安全通道和出口。
② 选用防爆电机　电气设备必须使用防爆型并配置相应导线和开关。
③ 避免产生火花　使用不产生火花的工具器械，地面铺设不起火花的材料。

(3) 防尘　制药企业生产过程中粉碎、混合等操作环节较易产生粉尘，员工长期吸入生产性粉尘较易引起肺尘埃沉着病，一些化学性粉尘甚至可能导致中毒或其他疾病，车间粉尘严重时还会导致火灾爆炸。制药企业防尘主要是防止生产性粉尘，常用的防尘措施包括：

① 选用密闭设备，如对易起尘物料运输转移时选用密闭转运料斗、采取管道气流输送等。
② 安装除尘设施，如对生产操作过程中易产尘设备安装局部除尘器等。
③ 设置正压联锁，避免产尘区域粉尘向周边的扩散。

### 2. 环境保护设计

环境保护是我国的一项基本国策，社会的发展，既需要金山银山，也需要绿水青山。制药工业对环境的污染主要来自原料药生产，但在其他产品生产中可能也会产生一定的污染，其污染物主要以三废（废气、废液及废渣）的形式排放于环境之中。一般新建的药厂在落实计划之前必须做好环境保护的可行性研究。环境保护工程和主体工程应同时设计、施工和投产。

(1) 制药工业污染的特点

① 数量少、种类多、变化大　化学原料药的生产规模通常较小，排出的污染物的数量较少，生产过程中所用原辅材料的种类多，生成的副产物也多，此外随着生产工艺路线的变更，污染物的种类、成分、数量都会发生变化，这些都给制药厂污染的治理带来了很大的困难。

② 间歇排放　因为药品生产的规模通常较小，大部分制药厂采用间歇式的生产方式，所以污染物的排放量、浓度等缺乏规律性，这给污染的治理带来了不少困难。

③ pH值变化大　制药厂排放的废水pH值变化较大，在生物处理或排放之前必须进行中和处理，以免影响处理效果或者造成环境污染。

④ 有机污染物为主　制药厂产生的污染物一般以有机污染物为主，其中有些有机物能被微生物降解，而有些则难以被微生物降解。因此对制药厂废弃物的处理，往往需要采用综合处理的方式。

(2) 制药工业防治污染的措施

① 采用绿色生产工艺　采用绿色生产工艺可减少有害有毒原、辅料的使用；提高原、辅料的利用率，可从源头上降低三废造成的危害，是防治污染的根本措施之一。

② 三废的资源化利用　三废的不合理排放不仅造成了环境的污染，也造成了资源的浪费。因此对那些原来废弃的资源，按技术可能、经济合理、社会需要，进行回收利用和加工改造，使之成为有用之物，是摆在药厂面前急需解决的问题。

③ 三废的无害化　对于那些不可避免要产生的三废，暂时必须排放的污染物，要进行物理的、化学的或生物的净化处理，使之无害化，力求以最小的经济代价取得最大的经济效益。

废水处理技术：废水处理技术很多，按作用原理通常可分为物理法、化学法、物理化学法和生物法。

废气处理技术：药厂排出的废气按废气中所含主要污染物的性质不同，可分为含尘废气、含无机污染物废气和含有机污染物废气。高浓度的废气，应在本岗位设法回收或作无害化处理。低浓度的废气，则可通过管道集中后进行洗涤处理或高空排放。含尘废气可利用粉尘密度较大的特点，通过外力的作用将其分离出来；而处理含无机或有机污染物的废气则要根据所含污染物的物理性质和化学性质，通过冷凝、吸收、吸附、燃烧、催化等方法进行无害化处理。

废渣处理技术：药厂废渣是在制药过程中产生的固体、半固体或浆状废物，包括煎煮残渣、蒸馏残渣、失活催化剂、废活性炭、胶体废渣、过期的药品、不合格的中间体和产品等。一般药厂废渣污染问题与废气、废水相比要小得多，废渣的种类和数量也比较少。固体废渣，有的可进行焚烧；有的则可考虑土埋；有的有回收价值，如贵金属，应予回收；有的可进行综合利用，如一些中药材在大批量提取有效成分后的废渣可综合利用（包括中药材中多类成分的综合利用，淀粉、色素、蛋白质、纤维素、果胶等的提纯回收）。

## 十、工程设计概算

随着科技的发展和经济运行机制的不断转变，在制药工程项目建设和生产过程中处理好技术与经济的对立统一，筛选设计出技术上先进、生产上可靠、经济上合理的最优方案，保障后续实际生产创造良好的经济与社会效益，是制药工程设计者努力争取的目标。

工程概算是设计上对工程项目所需全部建设费用计算的笼统名称，即在工程建设过程中，根据不同设计阶段的设计文件的具体内容、有关定额指标及收费标准，预先计算及确定建设项目的全部工程费用的技术经济文件。工程概算的内容主要包括四个方面，即建筑安装工程费，设备、器具购置费，工程建设其他费用，预备费。

设计概算是制药工程项目设计文件中不可分割的组成部分。制药工程项目在初步设计及简单技术项目的设计方案中均应包括概算内容。

设计概算文件一般包括设计项目总概算、单项工程综合概算和单位工程概算，设计概算较投资估算准确性提高，但又受投资估算的控制。

**1. 设计概算的编制要求**

设计概算是由设计单位根据初步设计图纸、概算定额规定的工程量计算规则及设计概算的编制方法，预先测定工程造价的文件。编制设计概算文件时应注意如下几个方面：

（1）设计概算编制时一定要严格执行国家有关部门及各地区的有关经济政策和法令法规。同时还要完整地反映设计内容和施工的现场条件，客观地预测和搜集建设场地周围影响造价的动态因素，确保工程项目设计概算的真实性和正确性。

（2）设计概算应由专业设计单位负责编制。一个工程项目若由几个设计单位分工负责时，应由一个主体设计单位负责提出统一概算的编制原则和收费标准，并协调好各方面的衔接工作。建设单位应主动向设计单位提供编制概算所必需的有关资料和文件。

（3）设计总概算投资若突破已被批准的可行性研究报告估算的许可幅度时，应对设计进行重新修正，重新编制设计概算。否则，应重新补报可行性研究估算调整报告。

(4) 经批准的初步设计概算作为项目的最高限价。施工阶段设计预算不得任意突破初步设计总概算。

(5) 设计总概算文件应包括封面、签署页及目录、编制人员上岗证书号、编制说明、总概算表、单项工程综合概算和单位工程概算表等。

## 2. 总概算

总概算是反映建设工程总投资的文件，包括建设项目从筹建开始到设备购置、建筑工程、安装工程的完成及竣工验收交付使用前所需的全部建设资金。总概算一般是按一个独立体制生产厂进行编制，如属大型联合企业，且各个分厂又具有相对独立性或独立经济核算单位，也可分别编制各分厂的总概算，联合企业总概算则按照各分厂总概算汇总，编制总厂的总概算。

## 3. 单项工程综合概算

单项工程系指建成后能独立发挥生产能力和经济效益的工程项目，单项工程综合概算是编制总概算工程费用的组成部分和依据，也是其相应的单位工程概算的汇总文件。

## 4. 单位工程概算

单位工程系指具有单独设备、可以独立组织施工的工程。单位工程概算是编制单项工程综合概算中单位工程费用的依据，是反映单项工程综合概算中各单位工程投资额的文件。单位工程的费用分为设备购置费、安装工程费、建筑工程费及其他费用。

## 5. 设备工程概算

制药工程项目中的设备工程是指该工程项目所涉及的设备、工器具、备品备件、各种原料、药品及材料、设备中的填充物、各种润滑油、贵重金属（铂、金、银）及其制品等的购置过程，其费用包括设备原价、设备运杂费及设备成套供应业务费。

## 6. 安装工程概算

安装工程是指制药工程项目中的主要生产项目、辅助生产项目、公用工程项目及服务项目中所涉及的本体设备及随机带来的附属设备的开箱检查、清洗、设备就位安装、找平、找正、调整及试运转等过程。例如制药工业生产车间各种专用设备安装工程；固体制剂设备安装工程，针剂设备安装工程，中药提取设备安装工程；离心机设备安装工程，洗衣设备安装工程等。

## 7. 设计概算中的其他费用

设计概算中的其他费用包括：土地使用费、建设单位管理费、研究试验费（施工验证试验等）、生产准备费（含生产人员培训）、办公和生活家具购置费、车间（装置）联合试运转费、勘察设计费、施工机构迁移费、锅炉和压力容器检验费、临时设施费、工程保险费、工程建设监理费、总承包管理费等。

# 第三节　制药工程设计能力培养相关的理论课程

制药工程专业人才知识构架的一个重要方面就是工程素质和工程能力的培养。制药工程设计能力培养正是为了满足这一需求而设置的。制药工程设计不仅是一项政策性很强的综合性工作，也是一项综合专业技能较高的工作。设计者不仅要充分了解国情，严格遵守国家的政策法令、法规，还要钻研专业知识，对制药工程各环节进行深入细致的调查研究。

制药工程设计能力的培养，要求学生通过学习，掌握制药生产工艺技术与 GMP 工程设计的基本要求以及洁净生产厂房的设计原理，熟悉药厂公用工程的组成与原理，了解制药相关的政策法规；使学生从技术的先进性与可靠性、经济的合理性以及环境保护的可行性三个方面树立正确的设计思想，从而为能够进行符合 GMP 要求的制药工程项目设计奠定初步理论基础。

## 一、制药工程原理与设备

制药工程原理与设备是一门建立在化学、药学、生命科学、生物技术与工程学基础上的综合性工程学科，主要研究制药工程技术及 GMP 工程设计的原理与方法，介绍制药工艺生产设备的基本构造、工作原理及应用。制药工程原理与设备是制药工程专业必修课程，主要学习课程的基本理论、基础知识与基本概念，掌握化学工程药物、生物工程药物与天然或中药药物的生产和制备基本原理与设备，掌握药物的分离与纯化原理与设备，掌握药物制剂工程的原理与设备，了解药物生产的流程与 GMP 设计等相关知识。

## 二、化工原理

化工原理是综合运用数学、物理和化学等基础知识，分析和解决化工类型生产中各种物理过程（或单元操作）问题的工程学科，该课程是化工、制药类及相近专业的主干专业基础课，主要研究化工生产中各单元操作的基本原理、计算方法和所用设备的结构与选型等，对化工、制药类及相近专业学生的业务素质、工程能力与创新能力的培养起着至关重要的作用。

## 三、工程制图

工程制图是研究工程图样的绘制和阅读的一门学科，以画法几何的投影理论为基础，研究解决空间几何问题，在平面上表达空间物体。在高等工科课程中，它是一门重要的基础必修课，在培养学生作为创造性思维基础的空间想象力及构思能力和促进工业化进程等诸多方面发挥着重要作用。工程图是生产中必不可少的技术文件，是在世界范围通用的"工程技术的语言"。工程制图是工程技术中的一个重要过程，正确规范地绘制和阅读工程图是一名工程技术人员必备的基本素质。

## 四、制药工艺学

制药工艺学主要是结合现代制药企业的制药工艺科技和质量管理要求，根据制药工艺的特征和共性规律，对生物制药、化学制药、中药制药等工艺内容进行整体设计和有机结合，充分反映核心单元的内容，明确知识点，包括制药工艺原理、工艺过程及设备和质量控制等。

## 五、工业药剂学

工业药剂学是研究药物剂型及制剂的理论、生产制备技术和质量控制的综合性应用技术学科，是制药工程专业的核心专业课程。通过本课程的学习可使学生获得药物制剂的基本理论、制备技术、生产工艺和质量控制等与药物制剂实际工业化生产密切相关的专业知识，为学生从事药物制剂的研究与生产奠定坚实基础。

## 六、药品生产质量管理工程

药品生产质量管理工程是以 GMP 为核心内容和基本原则，用系统工程和质量管理工程的方法，研究 GMP 的具体化与实施的一门实用管理方法和技术，是一门让制药工程专业学生掌握药品生产质量管理相关理论和方法的课程。它在药学高等教育，尤其是制药工程本科专业人才的培养教育中处于举足轻重的地位。药品生产质量管理工程是指为了保证药品质量，综合运用药学、工程学、管理学及相关的科学理论和技术手段，对生产中影响药品质量的各种因素进行具体的规范化控制的过程。

## 七、制药过程安全与环保

制药过程安全与环保是制药工程专业的专业必修课程，根据制药工程专业的特征，系统介绍了制药过程中安全与环保的术语、原理、法规标准、安全技术及制药企业的安全环保管理实践。课程内容适应制药工程专业人才知识、能力和综合素质的培养。通过学习基本理论、基本知识、基本概念，探讨实践案例，掌握制药过程中安全与环保的相关知识，使学生理论联系实际，熟练运用有关理论处理药品生产与创新过程中实际问题。

# 第四节 制药工程设计能力培养相关的实践课程

高等院校涉及制药工程设计能力培养的课程包括理论课与实践课，理论课程一般包括制药工程原理与设备、化工原理、制药工艺学、工业药剂学、药品生产质量管理工程、制药过程安全与环保、工程制图等；除此之外，实践课程则包括制药设备与车间设计、化工原理课程设计、典型制药企业案例见习、制药企业实习、毕业设计等。

## 一、制药设备与车间设计

制药设备与车间设计是一门运用药学理论、工程设计与具体制药企业的实际来完成筹建策划设计，实现药品规模生产、质量监控等一系列理论与实践相结合的综合性学科，旨在培养制药工程专业学生对制药设备与车间的设计能力的专业课程。本课程设计具体内容包括工艺设计、物料衡算、能量衡算、设备选型、车间设计、设备布置、管线设计、空调系统设计、水系统设计与公用工程系统设计等。

## 二、化工原理课程设计

化工原理课程设计从培养学生工程设计基本技能出发，主要内容包括化工设计计算基础、化工设计绘图基础、板式精馏塔的设计、填料吸收塔的设计、换热器的设计、干燥器的设计、课程设计说明书撰写。化工设计的一般原则、要求、内容和步骤等，分别融合在各具体的化工单元操作与设备设计或选型过程中。

## 三、毕业实习

毕业实习是指学生在毕业之前，即在学完全部课程之后到实习现场参与一定实际工作，通过综合运用全部专业知识及有关基础知识解决专业技术问题，获取独立工作能力，在思想上、业务上得到全面锻炼，并进一步掌握专业技术的实践教学形式。它往往是与毕业设计（或毕业论文）相联系的一个准备性教学环节。通过毕业实习，可使学生的专业理论知识与生产实践有机融合，有助于提升专业学生的工程设计水平与能力。

## 四、毕业设计

毕业设计是高等学校培养需要设计能力的专业或学科的应届毕业生的总结性独立作业，是实践性教学最后一个环节。要求学生针对某一课题，综合运用本专业有关课程的理论和技术，作出解决实际问题的设计；旨在培养学生综合运用所学理论、知识和技能解决实际问题的能力。

此外，已举办多年的全国大学生制药工程设计竞赛、化工设计大赛等相关竞赛活动也是制药工程设计能力培养的有效途径与方法。目前，绝大多数高校制药工程相关专业都积极倡导学生参加相关竞赛，部分高校已制定并执行相关的学分置换方案，参赛学生可以竞赛成绩置换一定的相关课程学分。扫描二维码可观看广东工业大学全国大学生制药工程设计竞赛参赛视频。

参赛视频

## 思考题

1. 制药工程设计的概念及其基本程序是什么？
2. 制药工程设计主要包括哪些方面内容？
3. 制药工厂选址的基本原则是什么？
4. 制药工艺流程设计的主要内容包括哪些？
5. 制药设备选型的基本原则包括哪些？
6. 制药车间的基本组成及其设计原则有哪些？
7. 物料衡算和能量衡算各有何意义？
8. GMP对药品生产洁净区域的划分等级有哪几级？各级的适用范围如何？
9. 制药企业可分别采取哪些措施进行节能与环保？
10. 制药企业可通过哪些措施保障生产安全？

## 参考文献

[1] 王沛.制药工程设计［M］.北京：中国中医药出版社，2018.
[2] 张珩.药物工程工艺设计［M］.3版.北京：化学工业出版社，2018.
[3] 张珩，万春杰.药物制剂过程装备与工程设计［M］.北京：化学工业出版社，2012.
[4] 张洪斌，杜志刚.制药工程课程设计［M］.北京：化学工业出版社，2007.
[5] 张洪斌.药物制剂工程技术与设备［M］.3版.北京：化学工业出版社，2019.

# 第七章 药品质量与生产管理

【本章学习目标】
1. 熟悉药品质量特性及影响药品质量的因素，了解药品质量标准，认识药品分析新技术。
2. 掌握药品质量管理的相关概念，并熟悉药品认证管理。
3. 了解药品生产质量管理工程等。

## 第一节 药品质量概述

《药品管理法》规定：药品是指用于预防、治疗、诊断人的疾病，有目的地调节人的生理机能，并规定有适应证或者功能主治、用法和用量的物质，包括中药、化学药和生物制品等。因此，药品是一种特殊的商品，药品质量与人们的生命健康息息相关，因此把控药品质量成为制药工作者长期艰巨的任务，责任重大。

### 一、药品的质量特性

药品的质量是指药品所固有的一组用以达到其临床用药需求的整体特征或特性，是药品的物理、化学、生物药剂学等指标符合规定标准的程度，它们分别是：①物理指标，包括药品活性成分、辅料的含量、制剂的重量、外观等指标；②化学指标，包括药品活性成分，化学、生物化学特性变化等指标；③生物药剂学指标，包括药品的崩解、溶出、吸收、分布、代谢、排泄等指标。因此，控制药品质量必须保证有严格的质量标准和科学合理的分析、检测及评价方法，同时还必须对药品生产过程进行全面的质量控制。

药品的质量特性包括真实性、有效性、安全性、稳定性、均一性和经济性。

(1) 真实性　药品的真实性（authenticity）如《药品管理法》第四十五条规定：生产药品所需要的原料、辅料，必须符合药用要求。药品的真实性通常要通过性状检查、鉴别等方法来判定。在药品生产过程中，实施源头监管是保证药品真实性的一个关键环节。

（2）有效性　药品的有效性（effectiveness）是指药品在规定的适应证或者功能主治、用法和用量的条件下，能预防、治疗、诊断人的疾病，有目的地调节人的生理功能，是药品质量的基本特征。国际上一些国家将药品有效性的评价标准分为：完全缓解、部分缓解、稳定和无缓解。我国将有效性的评价标准分为显著有效、有效和无效。在新药评价时，一般使用已知有效药物作为对照比较。要保证药物的有效性，重点要放在新药研制时临床试验阶段的质量监督，其次要注意在药物的使用过程中做到对症、合理用药。

（3）安全性　药品的安全性（security）是指按规定的适应证和用法用量使用药品后，人体产生毒副作用的程度。药品的安全性应视为药品的首要质量特性。大多数药品都会有不同程度的毒副作用，只有在其不至于损害人体健康，或可解除、缓解毒副作用的前提下才可以使用。即使某种药物的有效性很强，但对人体有严重危害时也不可以作为药品使用。因此，药品安全性的保证与监管应贯穿药品研制、新药审批、生产、合理使用以及药品上市后监测等全过程。对药品安全性的全面认识，源自20世纪人类历史上几起影响深远的药物"灾害"事件，尤其是1937年美国的磺胺酏剂事件和1961年德国的"反应停"事件震惊了世界各国，人们普遍意识到药物在造福人类的同时也可能会危害人类健康。为了保证药品的安全性，各国政府在新药审批中都会要求研制者进行药物急性毒性、长期毒性、致畸、致癌、致突变等的深入研究。因此，药品是世界各国监管最严格的商品之一。

（4）稳定性　药品的稳定性（stability）是指在规定的条件（包括规定的有效期内，规定的运输、保管、贮藏条件等）下，药品仍保持着原性能，保持药品有效性和安全性的能力，即药品的各项质量检查指标仍在合格范围之内。稳定性是药品质量的重要特征。药品的稳定性主要由药品生产过程来控制，但如果在运输、贮存、销售药品过程中管理不当，也会造成药品稳定性下降。

（5）均一性　药品的均一性（uniformity）是指药品质量的一致性，主要表现为物理分布方面的特性，指药品的每一制剂单位都应具有相同的品质。由于人们在服用药品时是按每单位剂量服用的，若每单位药物含量不均一，尤其是有效成分在单位产品中含量较低的药品含量不均一，就会导致因含量过小而无效，或因含量过大而中毒。药品的均一性主要依赖药品生产过程加以保证，药品的贮存保管亦会影响药品的均一性。

（6）经济性　药品的经济性（economy）是指药品作为商品的一种价值特征，主要指药品在生产、流通过程中形成的价格。药品的经济性对药品价值的实现有较大影响。一种药品再好，但价格很高，不能满足大多数人用药治病的需要，或可持续求医用药的需要，它好的质量品性未能发挥，也不能称其为好药。在医疗机构，药品的经济性主要表现在对医药成本与效果的控制上。

人们对药品质量的认识，随着生活水平的提高和人们对生命健康意义的深刻认识而不断地改变或深化。在20世纪初叶，人们只认识到药品质量要保持稳定；到20世纪中叶，人们开始认识到药品的安全性很重要，随后又认识到药品的有效性也不能忽略；在20世纪末，人们越来越重视生活质量的提高，对药品的质量也提出了更高的要求。如身患高血压的患者需长期服用降压药，降压药对患者生活与生命质量的影响受到了医药人员的关注。在降压效果相同的情况下，药品对患者情绪、心境、认知功能、记忆力、睡眠状态、生活等心理和生理的影响程度成为评价该类药物的新的质量指标。

## 二、影响药品质量的六大因素

药品在研制、生产、经营、使用等过程中受到多种因素的影响,控制药品质量必须从以下六个因素出发。

(1) 人的因素  人的因素是处于第一位的因素。制药企业的操作人员、管理人员、技术人员等对药品质量的优劣起着关键性的影响。这包括对药品质量的重视程度、责任心的强弱、研究改进和提高药品质量的积极性、技术熟练的程度以及身体条件、精神状态的好坏等。人的因素既影响着药品的质量,也影响着企业的信誉。

(2) 原材料的因素  原材料是生产医药产品所用的物料,包括中间体、半成品等。原材料质量的优劣直接影响着药品质量,影响着收率、消耗、成本,也影响着药品的疗效。

(3) 设备因素  设备即机器、装备、容器等的总称。药品生产的设备应尽可能是先进、可靠、安全和便于操作的,能充分满足药品这一特殊商品生产工艺的技术质量要求。设备还应及时维修保养以保证经常处于完好状态,否则,不能保证药品质量达到合格标准。

(4) 方法因素  影响药品质量的方法因素包括生产工艺、计量及检测手段。合理的工艺、技术操作规程,准确的计量与先进的检测方法是保证和提高药品质量的必要条件。

(5) 环境因素  影响药品质量的环境因素包括周围环境和室内环境。周围环境即厂区内外周边环境应无污染源,空气、场地、水质应符合药品生产的要求。厂区内应绿化,应无或尽量减少露土面积,路面应硬化,不起尘,交通方便。厂房内应具备适当的照明、取暖、降温、通风设备和防尘、防污染、防蚊蝇、防虫鼠、防异物混入等的设施。

(6) 管理因素  管理因素包括标准、计量、质量情报、质量的宣传与教育等诸多方面。制定、颁发和推行各种标准的工作称为标准化工作,它是组织医药现代化生产和确保药品质量的重要手段。计量是指统一的国家计量制度和统一的量值(包括检测、化验、分析等工作)。各种量具及化验、分析仪器应配备齐全,完整无缺。分析仪器应质量稳定,示值准确一致,还应根据不同情况,选择正确的计量方法。质量情报,指反映药品质量和产、供、销各个环节工作质量的信息、基本数据、原始记录以及药品使用过程中反映出来的各种情报、资料。情报来源于生产过程、使用过程、留样观察以及国内外同类药品质量的对比结果等。药品质量是制药企业各个部门、各个环节协同工作的综合反映。"质量第一"是制药企业各级员工行动的准则之一,是药厂维系生存的关键所在。因此,企业对药品质量的宣传与员工的培训教育对于保证药品质量非常重要。

## 三、药品质量的性质和任务

为了保证药品的高质、安全和有效,在药品的研制、生产、经营以及临床使用过程中应该执行严格的科学管理规范。药物从研制开始,如化学合成原料药和生化药物的纯度测定,中药提取物中有效化学成分的测定,以及在制定药品质量标准过程中,都离不开具有高分离效能的分析方法作为"眼睛"来加以判断。药物结构或组成确定后,建立科学性强的能有效控制药物的性状、真伪、有效性、均一性、纯度、安全性和有效成分含量的综合质量裁定依据,也要采用各种科学有效的分析方法。

为了全面控制药品的质量,药物分析工作应与生产单位紧密配合,积极开展药物及其制剂在生产过程中的质量控制,严格控制中间体的质量,并发现影响药品质量的主要工艺,从而优化生产工艺条件，促进生产和提高质量；也应与经营管理部门密切协作，注意药物在贮藏过程中的质量与稳定性考察，以便采取科学合理的贮藏条件和管理方法，保证药品的质量。值得重视的是，药品质量的优劣和临床用药是否合理会直接影响临床征象和临床疗效。所以，在临床医师实践工作中，开展治疗药物监测工作是至关重要的。监测体内药物浓度可用于研究药物本身或药物代谢物产生毒性的可能性、潜在的药物相互作用、治疗方案的不妥之处，以及患者对药物治疗依从性方面的评估，有利于更好地指导临床用药，减少药物的毒副作用，提高药品使用质量。研究药物分子与受体之间的关系，也可为药物分子结构的改造，合成疗效更好、毒性更低的药物提供信息。

药品作为人类战胜疾病、维护健康的特殊商品，其质量直接关系到人民群众的健康与生命安全，要求比其他商品更加严格。当前，我国正处于社会转型期，药品质量安全事故也多有发生，反映出我国药品市场仍存在诸多亟须解决的问题。因此，加强药品质量控制，建立科学合理的药品质量标准，及时推进药物分析新技术的使用和发展，对于保障人们用药安全、规范药品市场具有重要意义。

## 四、药品质量标准

为了确保药品的质量，国家和各级政府制定出药品质量控制和质量管理的依据，即药品质量标准。药品质量标准是国家强制执行的对药品质量、规格及检验方法所作的技术规定，是药品生产、经营、使用、检验和管理部门共同遵循的法定依据，也是药品生产和临床用药水平的重要标准。我国已经形成了以《中华人民共和国药典》（简称《中国药典》）和《中华人民共和国食品药品监督管理局标准》（简称《局颁标准》）为主体的国家药品质量标准体系，具有法律效力。新修订的《中华人民共和国药品管理法》经十三届全国人大常委会第十二次会议表决通过，于 2019 年 12 月 1 日起施行。《中华人民共和国药品管理法》明确规定：药品必须符合国家药品标准。

### 1.《中国药典》

药典（pharmacopoeia）是一个国家记载药品标准、规格的法典。一般由国家药典委员会组织编撰、出版，并由政府颁布执行，具有法律约束力。药典是国家监督管理药品质量的法定技术标准。《中华人民共和国药典》为我国药典的全称，简称《中国药典》，是国家为保证药品质量、保护人民用药安全有效而制定的法典，是执行《药品管理法》、监督检验药品质量的技术法规。

新中国成立以来，我国已经出版了十一版药典（1953、1963、1977、1985、1990、1995、2000、2005、2010、2015 和 2020 年版）。《中国药典》其后以括号注明是哪一年版，如最新版药典可以表示为《中国药典》（2020 年版），如用英文表示，则为 Chinese Pharmacopoeia（Ch. P）。《中国药典》从 1963 年版起分为一部、二部，从 2005 年版起分为一部、二部和三部，2015 年版和 2020 年版分为一部、二部、三部和四部。其中：1953 年，收载品种 531 种；1963 年，收载品种 1310 种；1977 年，收载品种 1925 种；1985 年，收载品种 1489 种；1990 年，收载品种 1751 种；1995 年，收载品种 2375 种；2000 年，收载品种 2691 种；2005 年，收载品种 3212 种；2010 年，收载品种 4567 种，其中新增 1386 种；2015 年，收载品种达到 5608 种，新增 1082 种，首次将上版药典附录整合为通则，并与药用辅料单独成卷作为新版药典四部。2020 年版《中国药典》，新增品种 319 种，修订 3177 种，不再收载 10 种，品种调整合并 4 种，共收载品种 5911 种，进一步满足了国家基本药物目录和基本医疗保险目录品种的需求。其颁布实施，对于整体提升我国药品标准水平，进一步保障公众用药安全，推动医药产业结构调整，促进我国医药产品走向国际，实现由制药大国向制药强国的跨越具有十分重要的意义。

**2. 部（局）颁标准**

我国的药品标准除《中国药典》外，尚有《中华人民共和国卫生部药品标准》（简称《部颁标准》），主要收载来源清楚、疗效确切、药典未收载的常用药品。《部颁标准》由药典委员会编撰出版，卫生部颁布执行。自1986年以来，卫生部先后颁布了进口药材标准、《卫生部药品标准》（中药材第一册）、中成药部颁标准（1~20册）、化学药品部颁标准（1~6册）等。

国家药品监督管理局于2003年更名为国家食品药品监督管理局，目前新药标准改为由国家食品药品监督管理局负责。国家食品药品监督管理局批准的新药标准称为《国家食品药品监督管理局标准》（简称《局颁标准》），属于国家药品标准。先后颁布局颁中药标准（1~14册）、化学药品标准（1~16册）、局颁新药转正标准（1~76册）。

**3. 其他标准**

部分尚未制定国家标准的中药材、中药饮片，其标准与炮制规范由省、自治区和直辖市药品监督管理部门制定和批准。如广东省食品药品监督管理局2011年颁布了《广东省中药材标准（第二册）》，分别收载了《中国药典》未收载的、广东省地方习用中药材品种119个和112个，作为该省中药材生产、经营、使用的质量依据以及检验、管理部门监督的技术依据。

国家鼓励将自主创新技术转化为标准，鼓励药品生产企业制定高于国家标准的企业标准。除此之外，医药生产企业为确保药品生产质量，根据药品生产控制和药品本身特点等要求制定企业内控标准，其中某些指标甚至多于和高于法定标准。在特殊情况下，进出口药品、仿制国外药品、赶超国际水平（采标）等需要按照国外药典标准进行药品检验。

**4. 常用国外药典**

目前世界上一些国家均出版了国家药典，另外还有区域性药典如《北欧药典》《欧洲药典》和《亚洲药典》以及世界卫生组织（WHO）的《国际药典》。在药物分析工作中可供参考的国外药典主要有如下几种。

(1)《美国药典》（The United States Pharmacopoeia，USP），由美国药典委员会编制出版，截至2016年已出至40版，即USP（40）。美国国家处方集（The National Formulary，NF）为USP的补充资料，可视为美国的副药典，目前为35版，即NF（35）。1980年起，美国药典委员会将USP（20）与NF（15）制成合订单行本出版。因此，出版物的完整名称应为《美国药典/国家处方集》（United States Pharmacopoeia/National Formulary，USP/NF）。至2016年USP/NF最新版为USP40/NF35。

(2)《英国药典》（British Pharmacopoeia，BP），由英国药典委员会编制出版，最新版本为2015年版，即BP（2015）。

(3)《日本药局方》（Japanese Pharmacopoeia，JP），由日本药局方编辑委员会编纂，由日本厚生省执行和出版。自1886年6月25号颁布第一版，最新版为2016年出版的第17改正版，即JP（17）。

(4)《欧洲药典》（European Pharmacopoeia，Ph. Eup），由欧洲药典委员会编辑出版。新版《欧洲药典》（第六版）在第五版的基础上对所有内容进行了重新修订，截至2010年7

月已经出版 8 个增补版。《欧洲药典》与其成员国本国药典具有同样约束力，并且互为补充。

（5）《国际药典》（The International Pharmacopoeia, Ph. Int），由联合国世界卫生组织（WHO）主持编订。现行版为 2015 年出版的第五版，供 WHO 成员国免费使用。

### 5. 正确使用药品标准

药品具有十分敏感的时效性，严格控制药品的质量标准，才能保证患者使用时的安全有效。药品质量标准正确地反映药品生产、经营、贮存和使用等各个环节中的质量变化情况，是国家对药品质量及检验方法所做的技术规定，应充分认识和正确使用药品标准。

（1）正确认识改变生产工艺引起的与标准规定的差异  除因生产、贮藏不妥造成药品变性、颜色加深外，有的中药制剂因工艺改变颜色也会发生改变。如提取、干燥的工艺改进后，制剂的颜色会比标准中描述的浅。有的胶囊剂为增加灌装时的流动性从而提高装量的均匀性而进行了制粒，与标准规定的内容物为粉末有差异，且颜色加深。由于某些需要，有的片剂增加了包衣或改变了包衣。若要发生以上改变，应按规定上报有关部门并及时申请修订标准，在得到批准后产品方能上市，否则将影响检验部门对结果的判断。很多药品的鉴别试验采用薄层色谱法，应注意比较其与对照品或对照药材的一致性。制剂配方或工艺的改变可能引起有关斑点 $R_f$ 值的改变，务必要多加考察。有的生产者在颗粒剂中加入着色剂和矫味剂等，影响含量测定时滴定终点的判断，只能在半成品时控制质量，对成品则不做测定，上市后无法对产品进行质量控制。《中华人民共和国药品管理法》第二十八条规定："药品必须按照国家药品标准和国务院药品监督管理部门批准的生产工艺进行生产，药品生产企业改变影响药品质量的生产工艺的，必须报原批准部门审核批准。"

（2）注意原、辅料的质量  有时药材薄层色谱中没有与对照品相对应的斑点出现，如葛根中没有与葛根素相对应的斑点，说明在购进药材或饮片时应注意到仅靠性状鉴别已不能证明药材的质量。另外，药材紫外吸收峰的位置或化学成分的含量也会随药材的来源、加工等不同而有所改变，应选用质量控制较稳定的种植药材作原料，并注意考察，为标准的修订积累数据。

（3）注意有关药品质量标准的增修订情况  随着生产和分析技术的进步，应注意药品质量标准也随之提高，按正确的质量标准进行生产和检验。常见问题有：

a. 药品名称。药品名称是药品标准的首要内容，药品标签及使用说明书的名称必须与药品标准规定的通用名称一致。如贝诺酯片，在原地方标准中称为扑炎痛片，上升为国家标准及收载入《中国药典》后称为贝诺酯片。但至今为止，有的生产企业印在包装盒上的药品名称仍为扑炎痛片。若要变更药品名称或增加商品名，均需得到药品监督管理部门的批准，否则是擅自更改药品标准的行为。

b. 重（装）量差异。这是一项在不合格率中占较重比率的检查项目，各种剂型都可能出现问题，在生产过程中一定要注意认真控制。中药片剂应注意标示片重与平均片重的区别，每片重量应与标示片重比较其重量的差异，无标示片重时可与平均片重相比较。薄膜衣片在包衣后应按规定检查重量差异。丸剂除检查重量差异外，还要检查装量差异。原为地方标准的品种，应注意上升为国家标准或收入药典后检验项目的变化。如缓、控释制剂，药典要求进行释放度的检查，但有的品种如氯化钾缓释片，原地方标准中并无对释放度的要求，生产者应及时调整生产工艺使之达到现标准的要求。

（4）使用正确的标准物质（标准品、对照品）  药品标准物质是用来检查药品质量的一种特殊的专用量具，是测量药品质量的基准。它是具体确定药品真伪优劣的对照，是控制药品质量所必需的。随着医药工业的快速发展,标准物质数量日益增长并显示出它在提高药品质量中的重要性。《中华人民共和国药品管理法》第二十八条规定:"国务院药品监督管理部门的药品检验机构负责标定国家药品标准品、对照品。"有的企业使用原料或非中国药品生物制品检定所发放的对照品控制产品质量,导致含量测定的结果与真实结果相距甚远,药检所检验时发现含量偏低,被判为不符合规定。故检验时应使用法定的对照品,以保证检验结果的准确性。《中华人民共和国药品管理法》第九十八条明确规定:"药品所含成分与国家药品标准规定的成分不符;以非药品冒充药品或者以他种药品冒充此种药品;变质的药品;药品所标明的适应证或者功能主治超出规定范围的按假药论处。药品成分的含量不符合国家药品标准;被污染的药品;未标明或者更改有效期的药品;未注明或者更改产品批号的药品;超过有效期的药品;擅自添加防腐剂、辅料的药品;其他不符合药品标准的药品按劣药论处。"

药品标准是控制药品质量、保证用药安全的法定依据。对于药物质量分析工作者来说,不仅应正确地使用药典与药品质量标准,熟练地掌握药物分析方法的原理与操作技能,还应具备制定药品质量标准的能力。作为药品生产者,应认真学习和领会国家的有关法律、法规,积极关注药品标准的变化,特别要加强药典凡例和附录的学习,保证以正确的标准控制药品质量。同时要注意考察积累产品的实验数据,研究质量标准,为更好地控制药品质量,提高药品标准作出应有的努力。

### 五、药物分析新技术

药品质量直接关系到药品的安全与疗效,关系到药品使用者的健康和生命安全。为了保障药品质量,从药品研发到使用的各个环节均需要用药物分析的技术和方法严格控制药品质量。当然,控制药品质量应当是多方面、多学科、全过程的综合性工作,需要各部门的共同努力。其中药物分析以其对药品质量的有效分析和评价,为全方位、全过程地控制药品质量提供了依据,成为药品质量控制环节的一个重要组成部分。

按照分析的原理,药物分析方法可分为化学分析法、仪器分析法和生物分析法三大类。化学分析法种类较多,是药物分析方法的基础;仪器分析法主要包括光谱分析法、色谱分析法、电化学分析法和质谱分析法等;生物分析法包括生物测定法、抗生素微生物检定法、非无菌产品微生物限度检查和无菌检查法等。高灵敏度、高选择性及智能化分析技术是药物分析方法的发展方向。

#### 1. 样品预处理方法

样品预处理是药物分析过程非常重要的环节。常用的样品预处理方法有液-液萃取和液-固萃取。随着分析技术的发展,样品预处理技术也随之迅速发展,出现了效率更高的提取方法,如超声波提取、微波提取、超临界萃取、亚临界水萃取、半仿生-酶法提取、浊点萃取、高速逆流萃取、分子蒸馏、分子印迹技术和膜分离等新技术和新方法。高分离效率、连续化、自动化和环保的样品预处理技术将是本领域的发展方向。

#### 2. 化学分析法

化学分析法是以化学反应为基础建立起来的测定药物物质种类和含量的方法,是药物分析的基础。

药物鉴别中常采用一些经典的化学反应,如苯巴比妥的亚硝酸钠-硫酸反应、银盐与铜盐反应,司可巴比妥与碘试液的反应,硫喷妥钠的铜盐反应、与硝酸铅试液的反应,盐酸普鲁卡因的水解反应，盐酸麻黄碱的双缩脲反应，硫酸阿托品的托烷生物碱反应，盐酸吗啡的甲醛-硫酸反应、与钼硫酸试液的反应、与铁氰化钾的反应，硫酸奎宁的绿奎宁反应，醋酸地塞米松的碱性酒石酸铜反应、与乙醇的酯化反应，异烟肼的银镜反应，黄体酮与亚硝基铁氰化钠反应，维生素 $B_1$ 的硫色素反应等，都是比较常见的建立药物化学分析方法的基础化学反应。

### 3. 光谱分析法

光谱分析法是根据电磁辐射与药物相互作用来鉴别药物及确定其化学组成和相对含量的方法。光谱分析法分析速度快、灵敏度高，在药品质量控制中应用广泛，特别是旋光法、紫外-可见分光光度法、红外光谱法、拉曼光谱法、荧光光谱法和原子吸收分光光度法等。光谱学方法在药物结构解析和常规检验中应用较多，对于复杂样品的分析常与色谱方法联用。

### 4. 色谱分析法及联用技术

色谱分析法是利用混合物中待分离组分间的吸附、分配或电荷大小的差异，在两相中的差速迁移而使混合物达到分离，进而对被分离组分进行定性和定量分析的方法。色谱法具有分离效率高、分析速度快、专属性强、灵敏度高、样品用量小和易于自动化的特点，被广泛用于药物分析。目前常用的色谱技术很多，如薄层色谱自显影技术、毛细管气相色谱法、离子色谱法、超高效液相色谱法、毛细管电泳法、多柱色谱法和亲和色谱法等，这些色谱分析技术在药物分析中得到越来越广泛的应用。

气相色谱-质谱、液相色谱-质谱和毛细管电泳-质谱等联用技术，将在线的分离能力与质谱的高选择性、高灵敏度的检测能力相结合，在药物物质基础和作用机制研究，药品质量标准研究，药物体内吸收、分布、代谢和排泄规律的研究，手性药物色谱分析及药品生产过程中的过程控制技术等方面均具有非常广泛的应用，这对于进一步了解生命过程和药物的作用、保障药品质量和提高药品疗效发挥了积极的推动作用。

### 5. 分子生物学技术

分子生物学是从分子水平研究生物大分子的结构与功能，从而阐明生命现象的科学。分子生物学技术目前已广泛应用于生命科学的各个领域，在药物作用靶点的发现和高通量筛选，先导化合物的发现及其构效关系的研究，药效、毒理和药代动力学研究中，分子生物学技术都有广泛的应用前景。

在药物筛选和中药鉴定的研究中，生物技术分析具有灵敏度高、特异性强的优点。生物芯片技术是根据生物分子间特异相互作用，将生化分析过程集成于芯片表面，从而实现对 DNA、RNA、多肽、蛋白质及其他生物成分的高通量快速检测方法。利用基因芯片分析用药前后机体的不同组织和器官基因表达的差异，可快速高效地筛选药物。

药物分析贯穿药品质量检测全过程，在药物研制、生产、贮运、供应和应用的过程中，药物分析方法起着工具和"眼睛"的作用。因此摆在药物分析学科和药物质量控制工作者面前的迫切任务，不再仅仅是静态的常规检验，而要综合运用现代分析方法和技术，尤其是仪器分析和计算机技术的迅速发展，推进了将一种分离手段和一种鉴定方法相结合组成的多种联用分析技术的诞生，集分离与鉴定于一体，从而要求药物质量控制工作者应及时掌握新方法和新技术，不断学习、不断探索，适时选用各种分析方法与技术，促使药物质量研究达到新的水平。

## 第二节  药品质量管理

### 一、药品质量管理的相关术语

#### 1. 质量管理

质量管理（quality management，QM）是指对达到质量所必需的全部职能与活动的管理。药品质量管理包括制定药品质量管理政策、组建药品质量管理部门、培训人员、对各项管理职能与活动进行组织协调并加以实施等。

#### 2. 全面质量管理

药品质量管理贯穿于药品研制、生产、检验、销售、使用的始终，也就是全面质量管理（total quality management，TQM）。全面质量管理是指"三全""一多样"的管理方法。"三全"即全过程、全员、全企业的质量管理，"一多样"即管理方法因地制宜、多种多样。

全面质量管理的产生和形成是质量管理理论和实践的"质"的飞跃。它不是一种简单的管理方法，而是一种学说，是一整套管理思想、理念、手段和方法的综合体系。美国著名质量管理专家费根堡姆（A. E. Feigenbaum）把全面质量管理定义为："为了能在最经济的水平上，并考虑到充分满足顾客要求的条件下，进行市场研究、制造、销售和服务，把企业各部门的研究质量、维持质量和提高质量的活动，构成为一种有效的体系。"从上述定义可以清楚地看出，全面质量管理注重质量保证体系的建设。

#### 3. 质量控制

质量控制（quality control，QC）是指为保持某一产品质量所采取的作业控制技术和有关活动。药品质量控制是指在药品管理实施过程中所进行的具体操作活动，如药品检验、中间产品检验、工序控制、质量分析、文件管理、生产记录等涉及药品质量的有关活动。

#### 4. 产品质量评定

产品质量评定应包括三方面的内容：①评定产品质量；②评定工作质量，包括研制开发、设计、采购、制造、检验、销售和售后服务；③评定工序质量，包括影响质量的因素即操作者（man）、机器（machine）、原材料（material）、工艺方法（method）以及环境（environment）因素。工作质量保证了工序质量，工序质量保证了产品质量，产品质量是全面质量管理的综合反映。

#### 5. 系统工程

系统工程是用科学的理论和方法，按照一定的目的，对系统进行研究、设计、协调、控制和管理，以期达到总体最优效果的一种组织管理技术，也是一门跨越各个学科领域的方法论和综合性学科。系统工程的主要内容有运筹学、概率论与数理统计、信息论、控制论以及现代科学管理技术。运筹学所要解决的问题，是在既定条件下对系统进行全面规划、统筹兼顾，以期达到最优的目标。运筹学是系统工程的基础，系统工程则是这门科学理论的具体应用；概率论是研究大量偶然事件的基本规律的学科，广泛应用于概率论模型的描述；数理统计是用来研究取得数据、分析数据和整理数据的方法；信息论是研究信息的本质，并用数学方法研究信息的获取、计量、存贮、传递、加工、处理、输出和反馈以及如何应用的一门学科；控制论是研究各种系统的调节与控制的一般规律的科学，其主要任务是有效地实现系统的目标；现代科学管理技术是系统工程不断发展的动力，是按照科学的规律，运用先进的科学技术和经济思想，把整个生产管理组织起来的一门科学。

在系统工程中，有三个重要的基本原理：一是整体协调原理；二是反馈控制原理；三是最优化原理。把这些基本原理运用到质量管理中就能产生具有工程特色的质量管理科学。

### 6. 质量管理工程

质量管理工程（quality management engineering）是质量管理和系统工程两门学科相互结合、相互交叉、相互渗透的产物。它把质量管理看成是一个系统工程，用系统工程的理论、技术和方法，研究质量管理的过程，以期获得最佳工作状态和最优效果，从而形成具有特色的质量管理工程这门新学科。

以药品为例，从质量管理工程的角度看，处方的设计，药品的研究、开发、生产、经营，所有这些都是药品质量管理系统的子系统。第一，按照整体协调的原则，系统中各子系统功能的发挥和它们之间相互关系的作用影响，都要从整体的角度来协调和控制。忽视任何一个环节，都将影响药品质量管理系统的正常运行。第二，药品质量管理必须建立信息反馈系统，要有可追溯性，如药品不良反应监控、药品上市后的再评价、新药审评、GMP的认证等。没有健全的信息反馈机制，药品质量管理系统也无法正常可靠地运行。第三，对于药品质量管理的各个环节，各个阶段的管理、控制和决策，都必须有最优化的目标和要求，包括可持续发展等，这是质量管理工程的主要任务之一。

## 二、质量保证体系

一个企业要实现全面质量管理，必须使企业的各部门、各环节相互协调，有计划、有步骤地完成各项工作，形成一个坚实的质量保证体系，确保产品质量合格，使消费者满意、让患者放心，确保用户及消费者对质量的信任。

### 1. 质量保证

质量保证（quality assurance，QA）是指为使人们确信某产品质量所采取的全部有计划、有系统的活动。药品质量保证就是将药品质量管理的各个阶段、各个环节的职能组织起来，形成有明确任务、职责、权限的互相协调、促进的整体。药品质量保证是一个体系，要使消费者信任药品的安全性、有效性、稳定性、均一性等质量品质，必须采取 GMP、GSP、GCP、GLP 等一系列质量管理规范，以确保药品的研制、生产、经营等过程均符合规定的质量标准。

### 2. 质量体系认证

质量认证体系，亦称质量体系注册，是指由公正的第三方体系认证机构，依据正式发布的质量体系标准，对企业的质量体系实施评定，并颁发体系认证证书和发布注册名录，向公众证明企业的质量体系符合某一质量体系标准，有能力按规定的质量要求提供产品，可以相信企业在产品质量方面能够说到做到。

### 3. 质量体系认证的目的与意义

质量体系认证的目的是要让消费者、用户、政府管理部门等相信企业具有一定的质量保证能力，其表现形式是由体系认证机构出具体系认证证书的注册名录，依据的条件是正式发布的质量体系标准，取信的关键是体系认证机构本身具有的权威性和信誉。

我国开展质量体系认证工作的目的,在于促进企业强化技术基础,完善质量体系,提高产品质量,增强市场竞争能力,进而规范市场行为、促进经济贸易发展和保护消费者权益。

**4. 质量体系认证和产品质量认证**

质量体系认证的对象是质量体系,即质量保证能力。质量体系认证中使用的基本标准不是产品技术标准,因为体系认证中并不对认证企业的产品实物进行检测,颁发的证书也不证明产品实物符合某一特定产品标准,而仅是证明企业有能力按政府法规、用户合同、企业内部规定等技术要求生产和提供产品。质量体系认证依据的是等同于 ISO 9000 系列标准的有关国家标准。它的作用是能够提高顾客对供方的信任,增加订货,减少顾客对供方的检查评定,有利于顾客选择合格的供方。质量体系认证是自愿的,企业通过体系认证获得的体系认证证书不能用在所生产的产品上,但可以用于正确的宣传,它是 ISO 向各国推荐的一种认证制度之一。

产品质量认证是对产品及与产品有关的供方的质量体系进行评定,评定内容包括提供方的质量体系对其生产、设备、材料采购、检验方法等能否进行恰当的控制,能够使产品始终符合技术规范。产品质量认证通过后不仅颁发认证证书,而且还允许在产品上使用认证标志。

质量体系认证与产品质量认证最主要的区别是认证对象不同。产品质量认证的对象是特定产品,并可以将认证标志直接制作在产品包装上,具有影响面大的优点。而质量体系认证的对象是企业的质量体系,具有范围大、覆盖面广的优点,但对外影响不如产品质量认证。质量体系认证与产品质量认证也有共同点,就是都要求对企业的质量体系进行体系审核。

## 三、药品认证管理

药品认证是指食品药品监督管理部门对药品研制、生产、经营、使用单位实施相应质量管理规范进行检查、评价并决定是否发给相应认证证书的过程。这里主要介绍 GMP、GSP、GAP、GLP、GCP、GPP 这些规范认证的意义和国家的认证进程。

**1. GMP 认证**

《药品生产质量管理规范》(Good Manufacturing Practice,GMP)是当今国际社会通行的药品生产必须实施的一种制度,是药品全面质量管理的重要组成部分,是把药品生产全过程中发生的差错、混药及各种污染的可能性降至最低限度的必要条件和最可靠的办法。

(1) GMP 发展  美国食品药品监督管理局(FDA)于 1963 年首先颁布了 GMP,这是世界上最早的一部 GMP,在实施过程中,经过数次修订,可以说是至今较为完善、内容较详细、标准最高的 GMP。1969 年世界卫生组织(WHO)也颁发了自己的 GMP,并向各成员国推荐,受到许多国家和组织的重视,经过三次修改,也是一部较全面的 GMP。

我国提出在制药企业中推行 GMP 是在 20 世纪 80 年代初,在总结、吸收国内外经验教训和管理惯例的基础上,将实施药品 GMP 制度直接写入了《药品管理法》。卫生部于 1988 年 3 月颁布了我国《药品生产质量管理规范》,并于 1992 年在对部分药品生产企业调研后进一步作了修订,这是我国进行药品 GMP 认证的基础和依据。1998 年,国家药品监督管理局总结 1992 年以来实施 GMP 的情况,对 1992 年版的 GMP 进行修订,于 1999 年 6 月 18 日颁布了《药品生产质量管理规范》(1998 年修订),于 1999 年 8 月 1 日起施行,使我国的 GMP 更加完善、更加符合国情、更加严谨,便于药品生产企业执行。

(2) GMP 认证管理  药品 GMP 认证是国家依法对药品生产企业(车间)和药品品种

实施GMP监督检查并取得认可的一种制度，是政府强化药品生产企业监督的重要内容，也是确保药品生产质量的一种科学、先进的管理手段，旨在确认药品生产是否符合GMP标准，保证药品质量的稳定性、安全性和可靠性。我国对药品实行GMP认证制度始于1995年10月，从2003年1月1日起由国家食品药品监督管理局负责注射剂、放射性药品、部分生物制品的药品生产企业的认证工作，其他剂型生产企业的认证工作均由省级食品药品监督部门负责。

实施GMP，不仅是消费者的强烈要求，也是国内外GMP发展的要求。同时，面临国内外医药合资企业的发展和医药市场的竞争，实施GMP将关系着我国医药工业的信誉和前途。国家药品监督管理局成立后，加大了GMP的推行力度，通过修订和制定有关的药品监管法规，强制推行GMP。

**2. GSP认证**

《药品经营质量管理规范》（Good Supplying Practice，GSP）是药品经营质量管理的基本准则。GSP是为保证经营药品质量需要而产生的，是药品经营企业进行全面质量管理的重要组成部分，是建立药品经营企业质量体系的必要条件和最可靠的办法。

（1）GSP发展　GSP是防止医药商品流通环节质量事故发生的一整套管理程序，GSP的特征是：a.控制核心是药品质量，属质量管理范畴；b.重点在于事前控制，是一种过程的管理；c.为一套规范化的管理程序或标准。

医药商品在其生产、经营和销售的全过程中，由于内外因素作用，随时都有可能发生质量问题，必须在所有这些环节上采取严格措施，才能从根本上保证医药商品质量。因此，许多国家制定了一系列法规来保证药品质量，GSP是这一系列控制中十分重要的一环。由于各国药品管理体制和管理模式的差异，流通领域中的GSP在国际上尚未形成如GMP那样较为系统和通行的方法，在世界范围内还没有得到广泛推广，但鉴于GSP在药品经营活动中的特殊意义，有关国际组织对此一直保持积极的看法。1980年，国际药品联合会在西班牙马德里召开的全体大会上通过决议，呼吁各成员国实施GSP，这对全世界推行GSP起到积极作用。日本是推广GSP最积极，也是实施GSP最早的国家之一。

我国GSP的产生，是在充分分析研究日本GSP的基础上，于1982年起，由中国医药公司对新中国成立以来医药商业质量管理工作经验进行归纳总结，其中许多行业性规章、企业制度、工作程序与日本GSP原则大同小异，将我国医药商业质量管理的精华与日本先进的GSP观念体系融合提炼，逐步形成具有中国特色的GSP管理系统，此项重要举措适应了药品质量控制的国际潮流，推动了我国医药商业质量管理的现代化、国际化。20世纪90年代后，我国开始了以"合格"或"达标"为特征的GSP的推行工作，并取得初步的成就，为后来的GSP认证工作打下良好的基础。1998年国务院机构改革，监督实施GSP成为国家食品药品监督管理的重要组成部分。同时GSP被纳入新修订的《药品管理法》，明确了监督实施GSP在食品药品监督管理中的法律地位，由此，GSP工作开始了一个新的发展阶段。另外，在1992年版GSP的基础上重新修订，于2000年7月1日起施行。新版的GSP对药品批发企业和零售企业进行了区别对待，编排更加合理、内容更加具体、科学、丰富、实用，这是我国实施GSP的里程碑。2000年11月16日印发《药品经营质量管理规范实施细则》，完善GSP的制度化建设，制定并发布了GSP认证管理办法等各项监督实施GSP的规章制度和实施办法。最新版的GSP经过两次修订，根据2016年6月30日国家食品药品监督管理总局局务会议通过、2016年7月13日国家食品药品监督管理总局令第28号公布的《关于修改〈药品经营质量管理规范〉的决定》进行修正并自发布之日起施行。

（2）GSP 认证管理　　GSP 在我国药品经营领域具有十分重要的影响，GSP 认证已经成为食品药品监督管理的重要工具，成为药品经营企业市场准入的基本条件。药品经营企业必须按照国务院食品药品监督管理部门依法制定的《药品经营质量管理规范》经营药品，并按照规定的期限完成 GSP 改造，取得《GSP 认证证书》。对逾期难以完成 GSP 改造、不能通过 GSP 认证的药品经营企业应依法给予限期整改或者停业整顿的处理，最终仍不符合要求的，要依法取消其经营资格。通过认证工作，要不断健全和完善 GSP 认证的各项制度和规定，保证各项认证工作符合标准和规定，使认证工作在确保质量的前提下按期完成。

### 3. GAP 认证

《中药材生产质量管理规范》（Good Agricultural Practice，GAP）是确保中药材生产质量的管理准则。从保证中药材质量出发，控制影响药材生产质量的各种因子，规范药材生产各环节和全过程，以保证中药材的真实、安全、有效和质量稳定。

（1）GAP 发展　　GAP 是通过规范化的药材生产，提升中药材、中药饮片乃至中成药的质量。实施 GAP 是促进中药产业化的重要措施，是中药标准化、现代化、国际化所必需的最基本的条件。对药材生产实施全面质量管理，最大限度地保证药材内在质量的可行性、稳定性，并由此延伸至重要科研、生产、流通的所有质量领域，为整个中药材质量体系打下基础。GAP 适用于中药材生产基地（集约经营的基地、商品药材基地、制药原料药材基地等）及中药材（含植物药及动物药）生产的全过程，适用于栽培、饲养的物种，也包括野生种和外来种。

GAP 是 1998 年由欧盟最先提出的，是对药材种植生产全过程的控制标准和程序规范，主要解决原料的集中、质量均一和稳定性。GAP 只是一个大原则，具体每味药材需有各自的标准操作规范（standard operation practice，SOP）。满足符合 GAP 标准的药材种植是中药生产的第一车间。2003 年世界卫生组织正式制定 GAP。我国于 2002 年 6 月 1 日，由国家药品监督管理局颁布并开始实施 GAP。企业建设自己的 GAP 基地已成为大势所趋。

（2）GAP 认证管理　　为确保中药材 GAP 的全面实施和加强对中药材生产企业的监督管理，国家药品监督管理局制定了《中药材生产质量管理规范认证管理办法》和《中药材 GAP 认证检查评定标准》。需要认证检查的单位由中药材生产企业提出申请，并按规定填报《中药材 GAP 认证申请书》及有关资料，如企业概况（生产的地理位置、环境质量检测报告、生产规模、生产设施、GAP 实施情况、人员、设备等）、生产的品种及产品质量检测报告等。由中药材生产企业所在省、自治区、直辖市食品药品监督管理部门对申报资料进行初审，再报国家食品药品监督管理局认证中心。所报资料经审核，符合要求的，选择适宜时期进行现场检查。检查组根据检查验收标准逐项进行检查，必要时应予取证。国家食品药品监督管理局认证中心对检查报告进行审核，符合标准的，报国家食品药品监督管理局，颁发《中药材 GAP 证书》。经现场检查不合格的，责令限期修改，由原认证部门派检。

### 4. 其他管理规范

药物非临床研究、药物临床试验和医疗机构自配制剂应当遵循的质量管理规范分别是《药物非临床研究质量管理规范》（Good Laboratory Practice，GLP）、《药物临床试验质量管理规范》（Good Clinical Practice，GCP）、《医疗机构制剂配制质量管理规范》（试行）（Good Preparation Practice，GPP）。

(1) GLP 管理

① GLP 发展　GLP 是关于药物非临床研究中实验设计、操作、记录、报告、监督等一系列行为和实验室条件的规范。其目的在于通过对药品研究的设备设施、研究条件、人员资格与职责、操作过程等的严格要求，来保证药品安全性评价数据的真实性和可靠性。

20 世纪前，各国有关药品管理的法律、法令多侧重于对假药、劣药、毒药的管理。20 世纪初化学药品问世后，新药数量急剧增多，当初的管理亦多为申请注册、产品抽验等。1935 年在美国发生了磺胺酏剂事件，死亡 107 人，引起公众对新药管理弊端的谴责、抨击，迫使美国国会修改《食品、药品、化妆品法》。此修正案着重提出了新药申请上市，必须有充分的科学数据证明该药品是安全的。由于该法只强调药品应安全无毒，没有强调有效，后来又导致了一大批疗效不确切的药品充斥市场。1961 年德国的"反应停事件"，造成万余名畸胎儿，震惊了世界，许多国家为此重新修订了药品法。例如美国 1962 年批准的《食品、药品、化妆品法修正案》，重点提出新药申请上市前除证明必须安全外，还必须是有效的，并对新药审批做出详细的规定。日本、英国等修订的药品法也都对新药管理作出详细规定。1979 年，美国国会通过并公布非临床安全性试验研究规范，对新药进行临床研究前的安全性研究作出了更为严格的全面质量管理。

我国从 1991 年起开始起草 GLP，1993 年国家科学技术委员会颁布了 GLP，于 1994 年 1 月生效。1998 年国务院机构改革后，国家药品监督管理局根据国际上 GLP 的发展和我国的实际情况，颁布了《药品非临床研究质量管理规范》，于 1999 年 11 月 1 日起施行。2003 年 6 月 4 日经国家食品药品监督管理局局务会审议通过了新的《药物非临床研究质量管理规范》，自 2003 年 9 月 1 日起施行。2017 年 6 月 20 日经国家食品药品监督管理局局务会议审议通过并公布新的《药物非临床研究质量管理规范》，自 2017 年 9 月 1 日起施行，同时废止 2003 年 8 月 6 日发布的《药物非临床研究质量管理规范》（国家食品药品监督管理局令第 2 号）。

GLP 是从源头上提高新药研究质量、确保人民用药安全的根本性措施。作为一个重要的国际通用的质量管理规范，GLP 对于决定药品能否进入临床研究、预测其临床研究的风险程度和最终评价该药品是否具有开发价值起着举足轻重的作用。

② GLP 认证　我国 GLP 规定："国家食品药品监督管理局负责组织实施对非临床安全性评价研究机构的检查。凡为在中华人民共和国申请药品注册而进行的非临床研究，都应接受食品药品监督管理部门的监督检查。"对实施 GLP 的单位开展检查，既能保证 GLP 执行的质量，又能保证研究结果的可行性，是保证 GLP 实施不可缺少的手段。根据我国目前实施 GLP 的情况，国家食品药品监督管理局将在认真调查研究的基础上，从我国国情出发，研究制定 GLP 认证工作的配套办法，试点起步，逐步实施 GLP 认证制度。

(2) GCP 管理

① GCP 发展　GCP 是规范药物临床试验全过程的标准规定，制定 GCP 的目的在于保证临床试验过程的规范，保证临床试验的结果科学、准确、可靠，保证受试者的权益和安全。我国自 1994 年开始酝酿起草 GCP，1995 年成立了由 5 位临床药理专家组成的起草小组，起草了我国《药品临床试验管理规范》（送审稿），并开始在全国范围内组织 GCP 知识培训。1998 年 3 月 2 日卫生部颁布了《药品临床试验管理规范（试行）》。国家食品药品监督管理局成立后对该规范进行了进一步的讨论和修改，颁布了《药物临床试验质量管理规范》，于 2003 年 9 月 1 日起实施。为深化药品审评审批制度改革，鼓励创新，进一步推动我国药物临床试验规范研究和提升质量，国家药品监督管理局会同国家卫生健康委员会组织修

订新版的《药物临床试验质量管理规范》,自 2020 年 7 月 1 日起施行。

② GCP 资格认定 对药物临床试验机构进行资格认定,是保证药物临床试验过程规范、结果科学可靠、保护受试者权益并保障其安全的有效手段,亦是保证药物临床研究质量的重要措施。药物临床试验机构资格认定是指资格认定管理部门依照法定要求对申请承担药物临床试验的医疗机构所具备的药物临床试验条件,药物临床试验机构的组织管理、研究人员、设备设施、管理制度、标准操作规程等进行系统评价,作出其是否具有承担药物临床试验资格决定的过程。国家食品药品监督管理局颁布了《药物临床试验机构资格认定办法(试行)》,自 2004 年 3 月 1 日起施行。

国家食品药品监督管理局主管全国 GCP 资格认定管理工作。卫计委在其职责范围内负责资格认定管理的有关工作。国家食品药品监督管理局对通过该资格认定的医疗机构予以公告并颁发证书。国家食品药品监督管理局和省级食品药品监督管理局在监督检查中发现药物临床试验机构未按规定实施《药物临床试验质量管理规范》,应依据《中华人民共和国药品管理法》及其实施条例等对其进行处理。对严重违反《药物临床试验质量管理规范》的,通告卫计委并取消其药物临床试验机构资格,同时予以公告。自公告之日起,3 年内不受理其资格认定的申请。国家食品药品监督管理局会同卫计委对已取得药物临床试验机构资格的医疗机构每 3 年进行一次资格认定复核检查。对复核检查不合格的医疗机构,取消其药物临床试验机构的资格并予以公告。

(3) GPP 管理

① GPP 发展 医院制剂在药学中具有独特的地位,由于直接与患者接触,对现代制剂的进展方向较为敏感。注重科研,药学、临床和生产科研三位一体,互相促进和提高,是医院制剂的优势。医院研制新药的积极性一直较高,国内许多著名制剂如三九皮炎平、三九胃泰、壮骨关节丸、尿毒清等就是由医院制剂发展为商品制剂的。在实践中,应充分运用现代药剂学的新理论、新技术、新辅料,开发新制剂、新剂型,满足临床科研需要。医疗机构制剂是满足临床和科研用药的一种补充,经历了自然形成、自由发展的阶段,目前正由依法管理走向逐步成熟的过程。随着我国医药卫生事业不断发展,21 世纪医疗机构制剂仍是药剂工作的重要组成部分,它为临床服务和人民群众的健康事业发挥着不可缺少的作用。

② GPP 实施 医疗机构制剂的配制也是一种生产过程,因此,既要保证制剂质量,又要避免造成资源的浪费。首先应将使用量小、不宜大规模生产且不具备 GPP 要求的中药品种制剂委托给符合 GPP 标准的制剂室或通过 GMP 认证的药品生产企业配制,这样既可解决部分医疗机构因条件限制不能配制制剂的问题,又避免了部分符合 GPP 的制剂室因配制批量小造成资源的浪费。

药监部门首先对符合 GPP 标准的制剂室给予政策倾斜,鼓励有能力进行改造的制剂室积极实施 GPP。其次,对综合性医疗机构普遍使用的制剂品种,由具备 GPP 生产条件的制剂室配制,经批准在医疗机构之间调剂使用。对外用制剂、消毒液等不宜委托配制的品种,应注重对配制过程的监管,如果在配制硬件方面暂时难以达到 GPP 要求,可从加强软件建设和规范管理上入手,做到此类制剂在医疗机构内现配现用,确保制剂质量。此外,从政策上鼓励药品生产企业生产市场价格低、医疗机构普遍需要且疗效确切、临床急需的制剂品种,以改善医疗机构制剂供需矛盾,合理调整医疗机构配制制剂的功能,发挥临床优势,侧重为临床与试验需要配制制剂,使医疗机构配制制剂从"生产保证供应型"向"技术开发型"转变。

## 四、药品质量管理现状

### 1. 我国的药品质量管理

当前,随着社会的发展和人们安全意识的提高,我国对药品的质量管理更加重视,药品质量控制措施已逐步走向完善,药品质量管理体系已初步形成。

(1) 已建立各级食品药品监督管理机构　国家食品药品监督管理局(National Medical Products Administration,NMPA)是国务院综合监督管理药品、医疗器械、化妆品、保健食品和餐饮环节食品安全的直属机构。2018年3月,根据第十三届全国人民代表大会第一次会议批准的国务院机构改革方案,将国家食品药品监督管理局的职责整合,组建国家市场监督管理局,主管全国食品药品监督管理工作。各省、自治区、直辖市、地(州、盟)、地级市及药品监督管理任务重的县(市)等均设立相应的药品监督管理机构,在上一级药品监督管理机构的领导下,负责本行政区域内药品监督管理工作,领导下属机构开展药品监督管理业务。

(2) 建立健全法律体系　我国在1949年11月成立了卫生部,主管全国卫生工作,负责医药有关法律、法规的制定和实施工作。1984年9月20日,全国人民代表大会常务委员会讨论通过并经中华人民共和国主席签署公布了《中华人民共和国药品管理法》,于1985年7月1日施行。2001年2月28日,第九届全国人民代表大会常务委员会第二十次会议修订了《药品管理法》,2001年12月1日起施行。2019年8月26日,第十三届全国人民代表大会常务委员会第十二次会议第二次修订了《药品管理法》,2019年12月1日起实施。在此基础上,国务院食品药品监督管理部门修订并颁布了《药品非临床研究质量管理规范》(GLP)、《药品生产质量管理规范》(GMP)、《药品经营质量管理规范》(GSP)、《医疗机构制剂配制质量管理规范》(GPP)、《药物临床试验质量管理规范》(GCP)、《中药材生产质量管理规范》(GAP)等一系列关于药品研究、生产、经营、使用和监督管理的法规和政策,加强食品药品监督管理,确保药品质量。同时,食品药品监督管理部门对药品的研制、生产、经营和使用单位是否符合相应的质量管理规范进行认证,对认证合格的,颁发认证证书。

### 2. 国外的药品质量管理

世界卫生组织(World Health Organization,WHO)负责制定食品卫生、生物制品和药物的国际标准等,积极推行药品质量证书制度,要求各国采取行动,确保药品质量,合理使用药品。随着国际上有关药品质量监督管理制度的推行,各国药政管理机构也不断加强。

美国食品药品监督管理局(Food and Drug Administration,FDA)是隶属于美国联邦政府的健康与人类服务部,是专门从事食品、药品生产、销售监督管理的机构,确保美国市场上所有的食品、药品、化妆品和医疗器具对人体安全有效。

英国药品法制化管理的历史较长。1859年,英国议会通过了最早的药品管理法律——《药物食品法规》。1933年,议会制定了《制药和毒药管理法规》。1995年,开始要求评定药厂生产的产品。英国药品监督局(Medicines Control Agency Department of Health U.K,MCA)的管理目标是通过确保在英国市场的所有药品都符合安全标准、质量标准和有效标准,从而保证公众健康。英国MCA可以通过简单方式做到在极为节约的时间内评定产品的全部工作。英国MCA并不像美国FDA那样进行药品批准前的检查工作,而是只对提名药厂进行现场检查并对新产品和GMP方面进行检查。

日本《药事法》授权厚生省为药品管理的主管部门,厚生省设立药物局负责食品药品监督管理。管理范围为人用药、类药品、化妆品、医疗器具。日本于1993年开始推行国际GMP，对国际进出口药品遵循国与国之间的相互承认的GMP。日本对进口药品要求严格，应遵守日本《药事法》并符合日本的GMP。

## 五、药品质量控制新技术

药品质量是保障药品安全有效、稳定可控的基础。在对药品质量影响因素的认识逐渐加深之后，药品质量管理的理念不断发生变化，从"药品质量是通过检验来控制的"到"药品质量是通过生产过程控制来实现的"，进而又到"药品质量是通过良好的设计而生产出来的"，即质量源于设计（quality by design，QbD）。QbD强调对于产品特性的全面了解和对生产过程的可靠控制，以提高产品质量为主要目的。

药品质量监管的控制点从最终产品检验，提前到对生产过程的控制，再前移至产品的设计和研究阶段，将对药品质量的理解扩展到质量管理体系有效运行的QbD。QbD是动态药品生产管理规范（Current Good Manufacture Practices，CGMP）的基本组成部分，是基于风险的全面主动的药品质量监管，药品质量风险管理是一个系统化的过程，是对产品在整个生命周期过程中，对风险的识别、衡量、控制以及评价的过程。监管部门可根据质量风险等级做出评估和明确的决定。

"药品质量是通过检验来控制的"，即"检验控制质量"模式，是指在生产工艺固定的前提下，按其质量标准进行检验，合格后出厂销售。检验只是一种产品生产之后的事后行为，生产人员在获得检验结果之前对于产品质量是未知的，由于检验本身并不能改变产品质量，一旦药品检验不合格，虽然可以避免不合格药品流向市场，但会给企业造成较大的经济损失；另外每批药品的数量较大，检验时只能按比例抽取一定数量的样品，当药品的质量不均一时，受检样品的质量不能完全反映整批药品的质量。

"药品质量是通过生产过程控制来实现的"，即"生产控制质量"模式，是将药品质量控制的支撑点前移，结合生产环节来综合控制药品的质量。这一模式的关键是首先要保证药品的生产严格按照经过验证的工艺进行，然后再通过最终产品的质量检验，能较好地控制药品的质量。这一模式抓住了影响药品质量的关键环节，综合控制药品的质量，比单纯依靠最后环节的产品检验的"检验控制质量"模式有了较大的进步，产品质量控制能力有了明显提升，不需要等到生产结束，生产过程中的产品属性和参数变化大致表征了产品的质量；同时也不必等到生产结束，在生产的过程中即可通过参数调节进行一定的补偿与纠正，从而控制产品质量。但生产过程质量控制并不能完全保证产品质量，调节的方向和幅度是靠经验和主观判断进行的，存在调节幅度不足、过度调节以及调节方向错误的情况。另外，并不是所有的缺陷都可以通过生产过程的控制与调整解决，如果在药品的研发阶段，该药品的生产工艺并没有经过充分的优化、筛选、验证，那么即使严格按照工艺生产，仍不能保证所生产药品的质量。

"药品质量是通过良好的设计而生产出来的"，即"设计控制质量"模式，是将药品质量控制的支撑点更进一步前移至药品的设计与研发阶段，消除因药品及其生产工艺设计不合理而可能对产品质量带来的不利影响。药品的质量设计是以预先设定的目标产品质量概括（target product quality profile，TPQP）为研发的起点，在了解关键物质属性（critical material attribute，CMA）的基础上，通过试验设计（design of experiments，DOE），理解产品的关键质量属性（critical quality attribute，CQA），确立关键工艺参数（critical process parameter，CPP），在原料特性、工艺条件、环境等多个影响因素下，建立能满足产品性能的且工艺稳健的设计空间（design space），并根据设计空间，建立质量风险管理，确立质量控制策略和药品质量体系（product quality system，PQS），整个过程强调对产品和生产的认识，QbD包括上市前的产品设计和工艺设计，以及上市后的工艺实施。

对于药品生产企业来说，使用QbD将提升新产品和现有产品的工艺能力和灵活性，持续降低药品注册、生产和管理成本。未来我国药物开发和新药申报也将逐步遵循QbD理念。

在药品生产过程中，过程参数在控制范围外的偏移、原始物料的波动（如杂质干扰）以及环境中的扰动等都会造成批次间波动，影响产品质量。如果这些生产过程波动得不到及时的监测和调整，将可能导致整个批次的失败，甚至后续多个批次的失败。应用过程分析技术（process analytical technology，PAT）对药品生产过程进行监测和控制，是保证药品质量稳定均一的有效方法。PAT是一个用于设计、分析和控制生产过程的系统，该系统通过及时测量原料、生产过程中的物料及过程的关键质量和性能属性，实现确保最终产品质量的目的。PAT是研究制药过程质量控制的核心技术之一，近些年来已被广泛应用于化学反应、结晶、发酵、流化床干燥、包衣、粉末混合等化学及生物制药工艺的分析、监控及预测，包括药效成分、辅料及水分含量实时测量，生产过程终点判断，前/反馈控制、持续工艺验证、连续生产等。PAT采用数据挖掘和建模的方法，分析生产过程中的隐性数据，运用多维评价手段，将数据模型化、知识化，建立全方位易于开展的控制平台。将PAT应用于制药过程，有助于增加对生产过程的了解，提高生产过程控制水平，减少废料和废品产生，缩短生产周期和实现批次实时放行。PAT不是一项单纯的技术而是一个技术领域，制药企业实施PAT不仅需要对生产过程有深刻的理解，还需要了解和掌握与PAT相关的知识和工具，PAT工具主要包括以下四类：用于设计、数据采集和过程分析的多变量分析工具；现代过程分析仪器和过程分析化学工具；过程控制工具；持续改进和知识管理工具。另外在实施PAT时还应掌握风险管理方法、系统集成方法和实时放行方法。

实际药品生产过程复杂，涉及参数较多，因此需要应用多种技术监控生产过程。PAT研究的分析工具包括光谱技术、光学成像技术、动态光散射、气相色谱（GC）、质谱（MS）、核磁共振（NMR）、红外光谱（IR）、紫外-可见光谱（UV-Vis）及X射线荧光（XRF）等，制药行业研究最多的光谱技术包括近红外光谱（NIR）技术、拉曼（Raman）光谱技术、荧光光谱法（LIF），其次是光学成像技术。NIR技术是目前制药行业用于实际过程分析的主要PAT工具，在化学药品及中药的生产过程中已有所应用，具有分析速度快、不破坏样品、无污染、成本低等优点。

医药工业发展规划指南（2016年）、智能制造工程实施指南（2016—2020年）和ICH Q8、Q9、Q10质量文件中提倡过程分析技术的运用，但PAT在国内药品生产领域的研究仍处于起始阶段。未来配合药品监管系统与法规对QbD/PAT的逐渐认可，PAT将会成为药品生产过程智能化监测的必然方法。

## 第三节　药品生产管理

### 一、药品生产与药品生产企业

#### 1. 药品生产概述

生产药品（produce drugs）是指将原料加工制备成能供医疗用的药品的过程。药品生产的全过程可分为原料药生产阶段和将原料药制成一定剂型（供临床使用的制剂）的制剂生产阶段。

现代制药工业开始于19世纪。当时陆续发现了一些有特效的药物，并可以大规模制造，从而使过去严重危害人类健康的许多疾病，如恶性贫血、风湿热、伤寒、大叶肺炎、梅毒、结核病等的发生率和危害性大大下降，制药工业的研究有力地促进了医学的发展。

(1) 原料药的生产　原料药有植物、动物或其他生物产品，包含无机元素、无机化合物和有机化合物。原料药的生产根据原材料性质的不同、加工制造方法不同，大体可分为：

① 生药的加工制造　生药一般来自植物和动物，通常为植物或动物机体、器官或其分泌物。主要经过干燥加工处理，我国传统中药的加工处理称为炮制，中药材必须经过蒸、炒、炙、煅等炮制操作制成中药饮片。

② 药用无机元素和无机化合物的加工制造　主要采用无机化工方法，但因药品质量要求严格，其生产方法与同品种化工产品并不完全相同。

③ 药用有机化合物的加工制造　可以分为：

a. 从天然物分离提取制备。从天然资源制取的药品类别繁多，制备方法各异，主要包括以植物为原料的药品的分离提取和以动物为原料的药品的分离提取。

b. 用化学合成法制备药品。随着科学技术和生产水平的不断提高，许多早年以天然物为来源的药品，已逐渐改用合成法或半合成法进行生产，如维生素、甾体、激素等。因为化学合成法所得产品往往价格较低廉、纯度高、质量好且原料易得，生产操作也便于掌握。

c. 用生物技术获得的生物材料的生物制品。生物技术包括基因工程、细胞工程、蛋白质工程、发酵工程等，生物材料有微生物、细胞、各种动物和人源的细胞及体液等。

(2) 药物制剂的生产　由各种来源和不同方法制得的原料药，需进一步制成适合于医疗或预防用的形式，即药物制剂（或称药物剂型），才能用于患者。各种不同的剂型有不同的加工制造方法。

## 2. 药品生产特点

药品生产属于工业生产，具有一般工业生产的共性。由于药品品种很多，产品质量要求高，法律控制严格，因此药品生产具有以下特点：

(1) 原料、辅料品种多，消耗大　无论是化学原料药及其制剂，抗生素、生化药品、生物制品，或是中成药，从总体上看，投入的原料、辅料的种类数大大超过其他轻化工产品的生产。其范围从无机物到有机物、从植物到动物到矿物，几乎是无所不及，无所不用。一些原料药所用原料、辅料的消耗很大，1t原料只能产出数千克甚至数克原料药。另外，药品生产产生的废气、废液、废渣相当多，"三废"处理工作量大，投资多。

(2) 机械化、自动化程度要求高　现代药品生产企业运用电力、蒸汽、压缩空气等为动力，一般都拥有成套的生产设备、动力设备、动力传动装置，各种仪表、仪器、电子技术、生物技术和自动控制设备在药品生产中的运用愈来愈多，科学技术的作用更加明显。药品生产与其他化工工业有很多不同之处，因为药品品种多，生产工艺各不相同，产品质量要求很高，而产量与一般化工产品相比却少得多。因此，要求所使用的生产设备要便于变动，便于清洗；其材料对药品不产生化学或物理的变化；密封性能好以防止污染或变质等。

(3) 卫生要求严格　生产车间的卫生洁净程度及厂区的卫生状况都会对药品质量产生较大影响，同一品种或不同品种的不同批次的药品之间都互为污染源。因此，药品生产对生产环境的卫生要求十分严格，厂区、路面及运输等不得对药品的生产造成污染，生产人员、设备及药品的包装物等均不得对药品造成污染。

(4)药品生产的复杂性、综合性程度高  药品的品种规格、剂型多,其生产技术涉及药学、化学、生物学、医学、化学工程、电子等领域的最新成果。在药品生产过程中的许多问题,都必须综合运用科学知识和技术来解决,有关的科技水平越高、越全面,生产发展就越快。现代制药工业的发展,很大程度取决于科学技术水平。在药品生产企业的管理中对药物科技工作的管理特别重要,使药物研究的成果有效地迅速转化为生产力,是发展制药工业的关键环节。

(5)产品质量要求严格、品种规格多、更新换代快  由于药品与人们生命安全、健康长寿有密切的关系,对药品的质量要求特别严格。世界各国政府都制定有本国生产的每一种药品的质量标准,以及管理药品质量的制度和方法,使药品生产企业的生产经营活动置于国家的严格监督管理之下。

由于人体和疾病的复杂性,随着医药学的发展,药品的品种和规格日益增多,据报道现在的药品已达数万多种。人们要求高效、特效、速效、毒副反应小、有效期长、价格低的药品不断增长,促使药品更新换代加快。

(6)生产管理法制化  由于药品与人们的健康和生命息息相关,政府制定法律法规加强药品质量监督管理。《药品管理法》规定,对生产药品实行许可证制度,进行准入控制,并规定全面推行《药品生产质量管理规范》。该规范对药品生产系统各环节的质量保证和质量控制作了明确的、严格的规定,药品生产置于法制化管理之下。药品生产必须依法管理,违反者将承担法律责任。

### 3. 药品生产企业

药品生产企业(drug manufacturer)是指生产药品的专营企业或者兼营企业。药品生产企业是应用现代科学技术,自主地进行药品的生产经营活动,实行独立核算,自负盈亏,具有法人资格的基本经济组织,是工业企业。根据工业企业类型划分的标准:要素集约度、工作重复的类型和频度、生产过程的组织、定货人等,药品生产企业类型特征有以下几方面。

(1)药品生产企业属于知识技术密集型企业  药品研究开发技术难度大,市场竞争激烈,对知识技术要求很高。药品生产各要素密集度相比,知识技术密集度被放在首位。

(2)药品生产企业同时也是资本密集型企业  药品生产企业研究开发新药投资很高,并且为了保证药品质量,各国政府对开办药品生产企业普遍实行了许可证制度,必须具备政府要求的硬件、软件条件,才能获得药品生产许可。20世纪70年代后,各国政府或区域联盟普遍要求药品生产企业实施GMP,GMP成为国际药品贸易的基础。

药品生产企业的营销费用也比较高,在激烈的药品市场竞争中,资本不足的中小企业纷纷倒闭。为此要办药厂必须有足够的资本投入,而且要不断筹资、融资而开发新药、市场,才能生存下去。

(3)药品生产企业是多品种分批生产  为了满足医疗保健的需要,增强市场竞争力,药品生产企业普遍生产多个品种。大型制药公司常设多个分厂,把同类型品种集中在一个分厂生产,这种品种生产可以大大提高劳动生产率、降低成本。在开辟国际市场时,则采用按地域办厂的办法。药品生产的分批办法,在各国GMP条文中作了规定,一般来说每批的批量不大,和石油化工产品、化肥等很不相同。同品种药品的分批因药品生产企业的规模不同而不相同。

(4)药品生产过程的组织是以流水线为基础的小组生产  按照药品的生产工艺流程特点,设置生产小组,生产小组下有工段、岗位,上有车间,有条不紊地组织生产。由于机械化、自动化程度不断提高,由计算机软件来控制生产。但是软件编制的基础仍是流水线生产或小组生产。在一些原料药生产企业，为了解决多品种小批量的问题，采用集群式生产。

(5) 药品生产企业是为无名市场生产和定单生产兼有的混合企业　由于市场竞争激烈，企业去年的定单品种可能被挤掉，也可能拿到更多的定单品种，成为基本上是为无名市场生产的企业。

## 二、药品生产质量管理工程

### 1. 药品生产管理

药品生产是一个复杂的过程。从原料药进厂到药品生产出来并经检验合格出厂，涉及生产工艺及质量管理的很多环节，任何一个环节的疏忽，都会影响药品质量。因此必须在药品生产全过程中加强管理，以防止混药、污染，保证药品质量。

20世纪40年代中期，世界卫生组织（WHO）就提出了一个新的健康观念：健康不只是没有疾病和虚弱，而是指生理和心理的完好状态。这种健康观念促使人们对药品影响患者生存质量的研究，同时也赋予药品质量新的内涵，即对药品质量进行评价时，药品研究人员和质量管理人员应更多地关注"患者"，而不是"疾病或患病器官"。这一观念要求在保证药品疗效的前提下，药品的研制、生产、销售和使用的全过程应当确保避免药品中出现影响患者生存质量的不良因素，如药物不良反应、杂质、交叉污染和各种可能的差错等。对于药品质量的内涵，早在WHO的《GMP指南》（1992年版）即指出："药品应适用于预定的用途、符合药品法定标准的各项要求，并不使消费者承担安全、质量和疗效的风险。"国际社会质量概念的内涵通用"适用性质量"，即生产经营者应遵循"严格责任理论"，而不局限于合格——"符合性质量"。在国际社会"以市场的需求为导向"是生产者和经营者的行为准则。药品质量由"符合性"转为"适用性"，立法的立足点从规范生产经营者的行为转移到更多地关注消费者。

多年来，中国经济的发展已使企业具备了"适用性质量"的承受能力。此外，社会已形成了不同层级的消费阶层，"检验合格"的原则标准已不适应广大消费者的需求。药品质量是按注册标准检验和认定的，药品发生交叉污染时，这类污染可能主要集中在一批药品的某一部分，而不是整批，质量标准不包括交叉污染的项目，按质量标准检验合格无法反映产品被污染的情况，而这种污染很可能危及消费者。制药企业实施GMP就能保证药品的质量。如果偏离GMP要求组织生产，药品生产过程的各种因素会造成被抽检的样品缺乏代表性，因而药品抽检合格并不能保证药品的质量。取样计划无论怎样完善都有风险，不管抽样量有多大，总会存在不合格的产品漏检的风险。

### 2. 药品生产质量管理工程概述

药品生产质量管理工程（pharmaceutical quality engineering，PQE）是指为了确保药品质量万无一失，综合运用药学、工程学、管理学及相关的科学理论和技术手段，对生产中影响药品质量的各种因素进行具体的规范化控制的过程。

药品质量内涵的深刻变化迫使人们用系统工程的理论和方法来研究和规范药品生产全过程，并且不断修改、完善药品生产质量管理规范（GMP）。制药企业的质量管理涉及的范围很广，包括设计、管理、机构、检查、评审、改进、各种资源、生产过程、市场等诸多环节，而且每项工作都必须有严格的标准，见图7-1。

图7-1中，PDCA循环又称戴明（W. E. Deming，美国质量管理学专家）循环，是TQM的一种质量改进方法。

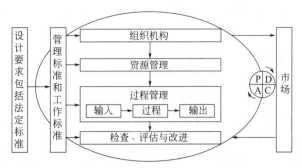

图 7-1 制药企业质量管理工程导图
P—计划（plan）；D—执行（do）；C—检查（check）；A—处理（action）

综上所述，药品质量管理无论从宏观角度，还是从微观角度都是一项复杂的系统工程。

《药品生产质量管理规范》（GMP）是我国制药行业必须实施的管理规范，加入世界贸易组织（WTO）后，实施 GMP 更加关系到企业的生死存亡。因此制药工程和药学类各专业培养的人才，不仅要掌握坚实的药学、工程学的基础理论和系统的专门知识，还要掌握管理知识，特别是药品生产质量管理知识尤为重要。如何把 GMP 原则要求变成可操作性的具体行为，是一项非常复杂的系统工程。药品生产质量管理工程是从管理和工程两个角度来研究药品生产过程中的质量保证问题，是为了确保药品质量万无一失，综合运用药学、工程学、管理学及相关的科学理论和技术手段，对生产中影响药品质量的各种因素进行具体的规范化控制的过程。这一过程随着人们认识的深化和科学技术的进步，将会不断发展与完善。

**3. 药品生产质量管理工程的地位和作用**

医药行业是全面推行药品质量管理规范国际化的高技术产业，我国进入 WTO 以后，制药行业面临着生存与发展的严峻形势，但是目前我国除少数外资企业及重点改造企业外，多数主要企业的发展现状及存在问题极大地制约着医药产品的发展；某些中小企业的医药产品还缺乏国际认可的质量控制标准及质量保证体系；从事制药工程方面的高级专业技术人才和质量管理人才尚显不足。从调查的情况看，制药企业在制药工程技术岗位的专业技术人员所学专业主要是药学、化学工程、机械工程、电子工程等，他们中有的缺乏制药工程的专业理论和技术能力，在药学研发和工业化生产过程中难以使工艺与工程做到合理匹配，难以使技术和设备有机衔接，难以做到质量管理规范化等。这也从侧面反映出此前我国高等药学教育中存在的某些问题，如在专业培养目标和课程设置体系等方面存在着重工艺、轻工程，重设计、轻制造，重基础研究、轻应用开发和产业化，重技术、轻质量管理等偏向。因此，为了解决医药产业存在的问题，迎接挑战，在国际竞争中处于有利地位，应调整和加强我国的高等药学教育和人才培养工作，为制药行业培养大批既懂制药技术，又懂工程，还擅长质量管理的高级专业人才。

制药工程是探索制造药物的基本原理及实现工业化生产的工程技术，实现药品的规模化和质量管理的规范化生产。鉴于药品生产对质量要求的特殊性，制药工程专业的本科生更应掌握"药品生产质量管理工程"知识，才能适应现代医药企业的发展趋势。

GMP 是国际上公认的药品生产企业应遵从的法规，从我国制药行业的现状看，有的企业或车间与实施 GMP 认证的工作还有差距。因此，对于制药工程专业人才的培养，面对即将从事的药品生产、研究、经营和管理等工作，要求他们不仅要掌握坚实的药学、工程学的基础理论和系统的专门知识，还要求掌握药品生产质量管理工程方面的知识和能力，需要他们把 GMP 的意识始终贯穿于药品生产管理的整个过程中，确保药品的质量，为人民的健康服务。

**4. PQE 和 GMP 的异同**

药品生产质量管理工程（PQE）与药品生产质量管理规范（GMP）只有两字之差，一个叫"工程"，另一个叫"规范"。这反映了两者既有相同之处，又有所不同。相同之处是两者均是围绕"药品生产质量管理"这个核心内容。不同之处在于："工程"代表的是技术；"规范"代表的是法规。所以，通俗地说，药品生产质量管理工程是以 GMP 为核心内容和基本原则，用系统工程和质量管理工程的方法，研究 GMP 的具体化与实施的一门实用管理方法和应用技术。

## 第四节 药品质量管理的相关课程

为保证人民用药安全有效，在制药工程专业学习中树立起强烈的药品质量意识非常重要，药品的真伪与质量的优劣直接影响人们的健康。

药品质量的相关课程主要包括药物分析、体内药物分析、仪器分析与波谱解析等课程，下面我们将对这几门课程的学习内容分别作介绍。

### 一、药物分析

药物分析（pharmaceutical analysis）是一门研究和发展药品全面质量控制的"方法学科"。它主要运用化学、物理化学或生物化学的方法和技术研究化学结构已经明确的合成药物或天然药物及其制剂的质量控制方法，也研究中药制剂和生化药物及其制剂的质量控制方法。药物分析是高校制药工程专业的一门重要专业课程，旨在培养学生具有全面控制药品质量的观念，以及相应的基础知识和操作技能。随着科学技术和药学事业的发展，该学科涉及的研究范围已经涵盖了药品质量控制、临床药学、中药与天然药物分析、药物代谢分析、法医毒物分析、兴奋剂检测和药物制剂分析等方面。

药物分析学的基础研究以揭示科学本质、推动学科发展为出发点，具体工作围绕药物的发现、开发和应用而开展。药物分析学总体上讲是一门应用型科学，其基础研究应属分析化学的研究范畴。但是，由于药物本身具有的特殊性和多样性，就形成了一些专属于药物分析领域的基础研究内容，而且随着药学科学的发展，药物分析基础研究内容的深度和广度也在不断发展。就我国目前基础研究的条件而言，药物分析的基本研究内容主要贯穿于药物研究、开发和应用的全过程。

**1. 活性物质分析**

通过有效的筛选方法或筛选模型获得的活性物质，包括化学合成的活性化合物，植物中提取分离的有效成分，中药及其复方制剂中的药效物质，生物技术研制的蛋白质、抗体和核酸等活性生物大分子，均需要根据其物理和化学特性，建立有效的方法进行分离、纯化、定性定量分析或活性测定。其中，中药复杂体系中多种药效物质的定性定量分析和协同作用分析，生物技术产品的分离、纯化和定量分析等，都将成为药物分析研究的热点。与此同时，各种可应用于活性物质分析的新材料、新方法和新技术的基础理论研究，也应作为药物分析的研究内容。

### 2. 结构分析

对具有开发前景的候选药物，应建立起能够快速、准确地确定其化学和立体结构的有效方法，为进行药物构效关系研究、同系物结构修饰和结构改造研究奠定基础。所以，发展候选药物的"在线"分离分析技术，如 GC-MS 联用技术和 HPLC-NMR 联用技术等，并注重这些技术用于药物结构分析时的方法学、系统适应性和数据通用性的研究，以加速新药研究开发进程。

### 3. 药物质量分析

对药物进行全面质量控制是药物分析的基本内容。对化学药物而言，HPLC 法应成为常规分析方法。但如何用现代化分析方法全面有效地控制中药复杂体系的质量和生物技术药物的质量，是一个值得研究的重大课题。中药复杂体系中药效物质的基础研究其基本内容应包括：

① 中药有效成分的筛选与确定　应用仿生学、基因组学和蛋白质组学等学科的理论和进展，发现新的药物靶标，从分子、基因、受体、组织和整体水平系统准确地确定中药复杂体系中的药效物质。

② 中药有效成分的提取与分析　中药化学成分非常复杂，而且有效成分也具有相对性。各种现代提取技术，如超临界流体萃取（SFE）、亚临界水萃取（SWE）、超声波辅助萃取（UAE）等，可用于中药复杂体系中有效成分的提取。为了高效率地提取中药有效成分，在应用这些提取技术的过程中，必将涉及诸多基础性研究问题，若在方法上有所进展，则可望突破中药化学成分提取所沿用的传统方法，从而改进中药制备工艺，以提高中药疗效。化学计量学可作为中药复杂体系中有效成分分析的有效方法，如因子分析是化学计量学中一种多元统计分析方法，是解决复杂体系的化学问题的有效工具，中药复杂体系中药效物质本质上仍属于化学物质，所以利用仪器分析方法和计算机技术，通过因子分析方法则可对中药复杂体系进行定性定量评价。

③ 中药药效物质与中药理论相关性研究　利用现代分析方法研究中药复杂体系中药效物质与中医学理论的定量关系，并结合现代医学理论，阐明其作用机制，在此基础上对中药及其复方进行全面质量控制，包括色谱和光谱的多元图谱的测定。

④ 有毒成分、有害重金属及农药残留的消除与测定　利用各种技术手段从源头上消除其影响，研究建立其现代检测方法，有效控制其含量。

这些基础研究的进展与成果，必将为中药及其复方的现代化、国际化打下基础。

### 4. 手性药物分析

手性药物（chiral drug）在临床应用的化学药物中占有相当的比例，而绝大多数仍以外消旋体方式给药。药理学研究表明，手性药物进入体内后，各异构体在吸收、分布、代谢和消除的整个生物转化过程中表现出明显的立体选择性，特别是与靶体作用的立体选择性，构成手性药物各异构体药理作用的明显差异性。手性药物体内过程的特殊性，促使人们重视和深入研究手性药物各异构体的药理和毒理作用。在此基础上，以单一异构体上市的手性药物近年来呈直线上升的趋势。所以，以高效液相色谱和毛细管电泳等为代表的手性药物分析方法、体内过程差异性研究和工业化拆分技术，应该作为药物分析基础研究的主要内容。

## 二、体内药物分析

体内药物分析(biopharmaceutical analysis)是从药物分析派生出的新兴学科,是药学专业的一门专业课程。体内药物分析伴随临床药学、临床药理学、生物药剂学等学科的建立而得到了迅猛发展。

### 1. 体内药物分析的意义

在相当长的时期内,人们对于药物质量的认识和控制注重于药物的鉴别、检查、含量测定等理化、生物手段的工作。当今对于药物在体内的吸收、分布和代谢过程与医疗效用的关系有了进一步的认识,熟悉药理作用的强度常常因用药者个体差异所引起的体内药物浓度差别很大而显著不同,即存在"化学上等价而生物学上不等价"的问题。因此,不能只着眼于体外药物质量,也需研究和了解药物在生物体内的表现。虽然进行临床药学研究由生物药剂学(biopharmacy)和临床药理学(clinical pharmacology)等学科承担,但都涉及药物进入体内后各个过程中的变化和数量问题。由于近代分析技术的发展,进行上述问题的探讨已成为现实。这样就形成了药物分析的新学科——体内药物分析。体内药物分析通过分析的手段了解药物在体内数量与质量的变化,获得各种药物代谢动力学的参数和转运、代谢的方式、途径等信息,从而有助于药物生产、实验、研究、临床等各方面对所研究的药物做出评估与评价,以及对药物的改进和发展作出贡献。简单地说,如果没有体内药物分析提供数据和有关信息,进行临床药学研究是不可想象的。

### 2. 体内药物分析的性质

体内药物分析是一门研究生物机体中药物及其代谢物和内源性物质的质与量变化规律的分析方法学。它是药物分析的重要分支,又是现代药学的创新、延伸和发展。体内药物分析直接关系到药物研制、临床试验、使用、药物作用机理探讨、药物质量评价等各阶段的工作,它在探求科学用药规律与安全、有效、合理用药,在开发新药、保障健康长寿方面有重要作用。

### 3. 体内药物分析的对象和任务

从药物生产到临床应用,药物质量的正确评价尺度是有效性和安全性,即根据药物在体内的表现作出评价。新药进入临床之前,或者对老药物在某方面的新评价,一般首先在动物身上进行实验。也就是说,体内药物分析对象不仅是人体,也包括动物,因此,体内药物分析又被称为生物医药分析(biomedical analysis)或生物药物分析(biopharmaceutical analysis)。具体检材有生物体的各种器官、组织和体液等。

已知药物在作用部位的浓度直接与药理作用相关,而药物在体内主要靠血液输送到作用部位,因此血药浓度可作为药物在作用部位浓度的一项指标,即血液是体内药物分析的主要对象。另外还有尿液、唾液、头发和组织等。药物在体内的代谢产物常具有一定的生理特性,弄清它们的种类、结构和数量对该药物的评价极为重要,故代谢物分析也是体内药物分析的目标之一。

体内药物分析的任务概况如下:

(1) 进行分析方法学研究,提供合理、最佳的分析条件;估计、评定各种分析方法能达到的灵敏、专属、准确的程度;探讨各种方法应用于体内药物分析中的规律性问题。

体内药物分析的样品来自生物体,组成较复杂,干扰物影响较大,而且一般药物含量低。药物体内研究时,要求分析方法的灵敏度、专属性和可靠性的程度均较高。故有效分析方法是关键性问题,分析方法学的研究是体内药物分析的主要任务。

(2) 为药物体内研究提供数据。在新药研制过程中,按照国家新药审批有关规定,要提供药物在动物和人体内的药物动力学参数、生物利用度及血浆蛋白结合率等基本数据;对于已经应用于临床的药物,仍有必要再进行深入的体内研究。这些研究工作要靠体内药物分析来完成。

(3) 为临床治疗药物监测提供准确的血药浓度测定值,并对血药浓度进行具体分析和合理解释,提供药学情报和信息,参与指导临床科学用药、确定最佳剂量、制定治疗方案。

(4) 内源性物质的测定和研究。体内内源性物质如激素、儿茶酚胺和尿酸等,在机体正常生理条件下均处在一定的浓度范围内,如果这些物质在体内的含量发生明显变化或出现异常,提示机体发生了病变。因此,测定内源性物质的含量,对于某些疾病的诊断及治疗具有重要作用。

(5) 滥用药物的检测。麻醉药品和精神药品的滥用问题在世界范围内日益严重,如何确证嫌疑人存在药物滥用现象已成为一个重要课题。如对于吸毒者体内的毒品(海洛因等)和运动员体内的禁药(兴奋剂等)的测定,也必须依据体内药物分析手段和技术才能完成。

## 三、仪器分析与波谱解析

分析化学课程是制药专业的一门重要的基础课,仪器分析与波谱解析(instrumental analysis and spectrum analysis)正是针对制药工程专业本科生要求掌握药物质量分析技术而开设的两门专业基础课。在科学技术突飞猛进的今天,分析化学正处在第三次变革时期,由于生产和现代科学技术的发展,特别是生命科学和环境科学的发展,对分析化学的要求不再局限于"有什么"和"有多少",而是要求提供物质的更多和更全面的信息,促使新的方法不断涌现,旧的方法不断更新,分析化学已进入现代仪器分析阶段。在制药学科中,现代仪器分析发挥着重要的作用,广泛应用于药物成分含量测定、草药有效成分研究、药物作用机制、药物代谢与分解、药代动力学等研究中,是对药品质量进行全面控制,以确保用药安全、合理和有效不可缺少的手段。目前学生在分析化学课上所学到的仪器分析知识已显陈旧,不能适应医药科学的发展要求。为了反映学科发展的前沿、拓展学生的知识面,增强学生的创新意识,提高学生的综合能力和素质,将仪器分析和波谱解析两门课程合并为一门课程,开设了仪器分析与波谱解析必修课。本课程在原分析化学基础上,根据药学专业的特点及现代仪器分析的进展,简明扼要地介绍药学研究和药品生产中应用较多的各种现代仪器分析方法、原理和实验技术,以及在药物分析中应用较多的各种联用技术、高效分离技术及活体和表面分析技术等。

仪器分析和波谱解析主要包括电化学分析、色谱分析、"电子光谱"[含紫外-可见-近红外(UV-Vis-NIR)],"振(转)动光谱"[含(中、远)红外(IR)和拉曼(RS)]、"分子波谱"[即微波和电子自旋波谱(MW/ESR)]、"无线电波"[即射频或核磁共振(NMR)]以及质谱(MS),它的任务主要有三个方面:鉴定药物的化学组成(或组分)、测定各组分的相对含量及确定物质的化学结构。它们分属于定性分析(qualitative analysis)、定量分析(quantitative analysis)及结构分析的内容。

依据光谱和/或波谱分析原理,目标分析物经采用不同波长的光或波辐(照)射,吸收其中部分能量,所剩余部分能量将在一定方向上被吸收,经过探讨通过能量强度与波长($\lambda$, nm)或频率($v$, MHz)之间的关系即谱图曲线,达到分子结构解析及性质功能估计的目的。电子与振动型分子光谱,则分别使用紫外、可见及(近、中、远)红外光源,通过测定分子及原子外层电子、孤对电子或前沿分子轨道上电子跃迁或者分子中键联原子振动（常伴随转动）来确定分子中原子连接顺序和方式，包括官能团、共轭键及连接性等结构信息。所以研究物质在紫外-可见光区的分子吸收光谱的分析方法称为紫外-可见分光光度法；而红外线引起分子振动-转动能级跃迁，所形成的吸收光谱就称为红外光谱。

核磁共振波谱则使用能量更低的无线电波或射频波，测定分子内各磁性原子核的自旋能级跃迁所给出的波谱信号，从而获得有关化学结构信息，包括分子中局部的原子信号及其微环境影响，因此它们的共性均使用能量不同的光、波辐射源或离子源，与分子内各种能级跃迁的能量（波长或频率）发生共振或接收离子峰，来确定分子的组成和结构。

质谱则使用能量较高的远紫外光或各种离子源，通过激发分子内原子的内层跃迁来测定分子及原子组成及所谓分子碎片离子峰来表征推断结构，此时分子可能有化合键被打断而裂解，是一种结构破坏性分析方法。

色谱分析是一种分离技术，它以其具有高分离效能、高检测性能、分析时间快速而成为药物质量分析方法中应用最广泛的一种方法。它的分离原理是使混合物中各组分在两相间进行分配，其中一相是不动的，称为固定相，另一相是携带混合物流过此固定相的流体，称为流动相。当流动相中所含混合物经过固定相时，就会与固定相发生作用。由于各组分在性质和结构上的差异，与固定相发生作用的大小、强弱也有差异，因此在同一推动力作用下，不同组分在固定相中的滞留时间有长有短，从而按先后不同的次序从固定相中流出，这种借在两相间分配原理而使混合物中各组分分离的技术，称为色谱分离技术或色谱法。

应用电化学的基本原理和实验技术，依据物质电化学性质及其变化来测定物质组成及含量的分析方法称为电化学分析或电分析化学。按电化学原理可分为电导分析、电位分析及电解分析3类方法。

## 四、药品生产质量管理工程

GMP是我国制药行业必须实施的管理规范，进入WTO后，实施GMP更加关系到企业的生死存亡。因此制药工程和药学类各专业培养的人才，不仅要掌握坚实的药学、工程学的基础理论和系统的专门知识，还要掌握管理知识，特别是药品生产质量管理知识尤为重要。如何把GMP原则要求变成可操作的具体行为，是一项非常复杂的系统工程。

药品生产质量管理工程课程，在药学高等教育，尤其是制药工程本科专业人才的培养教育中处于举足轻重的地位。可以说，掌握药品生产质量管理工程知识，是制药工程本科专业培养目标和要求区别于其他专业的标志之一。在专业课程体系中，如果缺少这门课程的学习，即只有制药知识、制药工程与设备知识，没有质量管理意识，就不能体现出药品生产的特殊性，不能确保药品质量，后果不堪设想。并且，通过这门课程的学习，可以促使学生提高产品质量意识。对企业而言，加强质量管理，可以提高医药行业的制药技术水平，改进生产设备，提高新药研发能力，增强医药行业在国际市场中的竞争力。天津大学首次在1999级制药工程专业本科生中讲授了药品生产质量管理工程，取得了良好的教学效果。通过该门课程的学习，学生认识到药品生产质量管理的重要性，懂得了药品是特殊的商品，不同于一般商品，学生在今后的药品生产管理过程中或其他药品相关工作中能始终贯穿质量管理意识，确保药品安全可靠；并且，学生初步掌握了药品生产质量管理工程的基本原理和方法及实践技能，为毕业后成为合格的药品生产者或从事药品相关工作奠定了坚实的基础。

药品质量和生产管理课程体系的特点是法律性强、实践性强。因此，在学习过程中应注意以下几点：

（1）正确理解法律、法规和各种规范　做到综合掌握各种法律、法规和规范，灵活应用，使每个行为都能找到足够的法律依据。

（2）注重理论联系实际　学习过程中可采用参观实践、课堂训练、专家讲座等各种形式。

（3）加强实践训练　同学们必须在精通理论知识的同时，认真完成练习和各种训练，真正投入工作岗位中，掌握各种技术。

目前，我国医药企业的综合竞争力还有待进一步提高，急需既懂药学专业知识又懂工程和管理技术的综合性人才。因此，办好制药工程专业是保证培养高素质药学人才的重要前提，尤其是教好、学好药品质量与生产质量管理课程是成为医药行业高素质创新型人才的基础。各高校在开设专业基础课以及专业课的过程中，应以药品质量与生产质量管理为中心发散拓展，充分将药品生产质量管理的相关知识和专业课内容相结合，必要时可以将世界卫生组织或美国等国家的药品生产质量管理理念融入课程中，从管理学、工程学、化学、药学等多个角度来看待药品生产过程。

### 五、药事管理与法规

药事管理与法规是制药工程专业本科生教学计划中的一门专业选修课程。本课程着重以药品管理为主线，以药品管理法为核心，涉及药品的研制、生产、流通、使用、价格及广告等活动相关的事项，以保证药品质量，保障人体用药安全，维护人民身体健康和用药的合法权益而进行药品及药事的监督管理；系统地介绍新药、中药、现代药、特殊药品等的管理，GMP、GSP及药品管理立法，药品的商标、广告、价格等方面的内容。

药事管理与法规的教学任务是让学生了解药事活动的主要环节及其基本规律，掌握药事管理的基本内容和基本方法；掌握我国药品管理的法律法规，熟悉药品管理的体制及组织机构；具备药品研制、生产、经营、使用等环节管理和监督的能力；能运用药事管理的理论和知识指导实践工作，分析解决实际问题。

### 思考题

1. 什么是药品质量？药品质量的特性包括哪些方面？
2. 制定药品质量标准的意义是什么？我国现行的药品质量标准包括哪些内容？
3. 简述药物分析常用的技术和方法。
4. 什么是药品认证管理？分别介绍 GMP、GSP、GAP、GLP、GCP、GPP 的内容。
5. 简述药品质量管理、药品质量管理工程、药品生产质量管理工程的含义。
6. 论述 GMP 和 PQE 的关系和异同。
7. 简述药物分析的性质和内容。
8. 说明体内药物分析的意义和任务。
9. 试述仪器分析与波谱解析在药物质量控制中的作用。

### 参考文献

[1] 贠亚明.药品质量管理技术［M］.北京：化学工业出版社，2005.
[2] 朱世斌，刘明言，钱月红，等.药品生产质量管理工程［M］.2版.北京：化学工业出版社，2017.

[3] 刘小平，张珩，陈平，等.制药工程专业导论［M］.武汉：湖北科学技术出版社，2009.

[4] 宋航，章亚东，武法文，等.制药工程导论［M］.北京：人民卫生出版社，2014.

[5] 梁冰.药物分析及制药过程检测［M］.北京：科学出版社，2013.

[6] 傅强，吴红.药物分析［M］.北京：科学出版社，2016.

[7] 李逐波，肖国君，何小燕.体内药物分析及药物代谢动力学［M］.北京：科学出版社，2015.

[8] 蒋建兰，刘明言，邵维生，等.《药品生产质量管理工程》在制药工程本科专业建设中的地位和作用［J］.药学教育，2002，18（4）：12-14.

[9] 王淑娜.药品生产质量管理与制药工程专业课程体系探究［J］.化工管理，2017，7：53.

[10] 路宽，覃亮，刘艳清.药品生产质量管理与制药工程专业课程体系［J］.广东化工，2010，5（37）：270-274.

[11] 孙立光，欧阳慧.药品质量管理现状研究及问题分析［J］.临床医药文献电子杂志，2020，7（18）：192.

[12] 省盼盼，罗苏秦，尹利辉.过程分析技术在药品生产过程中的应用［J］.药物分析杂志，2018，38（5）：748-755.